Des catastrophes naturelles ?

François Ramade
Professeur émérite d'Écologie
à l'université Paris Sud (Orsay)

DUNOD

Le pictogramme qui figure ci-contre mérite une explication. Son objet est d'alerter le lecteur sur la menace que représente pour l'avenir de l'écrit, particulièrement dans le domaine de l'édition technique et universitaire, le développement massif du photocopillage.

Le Code de la propriété intellectuelle du 1er juillet 1992 interdit en effet expressément la photocopie à usage collectif sans autorisation des ayants droit. Or, cette pratique s'est généralisée dans les établissements d'enseignement supérieur, provoquant une baisse brutale des achats de livres et de revues, au point que la possibilité même pour les auteurs de créer des œuvres nouvelles et de les faire éditer correctement est aujourd'hui menacée. Nous rappelons donc que toute reproduction, partielle ou totale, de la présente publication est interdite sans autorisation de l'auteur, de son éditeur ou du Centre français d'exploitation du droit de copie (CFC, 20, rue des Grands-Augustins, 75006 Paris).

ISBN 2 10 049473 2

Table des matières

Chapitre 1

Définition, principaux types et causes des désastres naturels et autres catastrophes

1.1 QU'ENTEND-ON PAR DÉSASTRES NATURELS ET CATASTROPHES ÉCOLOGIQUES ?

Au cours des dernières décennies, tous les médias ont eu de plus en plus souvent recours, lors d'actualités dramatiques, aux termes de désastres naturels et/ou de catastrophes écologiques.

Le terme de désastre naturel[1] pris au sens strict désigne des événements désastreux qui affectent l'environnement et les populations humaines, provoquant souvent de nombreuses victimes, dont les origines sont entièrement indépendantes de l'action de l'homme. Ces désastres résultent de processus géophysiques ou météorologiques spontanés,

1. Ou encore de catastrophe naturelle terme également d'usage commun et qui est synonyme du précédent.

endogènes au globe terrestre ou à son atmosphère. Parmi ces derniers, les tremblements de terre, les éruptions volcaniques cataclysmiques, les cyclones ou encore les inondations figurent parmi les causes de désastres naturels les plus connues du profane et les plus fréquentes. Les désastres naturels présentent toujours un impact sur les populations humaines et causent souvent des dommages aux écosystèmes. Ils provoquent souvent de fortes mortalités, voire des hécatombes dans les populations qui en sont victimes et entraînent des pertes économiques immenses dans les agglomérations voire dans les zones rurales affectées.

À l'opposé, une catastrophe écologique (165) est un événement qui peut atteindre souvent une ampleur cataclysmique, dont l'origine peut être entièrement naturelle ou au contraire strictement humaine, qui ne cause pas nécessairement de victimes dans les populations, mais qui ravage sur de vastes surfaces des écosystèmes terrestres ou aquatiques et détruit de ce fait d'importantes ressources biologiques.

Enfin, on distingue parmi les désastres un autre type, purement technologique, qui peut provoquer la mort d'un nombre considérable de personnes tout en étant dépourvu d'un quelconque effet écologique au sens strict[1].

Dans toute étude rationnelle des phénomènes désastreux, une distinction s'impose entre les causes et les conséquences des catastrophes. Ces dernières peuvent être déclenchées par des processus abiotiques strictement naturels (géophysiques : séismes, éruptions volcaniques, éboulement de montagnes ou météorologiques : cyclones, inondations, sécheresses) ou au contraire être exclusivement dues à l'homme (cas de pollutions massives ou du changement climatique global contemporain). Quelle que soit leur origine, elles se traduisent dans un cas comme dans l'autre par des effets sur l'environnement et des conséquences qui leur confèrent un caractère funeste au plan humain et/ou écologique.

Depuis plusieurs décennies, diverses organisations scientifiques internationales, des agences gouvernementales spécialisées dans le domaine de la protection de l'environnement, enfin des associations philanthropiques, ont entrepris d'étudier de façon systématique les origines et les conséquences des catastrophes dites naturelles. Très tôt, elles ont été conduites à faire une distinction entre les mécanismes à l'origine de leur déclenchement et les conséquences qui en résultent.

1. Cas de la catastrophe de Bhopal par exemple.

L'Unesco a publié dès le milieu des années 1960, une liste annuelle des « désastres naturels » : éruptions volcaniques, séismes, cyclones et ouragans, raz-de-marée, etc. Ainsi, pour la seule année 1969, cet organisme recensait à l'échelle globale 759 événements de ce type, mais n'en retenait que douze ayant provoqué des « destructions désastreuses »… suggérant de la sorte l'existence de « désastres inoffensifs » ! En se plaçant sur un strict point de vue anthropocentrique, cette distinction paraît certes fondée car l'occurrence d'un séisme très intense survenant en zone désertique inhabitée ne présentera bien évidemment aucune conséquence pour les hommes ou même pour les êtres vivants peuplant de tels habitats.

D'autres organismes qui ont essayé de clarifier le concept de catastrophe naturelle l'ont strictement considéré en termes d'impact sur les populations humaines.

Ainsi, un groupe de recherche sur les risques naturels de l'université du Colorado définissait en 1969 un désastre comme un événement ayant causé plus de cent morts et plus de cent blessés graves ou plus de cent millions de dollars de dégâts matériels. Ultérieurement ont été créés par d'autres institutions des centres de recherche sur les catastrophes naturelles comme en Europe le Centre de recherche sur l'épidémiologie des désastres naturels de l'Université catholique de Louvain en Belgique (CRED).

Celui-ci a donné une définition plus large des désastres naturels puisqu'il comptabilise comme tel tout événement ayant affecté au moins cent personnes et causé dix morts. En collaboration avec l'OFDA (*Office of USA Foreign Disaster Assistance*), le CRED a établi une base de données pour les désastres survenus depuis 1900. Cependant seules les données comptabilisées à partir de 1980 peuvent être comparées car la méthodologie évaluant les effets des catastrophes naturelles n'avait pas été normalisée auparavant.

Les définitions précédentes présentent le mérite de faire une nette distinction entre les mécanismes initiateurs de la catastrophe et les conséquences désastreuses qui en résultent et se traduisent par la mort ou l'invalidité de nombreuses personnes et des dommages considérables au plan socio-économique. Une telle définition peut en outre s'étendre sans difficulté aux catastrophes résultant entièrement de l'action de l'homme.

Toutefois, une définition entièrement fondée sur les dégâts en termes monétaires, ou encore sur la mortalité humaine, ne suffit pas non plus pour caractériser une catastrophe naturelle, et à plus forte raison les dimensions écologiques de cette dernière. Ainsi, une tornade qui affecte les quartiers opulents d'une ville du Sud-Est des États-Unis, couverts de luxueuses demeures individuelles, provoquera vite des dommages atteignant plusieurs centaines de millions de dollars alors qu'une tempête de même intensité qui frapperait un bidonville d'Amérique latine causerait bien moins de dommages au plan financier, mais présenterait des conséquences autrement plus graves pour les milliers de familles qui se trouveraient sans toit !

Cette définition est aussi insuffisante au plan écologique. Ainsi, certains désastres naturels n'ayant eu qu'un faible impact sur des populations humaines peuvent présenter des conséquences catastrophiques sur l'environnement. Ainsi, l'éruption du mont St Helens, dans l'État de Washington en 1980, fit moins d'une centaine de victimes[1], la région ravagée ayant été interdite d'accès et étant quasiment dépourvue d'habitations permanentes… Elle n'aurait donc pas été classée comme désastre naturel par certains organismes spécialisés eu égard au nombre de victimes. En revanche, cette explosion généra une véritable catastrophe écologique car elle détruisit plusieurs dizaines de milliers d'hectares de forêts de conifères (51).

La seule prise en compte des pertes en vies humaines (de plus de cent à plus du million selon les définitions) ne suffit donc pas à caractériser un désastre naturel, *a fortiori* une catastrophe écologique.

Ainsi, une grave pandémie, affectant uniquement des populations humaines, même si elle comporte bien évidemment une dimension écologique par ses mécanismes et son impact démographique, peut ne présenter aucune conséquence écologique sur la nature et ses ressources.

À l'opposé, une importante « marée noire » ne fera aucune victime humaine, mais ravagera des écosystèmes côtiers et marins sur des centaines voire au-delà du millier de kilomètres de littoral, ce qui fut par exemple le cas en 1989 lors du naufrage en Alaska du tanker *Exxon Valdez* dans le détroit de Valdez (91).

La principale lacune des définitions précédentes des désastres – qu'ils soient naturels ou dus à l'homme – tient en ce qu'elles ne font pas intervenir leur dimension spatio-temporelle. En effet, de telles catastrophes ne sont jamais ponctuelles, mais affectent toujours une surface étendue, d'échelle parfois régionale voire continentale. Enfin, l'impact qu'elles présentent sur les systèmes biologiques n'est jamais de courte

1. Hormis quelques agents de l'*U.S. Geological Survey*, ces dernières furent essentiellement des spectateurs imprudents, qui en dépit des mises en garde des pouvoirs publics avaient pénétré dans la zone d'exclusion et furent surpris par l'explosion cataclysmique de ce volcan.

durée et s'accompagne de conséquences écologiques qui se manifesteront souvent dans le long terme.

On est donc conduit à distinguer parmi les divers types de désastres affectant l'homme et/ou son environnement, un ensemble d'événements catastrophiques qui exercent leurs effets sur de vastes surfaces et sur des durées prolongées sans nécessairement provoquer des victimes humaines. Leur caractéristique commune tient en ce qu'elles causent des dommages considérables aux ressources biologiques et aux activités économiques.

On dénomme catastrophes écologiques de tels événements qui se caractérisent par l'induction de perturbations transitoires ou permanentes de la santé des écosystèmes et des communautés vivantes qu'elle affecte. Il peut en découler des pertes de biodiversité, une diminution calamiteuse de la productivité biologique à la suite des dérèglements du flux de l'énergie et/ou du cycle de la matière et en conséquence de ressources naturelles biologiques. Enfin, elles peuvent parfois conduire à des dégradations irréversibles conduisant à la destruction des écosystèmes qu'elles affectent.

1.2 CLASSIFICATION DES CATASTROPHES

De nombreux désastres d'origine naturelle et, à l'opposé des catastrophes, partiellement voire entièrement dus à l'homme, sont susceptibles d'affecter les populations humaines et de provoquer des pertes écologiques.

En ce qui concerne leurs causes initiales, nous distinguerons – du plus « naturel » vers le plus « artificiel » – les catastrophes géophysiques, climatiques, anthropiques (conséquences de la surexploitation par l'homme du couvert végétal ou des terres cultivées), démographiques, enfin technologiques (tableau 1.1). Parmi leurs conséquences, nous avons retenu l'action de ces désastres sur les processus écologiques fondamentaux, sur la productivité biologique et sur la biodiversité (raréfaction de populations végétales et/ou animales, extinction d'espèces vivantes). Nous avons cité les principales causes de pertes en vies humaines associées à des catastrophes : morts violentes, certes, mais surtout épidémies et famines qui entrent incontestablement dans le domaine des conséquences écologiques de ces désastres. Enfin, nous avons figuré dans le tableau 1.1 la gravité des conséquences résultant de ces phénomènes catastrophiques par le nombre de croix correspondant (en échelle logarithmique).

Tableau 1.1 Nature, causes et importance des principaux types de désastres susceptibles de présenter un impact sur les populations humaines et/ou écologiques.*

Type de désastre			Conséquences du désastre**					
						Pertes en vies humaines		
Origine	Cause initiale	Nature	Perturbation des processus écologiques fondamentaux	Diminution de productivité biologique	Perte de biodiversité	Morts violentes	Épidémies	Famines
Naturelle	Géophysiques	Séismes	0	0	0	+++++	++	±
		Volcanisme	++	0	±	++++	±	±
		Raz-de-marée	±	0	0	+++++	++	+
	Météorologiques	Cyclones	±	0	0	++	+	+
		Inondations	++	0	0	++++	++	+
	Climatiques	Sécheresses	++++	++++	++	0	++	++++
		Glaciations	+++++	+++++	+++++	+	±	+++ ***
Humaine	Dilapidation des Ressources Naturelles	Déforestation	++++	++++	+++++	0	±	±
		Surpâturage	++	+++	+++	0	0	+
		Érosion des sols	+++	++++	++	0	0	++
	Démographique (surpopulation)	Destruction de la nature et de ses ressources	+++++	+++++	+++++	+	++	++++
	Technologique	Pollutions majeures	++++	+++	++++	+++++	±	0

* D'après F. Ramade, 1987. ** Le nombre de croix est proportionnel à l'intensité attendue des conséquences en échelle logarithmique, un facteur 10 séparant chaque ordre de magnitude. *** À des temps historiques qui correspondent au petit épisode glaciaire (1450-1850).

1.3 ACCROISSEMENT DE LA FRÉQUENCE ET DE L'IMPORTANCE DES DÉSASTRES DITS NATURELS

Depuis le milieu du XXe siècle s'observe un accroissement continu de la fréquence des désastres présentant un impact sur les populations humaines tant direct (mortalité et dommages corporels) qu'indirect (pertes économiques, conséquences écologiques pour les ressources naturelles). De nombreuses institutions universitaires, des agences internationales (Unesco, OMS) et des organisations caritatives non gouvernementales qui œuvrent à l'assistance de populations et d'individus victimes de catastrophes « naturelles » ont à plusieurs reprises attiré l'attention des pouvoirs publics sur cet accroissement au cours des dernières décennies.

Cet accroissement de la fréquence des catastrophes a été certes particulièrement évident au cours des deux dernières décennies pour tout un ensemble d'événements dont les hommes sont directement responsables (grandes pollutions accidentelles ou chroniques, mais aussi épidémies et famines accompagnant des désordres politiques qui sont allés jusqu'au génocide). Toutefois, et peut-être de façon plus encore spectaculaire, s'est produite une augmentation incontestable de désastres réputés naturels : tremblements de terre, raz-de-marée, éruptions volcaniques, cyclones, sécheresses, inondations, etc. (figure 1.1).

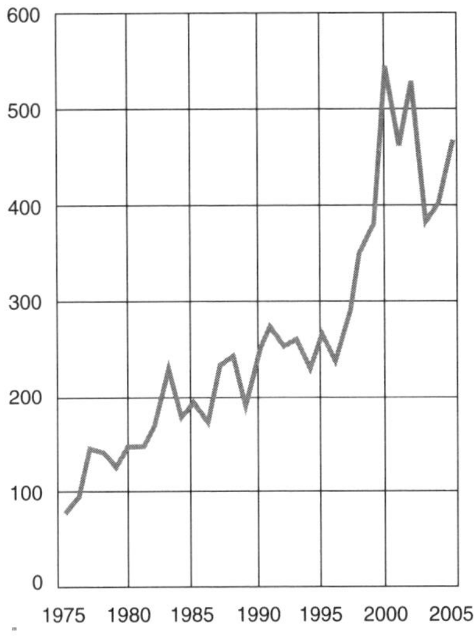

Figure 1.1 Variation du nombre de désastres « naturels » entre 1975 et 2005. (D'après CRED, *op. cit.*)

En réalité, cela ne signifie pas, bien évidemment, que la fréquence de tels phénomènes a réellement augmenté au cours du dernier demi-siècle, tout au moins pour ceux d'entre eux d'origine entièrement naturelle. Cet accroissement apparent résulte de l'augmentation de la densité de populations, voire du peuplement de zones quasiment inhabitées, dans des régions où la probabilité de tels événements est particulièrement élevée. Ces désastres sont donc beaucoup plus qu'autrefois susceptibles de causer d'importantes pertes en vies humaines et/ou de graves dommages économiques, là où ils surviennent.

Toutefois, les catastrophes d'origine climatique (cyclones, inondations, sécheresse) ont été plus fréquentes que celles d'origine géophysique (séismes, raz-de-marée, éruptions volcaniques) bien que ces dernières aient provoqué ces toutes dernières années le plus grand nombre de victimes. Elles ont affecté en premier lieu l'Asie du Sud et l'Afrique subsaharienne. On a assisté dans le même temps à une importante croissance de celles partiellement ou entièrement dues à l'homme : incendies de forêts, glissements de terrain et *a fortiori* de celles dues à la pollution sans cesse accrue de la biosphère.

Cet accroissement a été encore plus spectaculaire pour bien des désastres dont les causes quoique dites « naturelles », comme les inondations ou les sécheresses, voient leur ampleur exaltée par l'action de l'homme sur le couvert végétal et pis encore sur le climat global…

Corrélativement à cet accroissement, on a assisté à une augmentation spectaculaire du nombre de personnes affectées (figure 1.2) et en conséquence de victimes.

Entre 1980 et 1984, le nombre de personnes affectées par des catastrophes naturelles s'élevait à 500 millions, entre 2000 et 2004 il a atteint au total 1,4 milliard de personnes à l'échelle mondiale (174) !

Le nombre de victimes s'est accru en proportion du nombre de personnes affectées. À titre d'exemple, on recensait au cours des années 1960 quelque 22 270 morts qui avaient été causées par 50 catastrophes « naturelles » majeures. Dans les années 1970, on dénombrait 114 000 morts causées par une centaine de telles catastrophes. Dans les années 1980, ce nombre approcha les 500 000 morts causées par 110 événements catastrophiques. Dans les années 1990, quelque 130 désastres majeurs dits « naturels » provoquèrent officiellement la mort de 522 000 personnes (149)[1] et des dommages totalisant 741 milliards de

1. En réalité nettement plus. Ainsi, le séisme du 26 janvier 2001, de magnitude 7,6 à Bujh, qui a ravagé le Gujarat en Inde, détruisant ou endommageant gravement 1,2 million d'habitations aurait fait plus de 100 000 victimes alors que les autorités gouvernementales n'en ont officiellement recensé que 19 800.

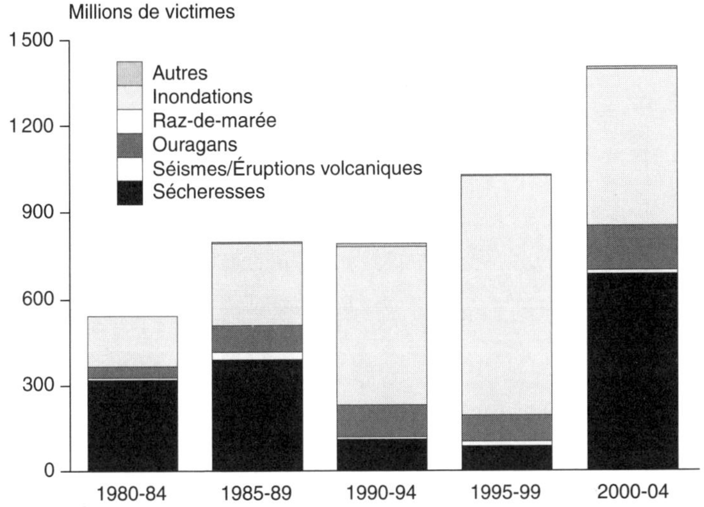

Figure 1.2 *(voir cahier couleurs)* Nombre de personnes affectées par des désastres naturels dans la période 1980-2004. (D'après OFDA/CRD *in* Renner et Chafe, *op. cit.*, p. 118.)

dollars. Enfin depuis le début des années 2000, on a déjà atteint des pertes approchant les 400 000 morts lors d'une centaine de désastres[1], le tsunami du 26 décembre 2004 ayant fait à lui seul en Asie du Sud quelque 235 000 victimes et le séisme du Cachemire officiellement 84 000 morts (en réalité autour de 100 000 selon des ONG caritatives)... et quelque 3 millions de personnes sans abri[2] !

Cette tendance à l'accroissement de la fréquence des désastres, du nombre de personnes affectées – et surtout des victimes – s'avère des plus inquiétante. Fait nouveau, l'augmentation des pertes humaines est devenue quasi continue d'année en année depuis 1994 (220).

Par ordre décroissant, en fonction du nombre de victimes immédiates qu'ils provoquent, on constate que les désastres se classent ainsi : ouragans, inondations, sécheresses, séismes, éruptions volcaniques, canicules, glissements de terrain. Cependant, la prise en compte de la mortalité différée (famines et disettes dues à de mauvaises conditions climatiques) placerait en tête les sécheresses qui passeraient nettement devant les autres désastres naturels.

1. Voir note page précédente.
2. Par ailleurs, les dommages ont excédé an 2005 les 200 milliards de dollars pour les seuls États-Unis, soit plus que le total mondial dans les années 1970 !

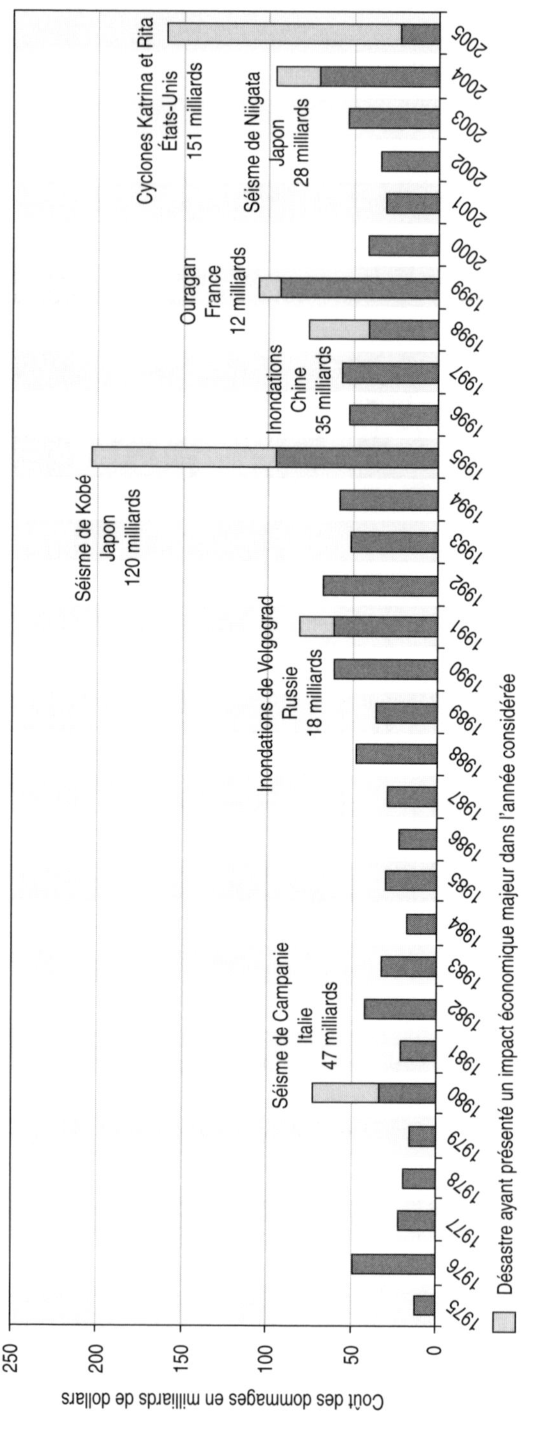

Figure 1.3 Variation des pertes économiques dues aux désastres « naturels » entre 1975 et 2005.
(D'après CRED, *op. cit.*)

Parallèlement à l'augmentation continue du nombre de personnes affectées par des désastres, on a assisté à un accroissement spectaculaire des dommages qu'ils entraînent au cours des toutes dernières décennies.

Mesurés en termes économiques, les séismes sont les plus dévastateurs, leur impact sur les infrastructures étant supérieur à celui des cyclones car ils provoquent la destruction totale des édifices, mais aussi des infrastructures : ponts, routes, voies ferrées, digues, etc.

Aussi les tremblements de terre représentent la catégorie de catastrophes naturelles ayant connu la plus forte croissance au cours des trois dernières décennies pour les dommages économiques causés aux populations vivant dans les zones affectées. Ces derniers se sont accrus de trente fois en dollars constants au cours de ce laps de temps. Le tremblement de terre de Kobe, en 1995, avait établi avec 121 milliards de

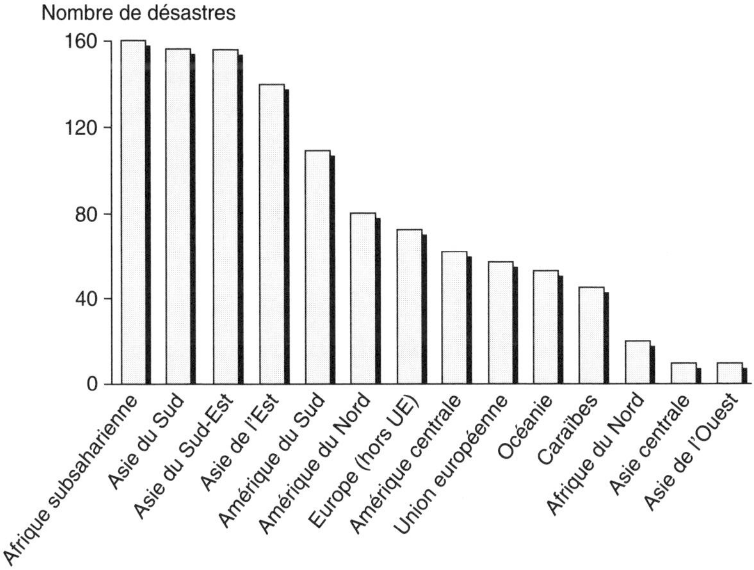

Figure 1.4 Importance de l'incidence des désastres par région dans le monde au cours des années 1990.

On constate une très significative corrélation négative entre le niveau de développement d'un pays ou d'une « région » (au sens des Nations unies) et la fréquence des catastrophes ayant provoqué des pertes humaines et (ou) des dommages écologiques importants. Cette corrélation serait considérablement accrue si l'on représentait non point le nombre de catastrophes, mais celui des pertes en vies humaines ou l'importance quantitative des dommages causés. (D'après PNUE, « Global Environnement 2000 », *op. cit.,* p. 31.)

dollars un record absolu de tous les temps des dommages causés par une catastrophe naturelle (figure 1.3).

Toutefois, ce record a été battu en 2005 par le cyclone Katrina qui a ravagé le sud de la Louisiane causant aux biens et aux personnes des dommages qui ont atteint 125 milliards de dollars (131 avec ceux du cyclone Rita). Au total, les catastrophes géophysiques et météorologiques (séismes, raz-de-marée, cyclones, etc.) ont provoqué en la seule année 2005 plus de 200 milliards de dollars de dommages!

La répartition géographique des grandes catastrophes naturelles montre selon toute logique une excellente corrélation avec le binôme « surpopulation - sous-développement » (figure 1.4) comme l'ont encore, hélas, tragiquement montré le tsunami du 26 décembre 2004 en Asie du Sud et plus récemment le séisme du 8 octobre 2005 au Cachemire.

Le groupe de recherches sur les risques naturels de l'université du Colorado avait déjà souligné dès la fin des années 1960 que l'Asie du Sud est la région du monde où surviennent le plus de désastres naturels, suivi de l'Afrique, de l'Amérique latine, de l'Europe, de l'Amérique du Nord puis de l'Australie. Au cours des années 1980, on recensait pour une catastrophe dénombrée annuellement en Europe, dix en Afrique et en Amérique latine et quinze en Asie tropicale. Dans la période 1995-2005, on constate que cette hiérarchie s'est maintenue.

1.4 CAUSES ANTHROPIQUES DE L'AUGMENTATION APPARENTE DES CATASTROPHES NATURELLES

1.4.1 Explosion démographique et conséquences

En ces débuts de XXIe siècle, l'explosion démographique humaine, loin d'être achevée en dépit des affirmations péremptoires de trop de « bons esprits » adeptes du « politiquement correct », constitue la catastrophe naturelle majeure qui affecte l'humanité[1], et la cause de la plupart des autres catastrophes avec en outre des conséquences écologiques qui pourraient s'avérer apocalyptiques.

La multiplication inconsidérée de l'espèce humaine constitue tout autant que son développement technologique, un facteur primordial de dégradation de la biosphère, avec pour conséquence d'accroître la fréquence de certains désastres naturels et d'en augmenter l'intensité, le nombre de victimes et les pertes économiques qui en découlent.

Il tombe sous le sens commun d'affirmer que l'explosion démographique du XXe siècle et la surpopulation qui en est résultée dans de nombreux pays de la planète constituent le premier des désastres naturels, dans la mesure où la reproduction d'une population en l'absence de facteurs limitants – ce qui est le cas de l'espèce humaine – constitue un phénomène biologique spontané. Cette inflation démographique est aussi la cause des calamités qui résultent de la plupart des autres désastres réputés naturels pour les populations humaines qui en sont victimes.

Bien que le surpeuplement sévisse de longue date en diverses régions d'Asie, la croissance actuelle d'une population mondiale déjà pléthorique constitue un fait essentiel, spécifique de notre époque, que l'on a dénommé fort à propos l'explosion démographique du XXe siècle, ou encore la « bombe P » (60). Cette explosion – qui est loin d'être derrière nous – a dépassé, par les dimensions catastrophiques présentes et futures de son impact global sur l'environnement, l'importance de tous les changements qu'a présenté pour les sociétés humaines au cours des dernières décennies la mise en œuvre des nouvelles technologies les plus performantes.

Au cours du seul XXe siècle, soit en une centaine d'années, l'effectif de l'humanité a été multiplié par plus de quatre fois, alors qu'elle avait mis plus de 2,5 millions d'années pour atteindre la valeur qui était la sienne en 1900, passant de 1,4 milliard à cette date à plus de 6 milliards en 2000 (figure 1.5) ! Si elle gardait son présent taux de croissance soit 1,2 % par an, il lui suffirait de 58 ans pour s'accroître de la même valeur ! Cela a fait écrire à Wilson (223) que « *le mode de croissance des populations humaines au cours du XXe siècle a plus été de type bactérien que de celui d'un Primate* ».

1. On est consterné à cet égard par le dogmatisme de trop de démographes, économistes et sociologues natalistes qui persistent à nier l'évidence à savoir que l'explosion démographique a déjà eu lieu – et non pas qu'elle n'aura pas lieu comme ils l'affirment péremptoirement aujourd'hui encore ! Comment pouvoir nier une telle évidence quand on sait qu'au cours du XXe siècle, la population mondiale a plus que quadruplé, accroissement fulgurant dans l'histoire démographique de l'humanité. De plus, bien que la « transition démographique » soit fort heureusement déjà en cours, la croissance des effectifs humains se prolongera dans les décennies à venir...Le drame de la période actuelle tient en ce que la très grande majorité des hommes qui viennent s'ajouter à la population déjà existante naissent dans des pays qui souvent ne disposent plus de l'eau voire des terres nécessaires pour produire la nourriture qu'exigent ces bouches supplémentaires !

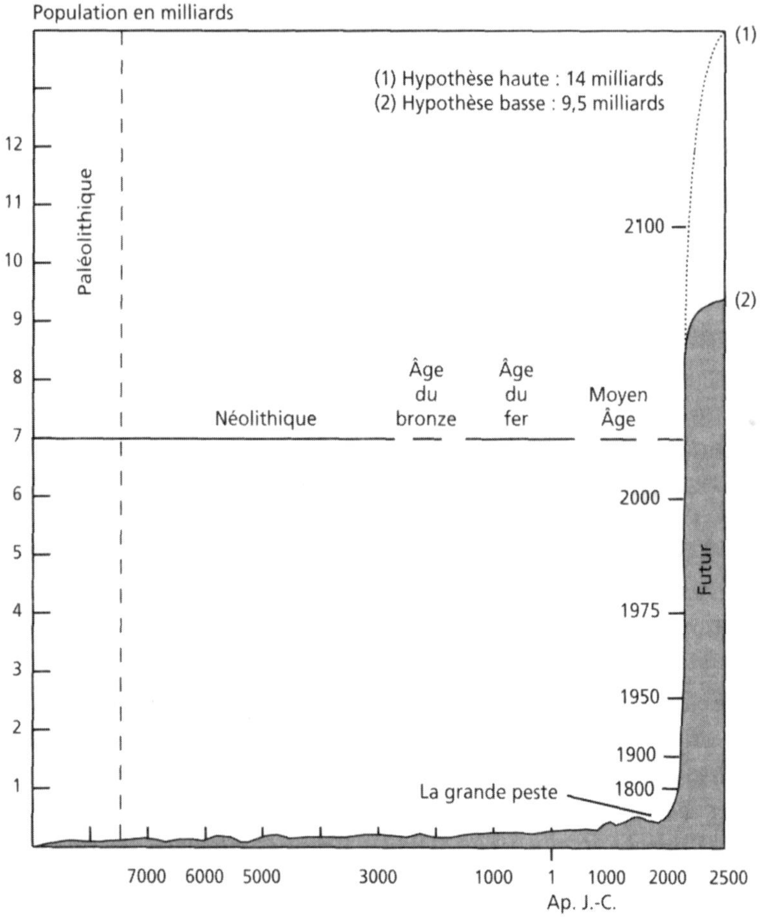

Figure 1.5 Croissance démographique de l'espèce humaine depuis le Paléolithique jusqu'à nos jours.

Il a fallu 2,5 millions d'années pour que soit atteint un effectif de 6 milliards d'individus en 1999 et il suffirait de 58 ans pour que cet effectif soit doublé si se maintenait au cours des prochaines décennies le taux d'accroissement actuel (1,2 % par an). Ces données montrent combien le terme d'explosion démographique n'est pas usurpé. (D'après McFalls, Population Reference Bureau, *op. cit.*, 2003, p. 33).

a) État de la démographie mondiale en 2005

En fin 2005, les experts estimaient à 6,5 milliards de personnes l'effectif de la population mondiale.

Le tableau 1.2 réunit les principales données démographiques relatives à la population mondiale en mi-2005 et les prévisions faites sur ces bases pour 2025 et 2050. Elles confirment largement l'opinion d'Ehrlich sur la sous-estimation de la croissance démographique future, qui a été longtemps le fait des agences des Nations unies[1].

TABLEAU 1.2 ÉTAT DE LA POPULATION MONDIALE EN 2005 ET PRÉVISIONS POUR 2025 ET 2050 (D'APRÈS C. HAUB, POPULATION REFERENCE BUREAU, *OP. CIT.*, 2005).

Régions	Population (en 10^6)	Taux annuel de croissance (en %)	Temps de doublement (en années)	Effectifs prévus pour 2025 (en 10^6)	Effectifs prévus pour 2050 (en 10^6)
Afrique	906	2,3	30,1	1 349	1 969
dont Afrique subsaharienne	752	2,4	28,9	1 148	1 729
Asie totale	3 921	1,3	53,3	4 759	5 325
Chine	1 303	0,6	115	1 476	1 437
Indes	1 103	1,7	40,8	1 363	1 628
Europe*	730	– 0,1	649**	716	660
Amérique du Nord	329	0,6	138	386	457
dont États-Unis	294	0,6	115	349	420
Amérique latine	559	1,6	43,3	702	805
dont Brésil	184,2	1,4	53,3	229	259
Océanie	33	1,0	69	41	47
Totaux					
Pays développés	1 211	0,1	690	1 251	1 249
Tiers-monde	5 266	1,5	46,2	6 701	8 013
TM sans la Chine	3 963	1,8	38,8	5 225	6 576
Total mondial	6 477	1,2	53,3	7 952	9 262

* Russie incluse. **Ici temps pour que les effectifs se réduisent de moitié car le taux est < 0.

1. Toutes les prévisions démographiques des agences des Nations unies ont toujours pêché par défaut jusqu'à la fin des années 1970. Ehrlich *et al.* (1977) citait la revue *Time* qui dans son numéro du 8 novembre 1948 affirmait que « l'opinion d'experts selon laquelle les prévisions faites par la FAO sur une population mondiale de 2,25 milliards en 1960 étaient probablement trop élevées »...Les effectifs recensés à cette date furent de 3 milliards ! D'autres estimations de l'ONU faites en 1960 évaluaient à 3,5 milliards la population mondiale en 1990. On sait que ce chiffre était déjà dépassé fin 1970 où elle s'élevait à 3,66 milliards.

Les données de ce tableau suggèrent que la croissance démographique mondiale s'ajustera au cours des prochaines décennies sur les prévisions correspondant à l'hypothèse moyenne des Nations unies. D'ici 2025, l'Afrique, l'Asie du Sud et l'Amérique latine doubleraient leurs effectifs, tandis que la population européenne tendrait à plafonner, voire à légèrement régresser, ainsi que cela s'observe déjà en Allemagne, en Italie ou en Europe de l'Est où les taux de croissance sont nuls voire négatifs[1].

Le taux annuel d'accroissement excède 1,5 % pour l'ensemble du tiers-monde : il atteint 1,6 % en Amérique latine (temps de doublement de 41 ans) et son maximum est de 2,4 % en Afrique subsaharienne (doublement en 29 ans)[2].

Quoique l'Asie présente un accroissement de la population plus lent, de 1,3 % par an en 2005, ce dernier est en grande partie abaissé par la Chine (0,6 % par an) qui a mis en œuvre depuis plus de trente années un programme de plus en plus sévère de limitation des naissances. En date récente, l'Inde a présenté un net ralentissement de sa croissance avec un taux tombé en 2005 à 1,7 % par an (doublement en 41 ans) et dans une moindre mesure le Bangladesh qui avec 1,9 % (doublement en 37 ans), présente une tendance significative à la réduction de la natalité.

À l'opposé, l'inflation démographique sévit toujours au Pakistan avec un taux de croissance de 2,4 % par an, ainsi qu'en de nombreux pays du Proche et du Moyen-Orient dont les temps de doublement de leur population sont souvent inférieurs à 25 ans.

➤ Expansion des villes

De façon simultanée à cet accroissement de plus en plus rapide de l'humanité se manifeste une forte tendance à l'urbanisation, ce qui accroît la vulnérabilité des populations en cas de désastre naturel ou technologique.

Ainsi, Mexico dont l'agglomération comptait 15 millions d'habitants en 1980, atteindrait 30 millions en 2025 ! Calcutta qui est peuplée de 15 millions d'habitants en comptera également 30 millions en 2025 si son rythme de croissance actuel se maintient. Alors que la moitié de la population mondiale vivait déjà dans des villes en 2000, cette proportion

1. Cela résultera de la diminution de la fécondité des couples au-dessous du taux de remplacement.

2. Le record mondial de la croissance démographique appartenait en 2005 au Niger et à la Palestine avec 3,4 % par an, soit un temps de doublement de 20,4 ans, suivis du Yémen avec 3,3 % par an, puis du Mali, et du Congo-Kinshasa avec 3,2 % (temps de doublement : 22,3 ans)! En fait, de nombreux pays d'Afrique subsaharienne approchent ou excèdent aujourd'hui encore 3 % par an.

s'élèvera à 65 % en 2025. À cette date, douze d'entre elles excéderont 20 millions d'habitants : Tokyo, Mexico, São Paulo, Le Caire, Lagos, Karachi, New Delhi, Calcutta, Bombay, Dacca, Shanghai et Djakarta.

Cette urbanisation accélérée accroît « mécaniquement », en concentrant les populations, les risques liés à un désastre naturel majeur.

b) Causes démoécologiques de la surpopulation humaine

L'explosion démographique actuelle résulte avant tout d'une spectaculaire diminution du taux de mortalité m, à tous les âges de la vie, alors que le taux de natalité b, est resté le même dans le tiers-monde, ou n'y a pas baissé dans des proportions comparables. Dans ces conditions, si m décroît, r le taux de croissance augmente puisque $r = b - m$.

Cette augmentation considérable de l'espérance moyenne de vie a résulté de nombreux facteurs qui ont réduit drastiquement la mortalité : vaccination systématique des populations, amélioration du milieu de vie urbain (hygiène publique, assainissement), enfin progrès de l'agriculture ayant réduit fortement les risques de famine et accru la qualité de l'alimentation.

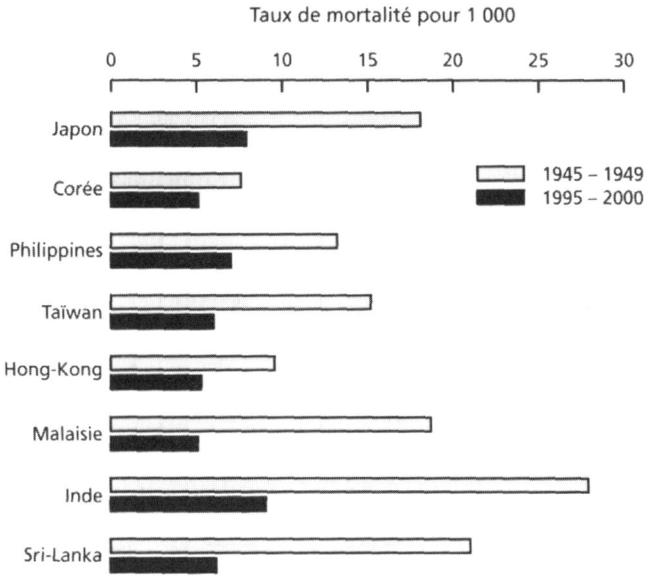

Figure 1.6 Variation du taux de mortalité entre 1945-1949 et 1995-2000 dans quelques pays d'Asie. (D'après Kent, *op. cit.*, 1984 et Haub et Cornelius 2000, mais modifié *in* Ramade, 2005.)

Ainsi l'espérance moyenne de vie, qui était à peine de 18 ans au Néolithique, atteignait 25 ans à l'apogée de l'Empire Romain, 50 ans en 1900 sur la Côte Est des États-Unis et s'élevait en 2005 au Japon – qui détenait le record mondial en ce domaine – à 78 ans chez les hommes et à 85 ans chez les femmes.

La baisse générale du taux de mortalité s'est aussi produite dans de nombreux pays du tiers-monde. La figure 1.6 représente la diminution de ce taux entre 1945 et 2000 dans quelques pays d'Asie.

Mais alors que cette réduction s'est accompagnée d'une diminution équivalente du taux de natalité dans les pays industrialisés, celui-ci est resté stable ou n'a connu qu'un début de régression[1] dans bien des pays sous-développés, ce qui constitue l'unique cause de leur explosion démographique (figure 1.6)[2].

Ainsi, en Égypte, pays déjà dramatiquement surpeuplé[3], le taux de natalité en 2005 excédait encore 26 ‰ et celui de mortalité de 6 ‰, d'où une croissance supérieure à 2 % par an (doublement en 34 ans). Quant à certains pays s'étendant de l'Ouest de l'Afrique subsaharienne au Proche-Orient et au Pakistan, la natalité s'est maintenue aux alentours de 40 ‰ atteignant même 50 ‰ dans certains d'entre eux comme au Mali, soit une valeur proche du maximum biologique de l'espèce humaine !

Aujourd'hui encore, et en dépit de la pandémie du SIDA, c'est en Afrique subsaharienne que l'explosion démographique demeure massive et atteint les dimensions les plus catastrophiques. En 2005, le taux de natalité pour l'ensemble du sous-continent était de 41 ‰ et la mortalité, toujours élevée compte tenu de l'importance de la classe d'âge juvénile, entre autres à cause du SIDA, atteignait 17 ‰ soit un

1. Le rôle de l'ascension actuelle des divers mouvements intégristes dans cette stagnation illustre parfaitement ce fait. Au nom de principes prétendument religieux, des représentants de diverses organisations obscurantistes opposées à la légalisation de l'avortement en viennent à commettre des actes délictueux voire criminels (comme aux États-Unis) à l'encontre des personnels et des institutions médicales qui ont en charge l'IVG. Que dire alors de certains mouvements islamistes qui interdisent la contraception et dont certains adeptes assassinent les membres médicaux et(ou) bénévoles d'organisations de planning familial œuvrant dans les pays concernés ?

2. Alors que la réduction de la natalité s'est effectuée de façon progressive en Europe depuis le milieu du XVIIIe siècle, tandis que l'espérance moyenne de vie s'accroissait, d'où stabilisation des effectifs, celle-ci s'est à peine amorcée dans une fraction, certes croissante, de pays en voie de développement, alors que le taux de mortalité s'y est réduit de façon spectaculaire.

3. Les 74 millions d'Égyptiens vivant en 2005 résidaient en quasi-totalité sur les 35 000 km^2 de la vallée du Nil soit une densité record de 2 100 habitants par km^2 !

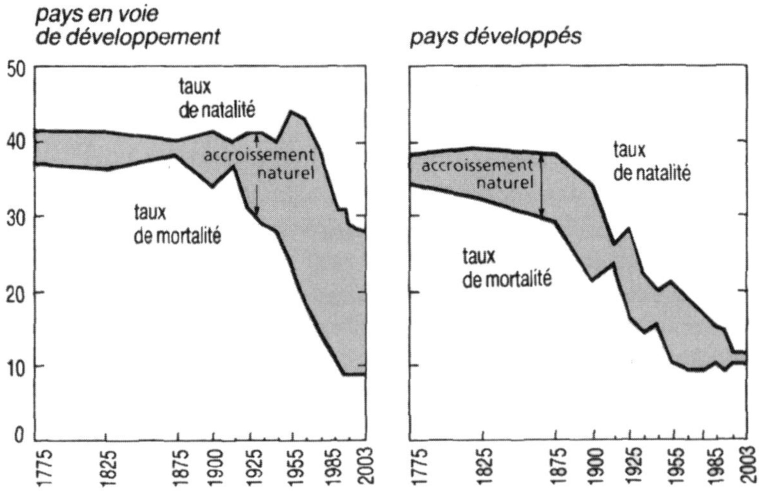

Figure 1.7 Variations respectives des taux de natalité et de mortalité (en ‰) observées entre 1775 et 2003 dans les pays développés et dans ceux du tiers-monde.

L'explosion démographique dont ces pays sont victimes provient d'un accroissement naturel élevé qui résulte du maintien du taux de natalité à de très forts niveaux en dépit de la spectaculaire diminution de la mortalité due au progrès de la médecine. (D'après Kent, *op. cit.*, p. 3, mais modifié et actualisé avec données de Haub et Cornelius, 2003.)

taux annuel de croissance des effectifs de 2,4 %. Si la valeur de ce taux restait inchangée au cours du XXIe siècle, cela conduirait à un effectif de 9,8 milliards d'habitants en 2100 en Afrique subsaharienne, soit environ 13 fois sa population actuelle[1] !

Remarque : il est hélas triste de constater combien les mentalités arriérées[2], un recours borné aux « traditions » pour justifier le refus obstiné, propre hélas à la majorité de ses habitants, d'adopter

1. Il s'agit là bien entendu d'une simple abstraction, car compte tenu des pénuries déjà existantes en eau et en terres cultivables dans bien des pays concernés, il est très évident que les facteurs malthusiens de régulation des populations interviendront bien avant pour réaliser cette dernière.
2. Il suffit pour justifier notre affirmation de constater le maintien quasi systématique, en ce début de XXIe siècle, des mutilations sexuelles des femmes qui affectent dans le monde plus de 100 millions d'entre elles, essentiellement en Afrique, pratiques que nous classerons volontiers immédiatement au-dessous du cannibalisme sur l'échelle qui mesure le degré d'arriération d'une société humaine.

les comportements de base relatifs au planning familial qui prévalent dans les pays développés, seuls garants des vrais progrès humains, contribuent à ce désastre social et écologique… Il suffit de songer au refus quasi systématique du préservatif, moyen également efficace de contraception, alors que ce sous-continent héberge plus des trois quarts des cas de SIDA de la planète, le taux de séropositifs y dépassant souvent 20 %, en particulier dans toute l'Afrique australe (117) !

c) Prospectives démographiques : catastrophe ou transition démographique puis stabilisation ?

En dépit de la préoccupante surpopulation globale déjà atteinte, on constate qu'à l'opposé des signes favorables se sont manifestés au cours des deux dernières décennies. Ils résultent d'une tendance incontestable au ralentissement de la natalité, spectaculaire même dans le cas de la Chine. On peut donc affirmer que l'humanité est entrée dans une phase de transition démographique qui conduira à la faire passer d'une croissance exponentielle à une stabilisation de ses effectifs dont la fluctuation dans le temps devrait s'ajuster sur une courbe logistique (figure 1.8).

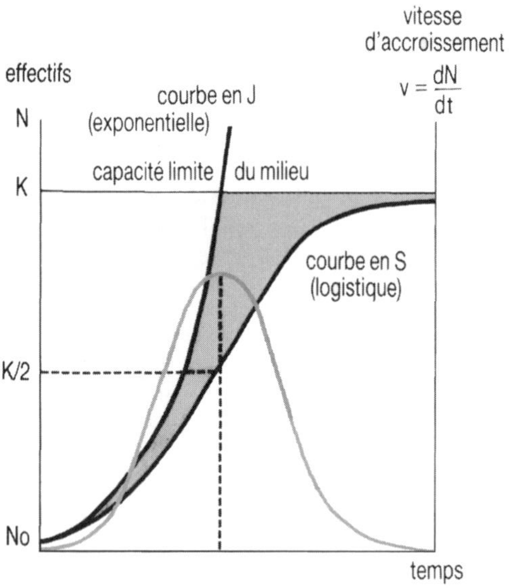

Figure 1.8 Croissance exponentielle et logistique. L'asymptote de la seconde est dénommée capacité limite du milieu car elle correspond à l'effectif maximum de la population permis par les ressources naturelles disponibles (D'après Ramade, *op. cit.*, 2003, p. 199).

Achevée dans les pays industrialisés d'Europe, d'Amérique du Nord, et depuis quelques années déjà en Chine populaire, la transition démographique s'ébauche à peine pour l'ensemble de l'humanité, la baisse des taux de mortalité étant loin d'être compensée par celle des taux de natalité.

➤ Transition démographique

On peut donc adopter une attitude optimiste au sujet de la démographie humaine. Dans l'hypothèse entièrement fondée au plan démoécologique où la population mondiale croîtrait logiquement selon une courbe sigmoïde, il n'est *a priori* pas absurde de supposer que nous avons actuellement dépassé le point d'inflexion de cette courbe puisque la vitesse de croissance ralentit[1]. Du même coup, on pourrait prévoir que les effectifs se stabiliseront à une capacité limite K = 10 milliards d'individus car le ralentissement de la croissance observé au cours des dernières années suggère que ce point d'inflexion a été atteint au début des années 1990 quand l'humanité comptait 5 milliards d'individus.

Le taux de fertilité total (TFT), nombre moyen d'enfants que doit mettre au monde chaque femme adulte pour assurer le maintien des effectifs à une valeur constante, varie d'une population humaine à l'autre. En moyenne, à l'échelle mondiale, la population est stable pour un TFT égal à 2,15. La plupart des pays d'Europe présentent aujourd'hui des valeurs de leur TFT proches voire inférieures à cette limite d'où une tendance à la dépopulation. En 2000, le TFT moyen de la population mondiale était de 2,6 ce qui conduirait toutefois, s'il était maintenu, à un effectif de 25 milliards d'hommes en 2100 !

Transition vers la croissance démographique zéro

En 1988, la croissance de la population mondiale a atteint la valeur absolue la plus élevée de tous les temps avec un incrément supérieur à 100 millions de personnes. Depuis lors, les taux de natalité ont fort heureusement commencé à diminuer dans un nombre croissant de pays du tiers-monde, préalable catégorique à la stabilisation des effectifs. Si son taux de croissance était resté à sa valeur de 1970 (2 % par an), la population mondiale aurait atteint l'effectif surréaliste de 50 milliards d'habitants en 2100 ! Il est donc indiscutable que l'humanité est entrée

1. La vitesse d'accroissement des effectifs dN/dt est maximale dans l'équation logistique pour N = K/2 puis décroît et tend vers zéro quand N tend vers K. (cf. à ce sujet F. Ramade, « *Éléments d'écologie-Écologie fondamentale* », Dunod, 2003, chap. 3, page 198 et suiv.).

dans la phase de transition démographique, le croît[1] annuel étant tombé à 80 millions d'habitants en 2005. Les prévisions, dans leurs hypothèses moyennes, suggèrent une stabilisation des effectifs humains au début du XXIIe siècle (figure 1.6).

L'arrêt de la croissance démographique est hautement dépendant du moment où chaque pays arrivera à une moyenne de deux enfants par couple. Différer ce moment de seulement 30 ans pourrait signifier un écart de 1 à 3 dans l'effectif ultime d'un pays dont la fertilité de la population est actuellement élevée.

On en vient donc à s'interroger sur le moment et le niveau auquel se stabilisera la population mondiale (les démographes disent qu'elle sera alors « stationnaire »), l'objectif idéal étant celui d'une humanité où natalité et mortalité s'équilibrent avec la valeur la plus faible possible de la mortalité dans l'état de la science.

Dans une telle hypothèse, la fertilité des femmes doit s'établir à une valeur strictement égale au niveau de remplacement des générations. En théorie, cela implique un TFT égal à 2 soit encore un nombre moyen de filles engendrées par une femme (taux net de reproduction = TNR) égal à 1. Si le TNR est supérieur à 1, la population croît, s'il est égal à 1, elle est stabilisée. Pour que le TNR soit égal à 1, il faut que le TFT excède légèrement 2 car il naît plus de garçons que de filles dans l'espèce humaine et toutes les filles ne donnent pas un enfant.

Du niveau net de remplacement à la stabilisation démographique

Atteindre un TNR égal à 1 ne constitue qu'un préliminaire à la stabilisation démographique. Même si la classe d'âge adulte atteint cette valeur du TNR, la stabilisation ne sera pas pour autant immédiate. En effet, dans une population où la classe juvénile est disproportionnée, le potentiel de croissance est considérable, le nombre de futurs parents excédant de beaucoup celui de la classe adulte (« moment d'inertie » démographique). Il en sera ainsi tant que la population ne sera pas devenue stationnaire c'est-à-dire aussi longtemps que sa structure d'âge ne sera pas équilibrée (nombre égal d'individus dans chaque classe d'âge).

L'influence de la prépondérance des jeunes qui constituent plus de 50 % de la population est une caractéristique du tiers-monde. Il leur confère une forte capacité de croissance à venir (figure 1.9) Cette dernière montre que, en dépit d'un TFT égal en 1999 à la moitié de sa valeur de 1975, l'accroissement annuel de l'humanité a seulement plafonné à cette date et décroît depuis lors.

1. Le terme de « croît » désigne en démoécologie le nombre d'individus par lequel la population augmente par unité de temps.

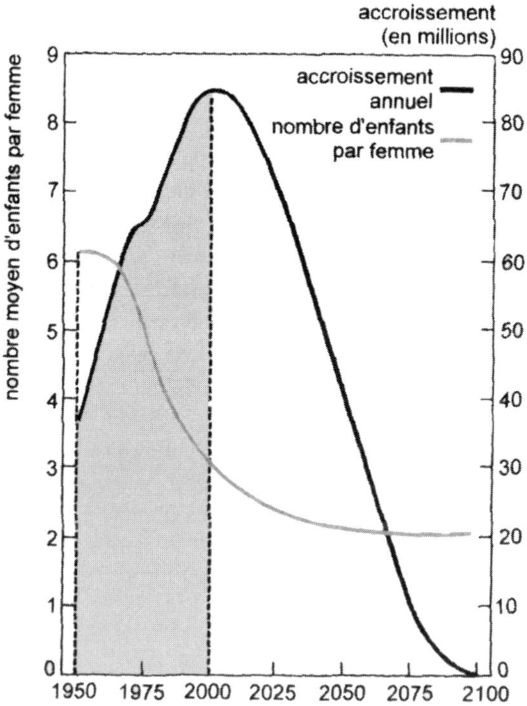

Figure 1.9 Variation observée et prévue du TFT et de la croissance annuelle des effectifs de la population mondiale entre 1950 et 2100 mettant en évidence qu'elle est bien entrée dans une phase de transition démographique. (D'après UNPB mais modifié et actualisé *in* Ramade, *op. cit.*, 2005, p. 56.)

➤ Niveau ultime de stabilisation des effectifs de l'humanité

À quel niveau se stabiliseront les effectifs des populations des divers continents et de l'humanité tout entière ?

Si l'on se place dans l'hypothèse moyenne du *Population Reference Bureau* de Washington sur l'évolution du TNR au cours du XXIe siècle, la population mondiale atteindrait l'effectif maximum d'une dizaine de milliards d'individus en 2100[1]. Toutefois, dans leur hypothèse haute,

1. Comme d'habitude fort optimiste, le département des affaires sociales des Nations unies, prévoit une stabilisation de l'humanité à 9 milliards de personnes en 2100 dans son hypothèse moyenne (Organisation des Nations unies, « World Population to 2300 ». New York, Department of Economic and Social Affairs, publication ST/ESA/SER.A/236, 2004).

les trente années supplémentaires nécessaires pour atteindre un TNR moyen de 1 suffiraient pour que l'effectif maximum de notre espèce atteigne 14,2 millions d'hommes (228).

> **Remarque** : les démographes des agences internationales considèrent comme la plus probable une stabilisation ultime des effectifs à un niveau de 10 milliards d'habitants au début du XXIIe siècle. Toutefois de grandes incertitudes pèsent sur ces prévisions car plus d'un milliard d'hommes (essentiellement en Afrique subsaharienne et en Asie de l'Ouest) ne sont pas encore entrés en période de transition démographique. Les experts des Nations unies postulent que la natalité ayant cependant commencé à baisser dans ces pays, le seuil de remplacement y serait atteint en 2035. Il s'agit là d'une hypothèse très optimiste car cela impliquerait que le pourcentage des couples pratiquant la contraception passerait par exemple de 18 % en 2000 à 59 % en 2035 en Afrique. Aujourd'hui encore, dans des pays aussi attardés que le Niger, le TFT moyen excède 7 enfants par femme !

Si pour l'Amérique latine, voire pour l'Inde et certains autres pays de l'Asie du Sud, la progression du taux de contraception prévue paraît possible d'ici 2035, il n'en est pas de même pour bien des pays depuis l'Indonésie jusqu'à la plupart des pays d'Afrique mineure, en particulier l'Égypte et *a fortiori* dans la partie subsaharienne de ce continent dans son ensemble. En l'absence de politique antinataliste délibérément soutenue par ces États, il paraît peu probable que dans une trentaine d'années ce taux soit au même niveau qu'aujourd'hui en Europe[1].

On peut donc conclure de ces diverses considérations que des incertitudes subsistent sur la probabilité de stabilisation démographique d'ici le début du XXIe siècle au niveau de l'hypothèse moyenne des Nations unies.

Une autre donnée importante relative à ces prévisions tient en l'augmentation de l'écart entre les pays industrialisés et les pays en

1. Des exceptions existent néanmoins. Ainsi, en Iran, le régime théocratique et intégriste islamique au pouvoir, faisant table rase des *a priori* confessionnels, a mis en œuvre un programme très efficace de stabilisation démographique, le TFT y étant actuellement à peine supérieur à 2 dans les jeunes générations parvenues en âge de procréer, et le taux d'accroissement annuel étant de 1,2 % par an! Cela est encore plus valable pour la Tunisie, pays laïque dans les faits, à l'opposé du précédent, qu'un taux de croissance démographique inférieur à 1,1 % par an et un taux de scolarisation des femmes supérieur à celui des hommes placent en matière de développement humain bien plus près de l'Union européenne que des pays en voie de développement !

voie de développement. Alors qu'en 2000 on comptait 1,15 milliard d'habitants dans les pays développés et 5,1 milliards d'habitants dans les pays du tiers-monde, ces effectifs passeraient respectivement à 1,4 milliard d'habitants et 8,7 milliards d'habitants selon l'hypothèse moyenne des Nations unies en 2100 (figure 1.10).

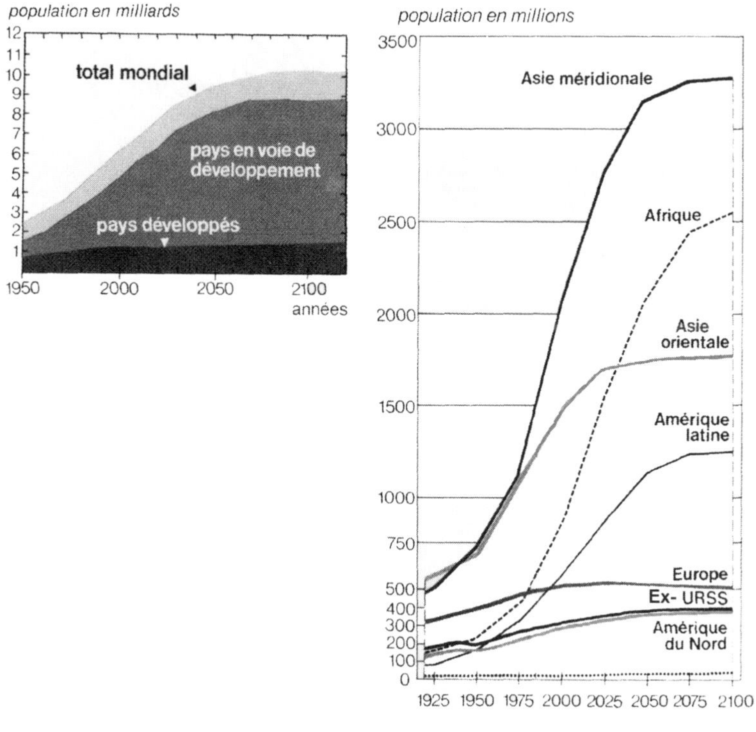

Figure 1.10 Prévisions de l'accroissement démographique de l'humanité. En **A)** à l'échelle mondiale. En **B)** pour les différents continents. (*In* Ramade, *op. cit.*, 2005, p. 44.)

Cet accroissement considérable de la population des pays en voie de développement se traduira par un bouleversement du classement démographique des différents pays du monde. Si l'on se réfère aux prévisions relatives aux hypothèses hautes des diverses organisations spécialisées dans la démographie mondiale – comme le *Population Reference Bureau* de Washington – on constate que le potentiel d'accroissement de nombreux pays du tiers-monde, avant stabilisation, est littéralement dramatique (tableau 1.3).

Remarque : il importe hélas de rappeler que dans certains cas, les prévisions démographiques les plus pessimistes ont parfois été dépassées. Ainsi en 1973, il avait été prévu que le Kenya qui comptait alors 11 millions d'habitants atteindrait les 25 en 2000. En réalité ses effectifs furent alors de 31 millions d'habitants soit 17 % de plus !

Stabilisation démographique de la Chine

Parmi les pays encore récemment en phase d'expansion démographique, la Chine mérite une place à part dans la mesure où le coup d'arrêt qu'elle a donné à la croissance de sa population est riche d'enseignements. De nos jours avec 1,3 milliard d'habitants, la Chine continentale est le pays le plus peuplé du monde devant l'Inde. Elle s'est engagée depuis les années 1970 dans une politique de stabilisation démographique grâce à une large diffusion des méthodes de contraception, à un niveau sans cesse accru d'éducation, à l'imposition des familles comportant plus de deux enfants, à une politique d'encouragement à l'enfant unique, avec interdiction du mariage avant 25 ans etc. En conséquence, la Chine est aujourd'hui l'unique pays nouvellement industrialisé figurant avec un taux de 0,6 % par an parmi le groupe des nations dont le taux de croissance est le plus bas. À l'opposé si la Chine n'avait pas mis en œuvre cette politique volontariste de contrôle des naissances, elle compterait à l'heure actuelle près de 2,5 milliards d'habitants qui seraient exposés en permanence à un risque de disette ! Cet exemple de la Chine est très remarquable car il montre à quelle vitesse spectaculaire peut progresser une nation dans la voie de la stabilisation de ses effectifs si son peuple est placé dans un contexte sociologique et politique favorable à une telle entreprise.

Par suite du retard avec lequel la plupart des pays du tiers-monde sont entrés dans la phase de transition démographique, leur population croîtra de façon spectaculaire au cours du présent siècle, bouleversant les équilibres démographiques mondiaux (tableau 1.3) ce qui augmentera de façon spectaculaire le nombre d'hommes vivant dans des zones où les risques de désastres naturels sont particulièrement élevés…

Tableau 1.3 Classement des dix pays du monde les plus peuplés en 2000 et 2050.*

Rang	2000		2050	
	Pays	Population	Pays	Population
1	Chine	1 264	Inde	1 628
2	Inde	1 002	Chine	1 288
3	États-Unis	276	États-Unis	422
4	Indonésie	212	Pakistan	349
5	Brésil	170	Indonésie	315
6	Pakistan	150	Nigeria	307
7	Russie	146	Bangladesh	254
8	Japon	127	Brésil	222
9	Bangladesh	128	Mexique	153
10	Nigeria	123	Philippines	133

* D'après des données de C. Haub, Population Reference Bureau, 2005.

Il est dès à présent possible d'imaginer les immenses « cours des miracles » que deviendront – s'ils ne le sont pas déjà – le Pakistan, l'Indonésie, le Nigeria et *a fortiori* le Bangladesh si ces prévisions démographiques devaient se confirmer... sans omettre les risques de conflits majeurs qui leur sont inhérents (41).

➤ Obstacles à une stabilisation rapide des effectifs des populations humaines et conséquences futures

D'énormes difficultés s'opposent de nos jours encore dans la plupart des pays réputés en voie de développement à une rapide stabilisation démographique. Un obstacle considérable provient du « moment d'inertie des populations » lié à l'importance actuelle des jeunes classes d'âge[1] dans les populations du tiers-monde. Une réduction de moitié du TNR des femmes entrant en classe reproductive ne modifiera pas en valeur absolue la croissance des effectifs si cette classe d'âge est deux fois plus nombreuse que celle de ses mères. Son effet ne deviendra sensible que lorsque cette génération entrera à son tour en période post-reproductive donc plusieurs décennies après le début des mesures de réduction

1. Voir à ce sujet « *Éléments d'écologie - Écologie fondamentale* », Dunod Sciences, 2005, Chap. 3, p. 191-194.

de la natalité. Cela explique par exemple pourquoi le taux de croissance en Chine est encore de 0,6 % par an, l'importance numérique de la classe d'âge actuellement reproductive masquant la réduction massive du nombre moyen d'enfants par femme féconde, tombé même au-dessous du taux de remplacement dans les villes.

À l'opposé, pour de nombreux pays, une difficulté majeure résulte de la brièveté du temps dont dispose la population pour se stabiliser à cause des hautes densités déjà atteintes. Pour ces pays, cet incompressible temps de latence rend problématique la possibilité d'une stabilisation démographique avant que les possibilités de production alimentaire n'aient par trop baissé. Les exemples du Pakistan, du Nigeria, de l'Indonésie, ou pire du Bangladesh, sont là pour rappeler aux sceptiques qu'il ne s'agit pas de spéculations fantaisistes.

D'autres obstacles, encore plus redoutables, s'opposent à une rapide stabilisation des effectifs de ces pays car ils empêchent la mise en œuvre d'un programme de limitation des naissances « à la chinoise » qui seul permettrait d'éviter les perspectives catastrophiques évoquées ci-dessus.

Ces obstacles « culturels » comme les désigne de façon impropre un terme d'usage devenu banal, sont de nature irrationnelle. Ils tiennent à des coutumes ancestrales propres à des sociétés arriérées, telles la polygamie, aux attitudes négatives relativement aux questions de natalité, de contraception et aux mentalités rétrogrades relativement au statut de la femme qui prévalent hélas aujourd'hui encore dans la majorité de ces pays. Que dire alors des positions obscurantistes des principales religions du monde sur tout ce qui se rapporte au contrôle des naissances[1] – dont l'évocation constitue un sujet tabou entre tous !

d) Conséquences écologiques de la surpopulation humaine

L'évaluation des dommages déjà causés à la biosphère et des risques immédiats ou potentiels à plus ou moins long terme qui résultent de la croissance démographique humaine constitue une entreprise ambitieuse et très complexe. Ce problème doit être, plus que tout autre, abordé sans dogmatisme, mais au contraire de manière scientifique, rationnelle en un mot. Toute autre attitude en ce domaine relève de l'obscurantisme.

Il apparaît en définitive incontestable qu'une stabilisation démographique des populations humaines s'impose dans les plus brefs délais à

1. En ces débuts de XXIe siècle, on serait par exemple en droit de s'étonner sur les positions de l'Église face à la contraception ou encore sur l'usage des préservatifs dans la prophylaxie du SIDA... sans omettre celles des divers intégrismes musulmans déjà évoqués plus haut !

l'ensemble des pays du tiers-monde. Cela constitue de nos jours un préalable catégorique pour leur accession à toute forme de développement durable. Ces derniers ne peuvent plus s'attarder longtemps à mi-chemin de la transition démographique étant donné les fortes densités de population déjà atteintes. Ou bien ils rassemblent toutes les énergies à leur disposition pour mettre en œuvre une politique de contrôle des naissances « à la chinoise » ou ils seront submergés à brève échéance – certains le sont hélas déjà – par le raz-de-marée démographique[1].

e) Dilemme population-ressources-environnement

Depuis les débuts du Néolithique, les populations humaines ont parfois excédé les capacités limites propres à leur environnement. Les sociétés victimes de ce surpeuplement ont payé cela au prix de leur effondrement par suite de la pénurie en ressources naturelles. Mais depuis quelques décennies, notre espèce a commencé à dépasser les limites de la productivité de la totalité des écosystèmes du globe : zones humides, formations naturelles herbacées, cultures, forêts et même océan...

Fait plus grave, non seulement le poids démographique de l'homme sur la biosphère est déjà excessif en valeur absolue, mais il s'accroît à une vitesse exponentielle sous l'action conjuguée de la croissance démographique et de l'amélioration continue des conditions de vie dans de nombreux pays nouvellement industrialisés... On songera par exemple à la spectaculaire augmentation de la consommation individuelle en Chine au cours de la dernière décennie et aussi, quoique dans une moindre mesure, dans des couches de plus en plus importantes de la population de l'Inde, pays dont les effectifs réunis atteignent 2,45 milliards d'hommes soit plus du double de celui des pays développés.

L'humanité est donc entrain de consommer à une vitesse sans cesse accrue non seulement les matières premières minérales, correspondant à un stock fossile, mais aussi les ressources naturelles renouvelables, de sorte qu'elle dilapide son capital biologique (figure 1.11).

L'adéquation des termes du trinôme population-ressources-environnement afin d'assurer aux générations futures un développement durable apparaît de nos jours d'autant plus critique qu'aucun expert ne peut aujourd'hui encore prévoir avec certitude à quelle date se stabiliseront les effectifs humains... alors que selon de nombreux spécialistes, l'humanité a déjà largement dépassé les capacités limites de la biosphère (223).

1. Que penser de pays tels Madagascar dont l'effectif a été multiplié par douze entre 1939 et 2005 passant de 1,5 à 17,3 millions d'habitants. Dans le même temps, le gouvernement a dû réduire le nombre d'écoles primaires fermant la moitié de celles situées dans les zones rurales, curieuse façon d'amorcer le développement du pays !

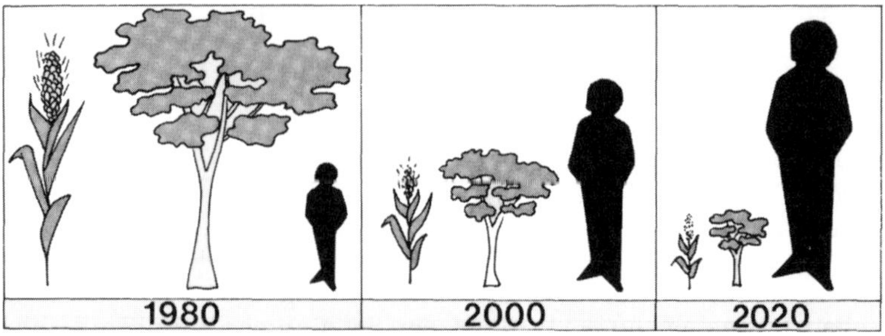

Figure 1.11 L'inadéquation actuelle des termes du trinôme population-ressources-environnement. (D'après UICN, *in* Ramade *op. cit.*, 1987, p. 20.)

Ehrlich (59, 60) avait déjà systématisé dans ses publications les conceptions certes pessimistes, mais hélas réalistes ici évoquées, ce qui lui avait valu aux États-Unis le surnom de « Monsieur Catastrophe ».

Selon les données technologiques actuelles, il semble qu'un effectif de 10 milliards d'hommes dépasserait déjà largement les limites durablement supportables par la biosphère, quelque trois planètes Terre étant déjà nécessaires pour que la population mondiale actuelle bénéficie de conditions de vie identiques à celles des habitants de l'Amérique du Nord (223).

En réalité, d'autres travaux suggèrent que même dans le meilleur des mondes de la protection environnementale, et dans un contexte technologique nouveau assurant la durabilité de l'agriculture dite moderne, la biosphère ne pourrait supporter de façon durable qu'environ tout au plus 2 milliards d'hommes bénéficiant d'un niveau de vie moyen identique à celui qui prévaut en Europe occidentale[1].

En conclusion, la question capitale sur laquelle s'interrogent aujourd'hui l'ensemble des écologues n'est plus tant de montrer que devra se produire au plus vite une stabilisation de toutes les populations humaines, constatation de simple bon sens. La question est plutôt de savoir si cette stabilisation adviendra assez tôt afin d'éviter que la catastrophe écologique que représente la prolifération anarchique de l'espèce humaine n'interdise la satisfaction de tous les besoins économiques et sociaux de l'homme – non seulement matériels, mais aussi récréatifs et culturels – et qu'elle soit compatible, dans le long terme, avec la pérennité de la biosphère.

1. Nous avions personnellement avancé par le passé que 1,5 milliard d'hommes constituerait le maximum le plus probable (Ramade, *op. cit.*, 1973).

1.4.2 Désastres naturels et sous-développement

La lecture de ce qui précède conduit à s'interroger sur les processus qui sont à l'origine de l'accroissement apparent de la fréquence des désastres réputés naturels (ou entièrement dus à l'homme) et de l'importance moyenne des dommages qu'ils causent ainsi que sur leur corrélation avec les carences des formes de développement qui sont celles de l'humanité contemporaine.

Au cours des dernières décennies, les géophysiciens n'ont pas observé d'augmentation de l'incidence des tremblements de terre ou du volcanisme. De même, aucun changement climatique majeur dû à des causes naturelles[1] n'a pu être observé à l'échelle mondiale et *a fortiori* dans les régions intertropicales du globe.

En définitive, bien que des phénomènes naturels soient souvent à l'origine de telles catastrophes, ils ne peuvent être considérés comme responsables des conséquences désastreuses qui en résultent pour les populations humaines exposées. Dans la quasi-totalité des cas, c'est la responsabilité ou l'inadvertance des hommes qui est entièrement engagée dans la manifestation des conséquences physiques et économiques de la catastrophe pour les victimes.

Cette constatation est *a fortiori* évidente pour des catastrophes technologiques, elles, entièrement dues à la négligence ou à l'incurie humaine (Bhopal ou Seveso). En revanche, quoique de façon moins apparente pour le profane, c'est également le cas de nombreux désastres réputés naturels[2].

Le sous-développement, source de surexploitation des ressources naturelles et de dégradation chronique de l'environnement, est particulièrement en cause dans la gravité de l'impact des catastrophes naturelles sur les populations humaines exposées. Il n'est pas fortuit que la

1. Il est devenu incontestable que les rejets dans l'atmosphère de polluants doués d'effet de serre tels le CO_2 suscite de graves inquiétudes par suite du rôle qu'ils jouent dans le réchauffement planétaire. Au travers des modifications météorologiques globales dont ils sont la cause, ils sont susceptibles de provoquer une augmentation de la fréquence des ouragans, des inondations et des sécheresses déjà perceptible à une échelle régionale.

2. On peut *a priori* affirmer que, même en l'absence d'un système d'alerte opérationnel, le tsunami du 26 décembre 2004 en Asie du Sud aurait sans doute fait dix fois moins de victimes si l'environnement côtier et marin n'avait pas été détruit par la conjonction d'une surexploitation des ressources naturelles et d'une dégradation due à divers aménagements en particulier touristiques qui ont diminué ou fait disparaître les barrières naturelles qui auraient neutralisé la vague meurtrière : récifs coralliens, mangroves et forêts littorales.

plupart des désastres réputés naturels… ou technologiques se produisent dans des pays du tiers-monde.

Une analyse quelque peu attentive des processus qui les produisent conduit à attribuer ces derniers à trois causes essentielles (219) :

- l'explosion démographique, en particulier parmi les populations les plus démunies ;
- la dégradation de l'environnement liée à un mésusage voire au saccage de la nature et de ses ressources ;
- la vulnérabilité des populations sous-développées aliénées par des systèmes sociaux iniques et par la misère.

Le tableau 1.4 montre que le nombre de victimes des catastrophes « naturelles » est d'autant plus faible qu'un pays est plus développé. Il figure le nombre moyen de morts provoquées par de tels désastres selon le degré de développement des pays considérés. On constate que, en dépit du fait que la plus forte fréquence des désastres a été observée dans les pays dits émergents se situant dans la zone des PNB moyens à l'échelle mondiale, le nombre de victimes a été de 1 500 par événement dans les pays à faible PNB, de 784 dans les pays à PNB moyen et seulement de 135 dans les pays à fort PNB.

Les statistiques des victimes des désastres naturels recensés dans la décennie 1990 montrent que, toutes choses égales par ailleurs, un habitant du tiers-monde a quatre fois plus de chance de périr lors d'un tel événement qu'un habitant d'un pays développé (149).

TABLEAU 1.4 CORRÉLATION ENTRE LES PERTES HUMAINES DUES À DES CATASTROPHES NATURELLES ET LE DEGRÉ DE SOUS-DÉVELOPPEMENT.

Pays	Nombre de catastrophes recensées entre 1960 et 1981	Nombre total de morts	Nombre moyen de victimes par événement
À faible PNB	329	512 200	1 556
À PNB moyen	424	332 700	783
À fort PNB	79	10 700	135

À l'opposé, la moyenne par catastrophe des dommages économiques causés est, en termes financiers, la plus élevée dans les pays les plus développés.

Alors que divers pays industrialisés, dont certains figurent parmi les plus avancés de la planète tels le Japon, sont tout aussi sujets – voire plus – à des catastrophes naturelles que ne le sont en moyenne les pays du tiers-monde, les populations de ces derniers sont beaucoup moins vulnérables aux désastres. Ainsi, on constate que l'Italie a subi dans la période 1960-1981 quelque 24 tremblements de terre et autres catastrophes naturelles ayant causé 6 100 morts soit 254 victimes par événement. On en a dénombré 31 au Pérou dans la même période ayant fait 91 000 victimes soit en moyenne 2 900 par catastrophe ! Fait remarquable, on a constaté au cours de la dernière décennie en corrélation avec le développement économique rapide en Extrême-Orient, en particulier en Chine, une forte diminution de la mortalité par événement, alors que le nombre de personnes affectées par des catastrophes naturelles s'est accru significativement. À l'opposé s'est observée une considérable augmentation des pertes économiques exprimées en termes monétaires...

De façon générale, et plus particulièrement dans les pays du tiers-monde, ce sont les groupes sociaux les plus misérables, euphémiquement dénommés en Europe les plus « défavorisés », qui sont les plus exposés aux catastrophes. Ainsi, la grande majorité des victimes du tsunami à Sumatra et dans les autres pays de l'océan Indien affectés par le raz-de-marée du 26 décembre 2004 appartenaient aux populations riveraines de pêcheurs côtiers et de paysans sans terre venus sur le littoral par suite des opportunités d'emploi offertes par le développement du tourisme balnéaire international.

On constate qu'il en est souvent de même dans des pays développés. Ainsi en Louisiane, la grande majorité des victimes du passage de l'ouragan Katrina, les 29 et 30 août 2005 se comptait parmi les habitants des quartiers misérables de la Nouvelle Orléans, ville noire à 67 %, dont 30 % de la population vit au-dessous du seuil de pauvreté...

De façon générale, la surpopulation de la plupart des pays dits en voie de développement génère un tel manque de terre qu'elle conduit un nombre sans cesse accru de leurs habitants à s'installer dans des zones dangereuses. Ainsi a-t-on vu des flancs de montagne exposés à des avalanches, à des glissements de terrain, ou – pis encore – les pentes de volcans actifs, défrichées par des populations déjà trop nombreuses. On a également assisté à un exode rural massif qui s'est traduit par l'édification d'immenses bidonvilles dans des zones à risque situées aux alentours des grandes villes du tiers-monde : cuvettes inondables en cas de crues, terrains instables en forte pente sujets aux éboulements, voire même zones de failles sismiques actives[1].

1. Les 10 000 victimes du tremblement de terre de Mexico en 1985 périrent dans l'écroulement d'immeubles à bas coût construits dans un quartier populaire de cette ville au-dessus d'une faille sismique active !

Remarque : cette extension anarchique des villes, est en outre la première responsable des dommages subis par les populations riveraines lors de catastrophes technologiques. Ainsi, l'usine de Bhopal, initialement établie dans une zone quasi inhabitée située à plusieurs kilomètres de la ville, avait été progressivement circonscrite par un immense bidonville alimenté par un exode rural ininterrompu de paysans sans terre.

En définitive, ce ne sont en aucun cas des changements climatiques soudains ou des modifications d'activité géophysique qui ont provoqué un accroissement de la fréquence des catastrophes au cours des dernières décennies, mais la concentration sans cesse accrue des populations vulnérables et des activités économiques dans des aires géographiques restreintes sujettes à une haute incidence des désastres naturels.

C'est à l'explosion démographique qu'il faut attribuer l'installation récente de paysans sans terre dans des zones à haut risque vulcanologique que nul n'avait jusqu'à nos jours tenté de défricher en dépit de la grande fertilité de leurs sols... par suite des dangers inhérents à leur situation. Ainsi, l'explosion paroxystique du Mont Pinatubo, aux Philippines, en juin 1991, bien qu'elle causât une faible mortalité par rapport à celle de l'Agung à Bali en 1963, provoqua des pertes économiques considérables. Elle détruisit plusieurs dizaines de milliers d'hectares de cultures qui s'étendaient sur les flancs et au pied de ce volcan, les recouvrant par des laves et des dépôts pyroclastiques (ponces par exemple) sur une épaisseur de plusieurs mètres... les rendant de ce fait impropres à tout usage agricole pour une durée indéfinie à l'échelle humaine.

1.4.3 Dégradation de l'environnement, cause majeure de catastrophes « naturelles »

Il apparaît en conclusion que la « fatalité » constitue de nos jours une explication trop facile à la préoccupante croissance de désastres prétendument naturels. On en vient donc à s'interroger sur les modalités par lesquelles l'action de l'homme peut rendre certaines populations vulnérables aux catastrophes (220, 225).

Il est assez évident de nos jours que la dégradation de l'environnement par l'homme joue un rôle majeur non seulement pour déterminer la gravité des conséquences d'une catastrophe naturelle, mais aussi dans la genèse même de nombreux désastres.

Outre l'installation de communautés humaines dans des régions à haut risque cataclysmique, une cause essentielle de catastrophes réside dans la croissance impressionnante des atteintes à la santé des écosystèmes.

Celles-ci affectent certes en premier lieu le tiers-monde, mais aussi, ne l'oublions pas, les pays réputés développés. Elles résultent aujourd'hui, de plus en plus, des perturbations à l'échelle planétaire dues à un dérèglement causé par l'« homme technologique » de processus écologiques fondamentaux tels les cycles biogéochimiques ou du climat global qui résultent des rejets anthropogéniques croissants de gaz de serre.

Toutefois, ce sont les pays les plus démunis, où la détérioration des conditions écologiques est devenue rédhibitoire, qui souffrent le plus des événements cataclysmiques. Il n'est pas fortuit que ce soient les nations les plus affectées par l'érosion des sols, le surpâturage et la surexploitation des terres cultivées qui sont le plus souvent et le plus sévèrement atteintes par des catastrophes dites naturelles. Pis encore, ces pays du tiers-monde cumulent les conséquences de ces phénomènes avec celles générées par des altérations globales de l'environnement en particulier avec les changements climatiques[1].

Les modalités selon lesquelles l'homme influe sur l'occurrence et la gravité des désastres dits « naturels » peuvent se regrouper en deux catégories.

Tout d'abord, les hommes, et pas seulement dans les pays sous-développés[2], peuvent s'installer et vivre dans des zones à haut risque cataclysmique. Il apparaît aussi que ce sont en majorité les personnes aux plus bas niveaux de l'échelle sociale qui sont conduites à vivre dans des masures et autres édifices n'offrant pas une protection suffisante, de sorte qu'elles sont plus exposées et plus vulnérables à tout événement catastrophique (séisme, cyclone, inondation, glissements de terrain, etc.).

D'autre part, les hommes dégradent leur environnement en particulier en détruisant la couverture végétale, mais aussi de plus en plus par d'innombrables pollutions, favorisant ainsi le déclenchement de nombreux désastres dits naturels en particulier les inondations, l'érosion des sols et des changements du climat.

1. Il suffira de songer à ce propos au destin de nombreuses petites nations insulaires de faible altitude, telles les Tuvalu ou les Kiribati et bien d'autres îles du Pacifique, ou encore les Maldives dans l'océan Indien, exposées à un engloutissement progressif dû à la hausse du niveau de la mer consécutive au réchauffement global.
2. Ainsi, l'importance des victimes des inondations du Mississipi aux États-Unis en 1993 dans la région de Saint Louis et fin août 2005 à la Nouvelle Orléans, suite à la rupture des digues du Lac Pontchartrain, montrent que, même dans des pays réputés hyperdéveloppés, l'absence de contraintes dans l'aménagement du territoire conduit à laisser des populations de plus en plus nombreuses s'installer dans des zones à risque.

Même dans le cas de catastrophes entièrement naturelles, telles un cyclone ou un tsunami, les hommes accroissent leur vulnérabilité en éliminant certains composants des écosystèmes qui agissent comme tampon de choc, atténuant les forces géophysiques mises en jeu dans de tels cataclysmes. Ainsi, la destruction d'un récif corallien, la coupe rase d'une mangrove favoriseront au maximum le déferlement de la vague d'un tsunami (48). De la même façon, la destruction d'une forêt entourant un village le rendra beaucoup plus exposé à la force des vents lors du passage d'un ouragan.

La responsabilité humaine est encore plus évidente en ce qui concerne des catastrophes apparemment météorologiques telles les inondations ou les sécheresses.

Un exemple classique de cette corrélation entre dégradation des écosystèmes forestiers et accroissement de l'incidence des inondations se rencontre dans le sous-continent indien. Au cours des quatre dernières décennies, la fréquence et l'impact des inondations s'y sont accrus à un taux démentiel. On a noté entre les années 1970 et 1980 un doublement de la surface exposée aux inondations dans la seule vallée du Gange et les dommages causés par ces dernières se sont accrus de 30 fois (en dollars constants) entre 1950 et 2000 ! À l'heure actuelle, 30 % de la population indienne, soit plus de 300 millions de personnes, vivent dans des zones pouvant être exposées à n'importe quelle époque de l'année, et parfois deux fois par an, à des inondations !

De façon générale, on assiste dans les pays en voie de développement densément peuplés à une déforestation effrénée qui provoque une raréfaction catastrophique de leurs ressources naturelles. En effet lorsque les populations locales détruisent la végétation naturelle, en particulier les boisements, les sols se dénudent et l'érosion s'accroît, tandis que le cycle de l'eau est profondément perturbé avec alternance calamiteuse de périodes de sécheresse et d'inondations indépendantes des conditions climatiques… Pis encore, les processus de dégradation mis en route par la déforestation, la surexploitation des terres cultivées et le surpâturage, ouvrent la voie à la désertification.

À l'heure actuelle, plus d'un milliard d'hommes, soit près de 20 % de la population mondiale, vivent dans une centaine de pays affectés à des degrés divers par l'aridification du climat. En conséquence on assiste à une inexorable croissance des disettes, surtout en Afrique, due à l'explosion démographique de ces populations, à la diminution de productivité des écosystèmes dégradés, voire à l'extension des déserts.

Les modalités sociologiques d'exposition au risque sont de plus déterminantes dans les conséquences de catastrophes naturelles pour les populations exposées.

Ainsi, les Californiens qui habitent sur la grande faille de San Andreas sont exposés à un risque sismologique important, depuis longtemps bien documenté (4). Toutefois, ils sont peu vulnérables à un séisme dans la mesure où ils logent dans des édifices conçus selon des normes antisismiques très contraignantes, vivent dans un pays pourvu du réseau de détection le plus élaboré du monde et bénéficient d'un système d'assurances et d'entraide efficace pour affronter les conséquences économiques d'un sinistre. La preuve en a d'ailleurs déjà été apportée lors du tremblement de terre de Loma Prieta le 17 octobre 1989 qui fit de gros dommages matériels à San Francisco[1], mais n'a provoqué que 43 morts (surtout par suite de l'effondrement de ponts autoroutiers), et 3 800 blessés, en dépit du fait que ce séisme atteignait 7,1 sur l'échelle de Richter (35).

À l'opposé, les habitants de Managua au Nicaragua, de Bam en Iran, ou encore d'Izmit en Turquie, parmi bien d'autres, qui sont exposés à un risque sismique aussi élevé que les Californiens, sont beaucoup plus vulnérables que ces derniers. Ils habitent dans des demeures incapables de résister à la moindre secousse et vivent dans des sociétés dont les capacités sont des plus réduites pour aider efficacement les victimes d'un tremblement de terre.

De façon générale, on constate que la vulnérabilité des groupes humains est directement liée à la misère et aux inégalités sociales. Les cas extrêmes se rencontrent chaque fois qu'un très grand nombre de personnes démunies doit affronter les effets d'une catastrophe. Cela s'est encore vérifié le 8 octobre 2005 avec le séisme du Cachemire, qui a probablement causé plus de 100 000 morts, des dizaines de milliers de blessés graves et a laissé plusieurs millions de personnes dans un état de dénuement absolu.

L'étude statistique des désastres montre que la plupart des populations qu'ils affectent subissent des dommages individuels modérés en termes monétaires. Toutefois, malgré la faiblesse des pertes en valeur du capital, celles-ci représentent souvent la totalité des biens des personnes sinistrées. Il est banal de constater que les vieillards, les enfants, les veuves et les mères célibataires constituent aujourd'hui la majorité des victimes des catastrophes, la misère, la malnutrition et la faim constituant les ingrédients majeurs de la vulnérabilité des populations humaines aux désastres naturels.

1. Quelque 20 000 logements et les bâtiments de 4 000 entreprises furent endommagés ou détruits, la valeur totale des dommages ayant approché en dollars constants celle du séisme de 1906 !

En ces débuts de XXIe siècle, près de 1,5 milliard d'hommes vivent dans la pauvreté absolue. Celle-ci se définit par une alimentation carencée et pour près de 800 millions d'entre eux quantitativement insuffisante, et aussi par l'incapacité dans laquelle se trouvent ces tranches de population de pouvoir se loger, de s'habiller voire même de se chauffer correctement. Près de 90 % des pauvres absolus vivent en milieu rural souvent dans des zones où les risques de catastrophe sont élevés. Toutefois, cette proportion tend à diminuer depuis plusieurs décennies au fur et à mesure qu'un exode rural ininterrompu étend sans cesse les banlieues misérables du tiers-monde.

Dans les pays du tiers-monde, et même parfois dans certains pays développés, États-Unis inclus[1], les groupes sociaux les plus démunis ne peuvent plus s'offrir de vivre dans un environnement présentant une sécurité suffisante. Ils ne peuvent guère s'installer que sur des terres de peu de valeur, souvent insalubres. On citera comme exemple les *favelas* d'Amérique du Sud, construites sur des terrains en forte pente donc sujets à des risques de glissement de terrains ou à des coulées de boue, les *slums* de Calcutta établis dans des zones riveraines de fleuves sur des terrains inondables. Ainsi, plus de quinze millions de paysans misérables du Bangladesh vivent actuellement en zone deltaïque sur des bancs de sédiments instables n'excédant pas deux mètres au-dessus du niveau de la mer – ce qui les rend vulnérables à tout raz-de-marée ou inondation.

Comme le soulignaient à juste titre Wijkman et Timberlake (219) : « *si l'on adopte une définition des désastres naturels basée sur les dommages aux biens et sur les pertes en vie humaines, la pauvreté est tout autant la cause de la catastrophe consécutive à un tremblement de terre que les mouvements sismiques, la déforestation tout autant celle d'une inondation désastreuse que le régime des pluies* ».

1.5 CATASTROPHES TECHNOLOGIQUES

Il serait à la fois incomplet et inexact de limiter le domaine des catastrophes à celui des désastres naturels ou aux désastres amplifiés par une utilisation anarchique par l'homme des ressources naturelles ou qui résultent d'une gestion environnementale calamiteuse. Alors que l'occurrence des catastrophes dites naturelles est plus fréquente dans le tiers-monde, une autre catégorie de désastres que nous dénommerons

1. On en voudra pour preuve le fait que la grande majorité des victimes du cyclone Katrina se comptaient parmi la population des quartiers déshérités de cette ville.

technologiques, dont les conséquences humaines et/ou écologiques peuvent être calamiteuses, affecte en premier lieu les pays réputés développés… que l'on songe à Seveso, à AZF et pis encore à Tchernobyl…

Ces catastrophes technologiques peuvent être réparties en trois groupes :

1) les explosions cataclysmiques dans des installations industrielles et lors d'accidents de transport de matières dangereuses ;
2) la rupture de barrages hydroélectriques et autres sinistres concernant de grands ouvrages de génie civil ;
3) les pollutions accidentelles ou chroniques importantes, affectant des surfaces étendues et/ou un grand nombre de personnes.

Chacun de ces types de catastrophe, par le nombre de victimes et l'importance des dommages économiques qu'il est susceptible de provoquer, se range incontestablement dans le domaine des événements désastreux tel qu'il a été défini par le groupe de travail des chercheurs de l'université du Colorado sur les catastrophes naturelles.

1.5.1 Accidents catastrophiques

Diverses catastrophes technologiques, comme certains accidents de transport ou des explosions accidentelles, ne présentent pas pour autant malgré leur aspect spectaculaire un caractère de catastrophe écologique. Ainsi, le « crash » d'un Boeing 747 de la JAL provoqua près de Tokyo la mort de 520 personnes en 1985, de même l'explosion en 1947 au Texas, dans le port de Galveston, d'un cargo chargé de nitrate d'ammonium fit près de 1 000 victimes et rasa la quasi-totalité de cette ville. Plus près de nous, la catastrophe de l'usine de Bhopal en Inde, en 1984, provoqua la mort immédiate d'environ 4 000 personnes et à terme près de 12 000… Il n'empêche que dans chacun de ces cas, les dommages écologiques, en particulier les atteintes à des ressources naturelles, furent quasi inexistants car seul l'environnement urbain fut affecté.

À l'opposé, de nombreuses causes de catastrophes technologiques, telles la rupture d'un barrage hydroélectrique ou une importante pollution permanente de l'environnement, provoquent d'importants dommages à la nature et à ses ressources et constituent donc également d'authentiques catastrophes écologiques.

Toutefois, aucun des grands accidents technologiques survenus au cours des dernières décennies, quelles que soient les pertes en vies humaines qu'il a causées, n'a présenté un impact écologique comparable à celui de la catastrophe de Tchernobyl survenue le 26 avril 1986 (1), due à l'incendie du cœur d'un réacteur nucléaire. Il s'ensuivit une contamination radioactive surtout par le ^{137}Cs qui affecta des millions d'hectares, essentiellement dans le Sud de la Biélorussie et en Ukraine. Une zone d'exclusion de 300 000 hectares fut créée, approximativement dans un rayon de 15 kilomètres autour du réacteur sinistré. Aujourd'hui encore il est en principe interdit d'habiter dans cette zone, de même qu'y est toujours prohibée la culture des champs ou l'élevage dans les herbages, ainsi que l'exploitation des forêts (*in* Ramade, 167, 170).

1.5.2 Désastres écologiques résultant de pollutions chimiques de l'environnement

Il serait ici difficile de recenser la totalité des catastrophes provoquées par des pollutions accidentelles ou chroniques des écosystèmes continentaux et océaniques.

Certains composés organiques doués à la fois d'une toxicité et d'une stabilité chimique considérable constituent de redoutables contaminants de l'environnement.

Les dioxines représentent un exemple extrême de telles substances. Leur nocivité fut découverte lors de la guerre du Vietnam car elles contaminaient un défoliant, l'« agent orange », dont plus de 50 000 tonnes furent épandues sur les forêts ombrophiles et les mangroves de ce pays (217). Il s'ensuivit une contamination d'un grand nombre de personnes par la TCDD[1], avec pour conséquence des effets tératogènes chez les femmes gestantes et un accroissement important de la prévalence de divers cancers, surtout du foie, dans les populations exposées.

Depuis lors, il a été découvert qu'il existait en de nombreux cas une pollution diffuse par les dioxines. Celle-ci résulte à la fois de la pollution des eaux par des décharges incontrôlées de déchets chimiques et de la pollution atmosphérique par des combustions incomplètes de matières organiques de synthèse, en particulier par les incinérateurs…

Les « marées noires » figurent parmi les pollutions d'ampleur les plus catastrophiques – et les plus fréquentes. Depuis le tristement célèbre naufrage de l'*Amoco Cadiz*, en mars 1978, qui libéra quelque 220 000 tonnes de pétrole brut dans les eaux littorales et contamina plus de 200 kilomètres de côtes de Bretagne du Nord, plusieurs marées noires ont affecté notre pays. En décembre 1999, le naufrage de l'*Erika*

1. TCDD = TétraChloroDibenzoDioxine. Cette substance est la plus redoutable des quelque 200 molécules différentes appartenant au groupe des PolyChloroDibenzoDioxines. Douée d'une très forte toxicité aiguë – elle est par exemple 600 fois plus toxique que la strychnine pour le chien – la TCDD s'est avérée mutagène, cancérogène, embryotoxique et douée d'un pouvoir immuno-dépresseur.

dans le golfe de Gascogne, puis en novembre 2002, celui du *Prestige* sur les côtes de la Galice, eurent des conséquences écotoxicologiques désastreuses car le fuel lourd que transportaient ces tankers présente pour les communautés marines un risque plus important que le pétrole brut. Ainsi, la marée noire de l'« *Erika* », qui ne libéra « que » 19 000 tonnes de fuel lourd n° 2 dans les eaux océaniques, fit périr de façon immédiate plus de 40 000 oiseaux de mer, et de façon différée de 120 000 à 240 000 (32)[1].

Les pollutions clandestines par les polluants organiques persistants sont la cause de catastrophes écologiques longtemps méconnues dont l'ampleur apparaît d'année en année de plus en plus considérable. Bien qu'elle ne soit pas à l'origine de morts violentes[2], la contamination permanente de l'environnement par ce type de polluants, a pris de nos jours les dimensions d'un désastre écologique global. Parmi les exemples les plus connus, nous citerons le cas des insecticides organochlorés, tels le DDT, ou d'agents plastifiants isolants comme les PCBs (166).

Ces substances se rencontrent de nos jours dans les zones reculées de la biosphère où elles contaminent toute vie sauvage tant terrestre qu'océanique. Tel est par exemple le cas des ours blancs arctiques (AMAP *in* 227) ou des poissons côtiers (194) et des baleines de Minke (196) de l'Antarctique, contaminés par les insecticides organochlorés et les PCB, substances pourtant interdites depuis près de trois décennies dans la plupart des pays développés.

Il en est de même de la pollution de l'air par les oxydes de soufre et d'azote, cause du phénomène des pluies acides. Aujourd'hui, de vastes surfaces de l'hémisphère boréal sont exposées à des précipitations acides avec pour conséquence la destruction de toute vie dans les lacs et les fleuves situés sur des terrains cristallins et la dégénérescence des forêts sur des étendues considérables.

1. À titre de comparaison, l'« *Amoco Cadiz* » provoqua « seulement » la mort de moins de 5 000 oiseaux pour 222 000 tonnes de « brut » perdues dans les eaux marines, soit une quantité près de 12 fois supérieure à celle de l'« *Erika* ».
2. Néanmoins, par suite des effets mutagènes, cancérogènes et/ou perturbateurs hormonaux, en particulier œstrogénomimétiques, que présentent d'une façon ou d'une autre beaucoup des POPs, de sérieuses préoccupations sont apparues au cours des toutes dernières décennies relativement aux conséquences épidémiologiques de la contamination des populations humaines par ces substances. Ces dernières paraissent incontestablement responsables de l'accroissement de diverses affections et de toute évidence de la mortalité par suite des effets cancérogènes de certaines d'entre elles.

1.5.3 Induction de catastrophes par des opérations intempestives d'aménagements

Enfin, d'autres catastrophes technologiques résultent d'une sous-estimation de l'impact environnemental de techniques « modernes » ou encore d'aménagements mal conçus dont les conséquences écologiques sont défavorables pour l'homme.

À cet égard, l'édification de grands barrages constitue souvent une cause de désastres écologiques, directs en cas d'accident, ou indirects. Ces derniers résultent de l'ennoiement de vastes étendues de terres fertiles sises dans les vallées alluviales et de zones humides d'importance majeure pour la reproduction des poissons et pour les oiseaux migrateurs. Ils tiennent aussi en une augmentation de la prévalence de certaines affections parasitaires (paludisme, bilharziose, oncocerchose), due à la création de rigoles d'irrigations favorables au cycle de ces maladies.

Parmi les exemples les plus notoires de telles catastrophes, nous citerons le cas déjà ancien et très documenté du barrage d'Assouan. Le résultat inattendu, mais néanmoins fort prévisible de sa mise en eau en 1962, fut de mettre un terme aux célèbres crues de ce fleuve et de bloquer définitivement les limons du Nil en amont de la retenue. Par suite de l'arrêt des dépôts alluviaux dans les eaux marines littorales, certains villages situés en 1962 à plusieurs kilomètres du rivage sont de nos jours devenus côtiers... De plus, l'absence d'apport de nutriments par les limons fluviaux dans les eaux marines a provoqué un effondrement des pêcheries du delta, réduisant parfois de dix fois le tonnage des prises de certaines espèces de poissons de grande importance économique (66).

De toutes les catastrophes technologiques liées à la « domestication » des grands fleuves, le barrage des Trois Gorges actuellement en cours d'achèvement en Chine sur le Yang-Tsé-Kiang est certainement celui dont l'impact écologique pourrait s'avérer le plus désastreux. Outre la perte de vastes surfaces de terres alluviales très fertiles, ce barrage provoquera probablement la disparition de plusieurs espèces de poissons, et celle du dauphin du Yang-Tsé, ainsi que l'engloutissement de zones humides d'intérêt majeur pour l'avifaune migratrice d'Asie (231).

Chapitre 2

Catastrophes géophysiques

Les catastrophes géophysiques comportent des types majeurs de désastres naturels tels les tremblements de terre, les raz-de-marée et les éruptions volcaniques.

Mesurés en pertes de vie humaines, les séismes se rangent en tête des catastrophes d'origine strictement naturelles quant à la gravité des conséquences qui en résultent pour notre espèce car, à la différence des inondations, ils constituent un type de désastre dont les causes initiales sont entièrement indépendantes de l'action de l'homme. Ils figurent également parmi les désastres susceptibles de provoquer la plus forte mortalité humaine. Historiquement, le séisme le plus meurtrier que l'on ait jamais observé fut celui du Shansi, en Chine, qui fit périr quelque 830 000 personnes en 1556. Au cours du dernier millénaire, plusieurs séismes ont provoqué plus de 100 000 victimes, voire des centaines de milliers de morts (tableau 2.1).

Fait paradoxal, les séismes se classent loin derrière les autres types de catastrophes naturelles si l'on évalue leur incidence en nombre de personnes affectées. Cela provient du fait que l'incidence des tremblements de terre majeurs est relativement faible comparée à celle des autres causes de désastres. Ainsi, au cours des dernières décennies, on a observé qu'en moyenne pour 20 personnes victimes de sécheresses, 15 ont été

TABLEAU 2.1 LES DIX SÉISMES AYANT CAUSÉ LE PLUS GRAND NOMBRE DE VICTIMES AU COURS DU DERNIER MILLÉNAIRE.

Pays	Province ou ville	Année	Magnitude	Nombre de morts
Chine	Shansi	1556	8	830 000
Chine	Tangshan	1976	7,5	655 000*
Indonésie**	Sumatra	2004	9,3	235 000
Syrie	Alep	1138	7,5	230 000
Chine	Tsinghai	1927	7,9	200 000
Chine	Gansu	1920	7,8	200 000
Japon	Tokyo, Yokohama	1923	8,3	150 000***
Japon	Kanto	1138	7,9	140 000
Ex-URSS	Ashkhabad	1948	7,3	110 000
Pakistan	Cachemire	2005	7,5	≤ 100 000 (?)****

* Un bilan officiel n'avait fait état « que » de 255 000 morts.

** La très grande majorité des victimes fut causée par le tsunami généré par ce séisme.

*** Certaines estimations ont approché les 400 000 victimes.

**** 84 000 victimes dénombrées selon un bilan officiel.

victimes d'inondations contre « seulement » une personne victime d'un tremblement de terre. Au cours de la décennie 1990-1999, on n'a dénombré « que » 18 séismes sur 130 désastres naturels majeurs survenus. Notons cependant que cette statistique ne reflète pas l'importance relative des pertes en vies humaines ni en dommages économiques.

À la différence des séismes, en dépit des dommages matériels voire du nombre important de victimes qu'elles peuvent exceptionnellement causer en certaines circonstances, les éruptions volcaniques représentent en règle très générale des désastres de moindre importance que les autres événements cataclysmiques. Elles se placent loin derrière les tremblements de terre, les raz-de-marée et même – si l'on se place sur une période historique – les sécheresses et les inondations. À l'opposé, l'impact écologique des éruptions volcaniques en fait des catastrophes écologiques majeures par suite en particulier de leurs effets climatiques négatifs, qui peuvent atteindre l'échelle globale. Remarquons cependant que le volcanisme représente dans le long terme un processus favorable aux écosystèmes terrestres par suite de son rôle dans les cycles biogéochimiques des éléments biogènes.

2.1 CAUSES DES CATASTROPHES GÉOPHYSIQUES

Volcans actifs et zones sismiques ne sont ni également répartis ni distribués de façon aléatoire à la surface du globe. La théorie de la tectonique des plaques a permis d'expliquer l'hétérogénéité de leur répartition géographique.

2.1.1 Tectonique des plaques et catastrophes géophysiques

La couche la plus superficielle de notre planète, la lithosphère, n'est pas continue mais subdivisée en diverses plaques océaniques et continentales. On dénombre cinq plaques océaniques majeures et sept grandes plaques continentales, correspondant aux principaux continents, mais qui peuvent comporter une zone océanique d'étendue considérable (cas des plaques australienne et africaine par exemple) – car elles peuvent s'étendre loin sous la surface des eaux marines – et quelques autres plaques de moindre importance (figure 2.1).

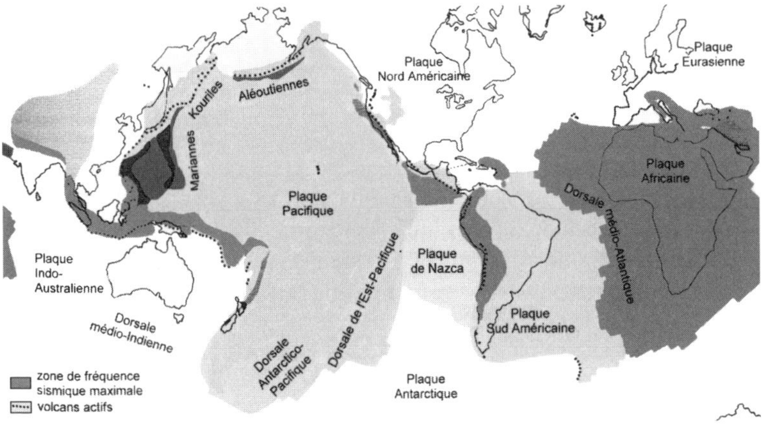

Figure 2.1 Carte tectonique du globe figurant les principales plaques, les zones de subduction, les principaux volcans actifs et les régions où existe un risque sismique. (D'après Press et Siever, *op. cit.*, p. 126, mais modifié.)

Au fond des océans, les plaques peuvent s'écarter dans des zones abyssales particulières, les dorsales, entre lesquelles vont se creuser des dépressions comme le rift médio-atlantique, donnant naissance aux phénomènes de volcanisme sous-marin. Au niveau de ces grandes failles océaniques s'écoule un flot de laves tandis que dans leur voisinage s'observent des phénomènes associés, comme la formation des sources hydrothermales marines caractérisées entre autres par les « *Black smoker* », qui rejettent en milieu abyssal des eaux fortement chargées en métaux dissous[1].

Lorsque les plaques sous-marines viennent heurter les plaques continentales, elles s'engagent sous ces dernières. Ce phénomène, dénommé subduction, qui résulte de la collision des plaques, provoque la surrection des chaînes de montagnes mais génère simultanément volcanisme et tremblements de terre (figure 2.2).

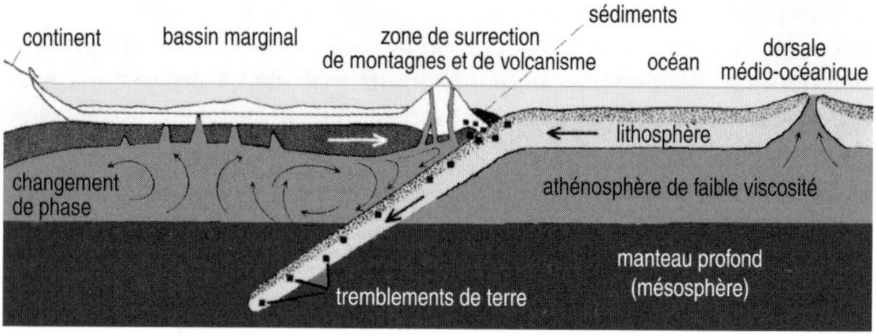

Figure 2.2 Interprétation par la tectonique des plaques de la genèse des éruptions volcaniques et des tremblements de terre. (D'après Toksöz, *op. cit.*, p. 92, mais modifié).

Il existe aussi des zones de collision entre deux plaques continentales. Dans l'ancien monde, la plus importante est constituée par la rencontre des plaques indo-australienne et eurasienne, à l'origine de l'Himalaya. En Europe, la genèse de l'arc alpin résulte du heurt des plaques Afrique et Eurasie.

2.1.2 Distribution géographique des catastrophes géophysiques

La « ceinture de feu » du Pacifique (figure 2.1) constitue de beaucoup la plus étendue des zones de subduction du globe. Elle résulte de la

1. Au voisinage de ces derniers se développent d'étranges communautés hydrothermales dont le réseau trophique est fondé sur des bactéries chimio-autotrophes qui utilisent comme source d'énergie certaines substances minérales rejetées par ces « *Black smokers* » pour produire les matières organiques.

collision de l'immense plaque Pacifique et d'autres plaques périphériques avec les plaques continentales qui entourent cet océan.

La majorité des volcans actifs[1] du globe et les deux tiers des séismes les plus violents jamais enregistrés, coïncident avec cette ceinture.

Elle commence en Nouvelle-Zélande, dont le plus haut sommet, le Mont Cook (3 764 m), est lui-même un volcan provisoirement assoupi, et se prolonge en Indonésie où furent enregistrés au cours du XIXe siècle les deux plus grands cataclysmes volcaniques de l'histoire. Elle longe toute la façade orientale de l'Asie par les Philippines, le Japon, l'archipel des Kouriles, le Kamtchatka. Elle atteint l'Alaska *via* les Aléoutiennes et continue en Amérique du Nord, par la chaîne des cascades, puis les sierras américaines et mexicaines. Elle se prolonge en Amérique centrale puis en Amérique du Sud au niveau de la Cordillère des Andes[2], chaîne de montagnes engendrée par la collision de la plaque sud-est Pacifique de Nazca avec la plaque continentale sud américaine. Enfin, la ceinture de feu du Pacifique se termine dans la péninsule antarctique *pro parte* de nature volcanique, où se rencontre un volcan actif, le Mont Erebus.

Quelques récents séismes attestent de l'intense activité sismique associée à cette zone. Bien qu'aujourd'hui moins présent dans les esprits que celui de Californie en 1989 ou que celui de Mexico en 1985, celui qui ravagea la province chinoise de Tangshan en 1976 représente sans doute la plus meurtrière catastrophe géophysique enregistrée au cours du dernier siècle. Ce tremblement de terre fit officiellement 242 000 morts selon le gouvernement chinois, en réalité, environ 665 000 selon diverses sources occidentales ! Il excédait donc par son importance le séisme qui ravagea Tokyo et Yokohama, en 1923, faisant au moins 150 000 victimes[3]. De l'autre côté du Pacifique, une zone sismique célèbre, associée à cette

1. Cette notion de volcan actif est contingente puisqu'elle dépend de l'échelle de temps adoptée. En date encore récente, plusieurs volcans dont certains étaient considérés comme éteints ont connu un réveil brutal. Ce fut en particulier le cas de l'Unzen au Japon, inactif depuis 600 ans, dont l'éruption cataclysmique en juin 1991 provoqua la mort d'une quarantaine de vulcanologues dont Maurice et Katia Krafft. Si l'on se limite à ceux qui ont présenté au moins une éruption au cours du dernier siècle, on dénombre 440 volcans actifs dont 270 sont situés sur la ceinture de feu du Pacifique. D'autres évaluations remontant plus loin dans le temps – et l'explosion de l'Unzen prouve leur bien fondé – chiffrent entre 500 et 600 le nombre de volcans actifs existant à l'heure actuelle.

2. On dénombre actuellement une quarantaine de volcans actifs dans les Andes, dont le Cotopaxi qui avec une altitude de 5 896 m est le plus élevé du monde. Le plus haut sommet de l'Amérique du Sud, l'Aconcagua au Chili (6 959 m) est lui-même un volcan réputé éteint.

3. Près de 400 000 selon certaines sources.

ceinture de feu, est représentée par la grande faille de San Andreas qui s'étend sur plus de 1 000 kilomètres depuis l'extrême Nord de la Californie jusqu'au Mexique. Cette faille correspond à la collision de deux plaques qui glissent tangentiellement l'une par rapport à l'autre. Plusieurs grandes villes sont construites au-dessus d'elles en particulier San Francisco, qui fut déjà entièrement détruit par le tremblement de terre de 1906, ainsi que Los Angeles. Les géophysiciens considèrent qu'il existe une probabilité élevée pour que cette région soit prochainement le siège du « *Big One*», un séisme majeur encore plus intense que celui de 1906 (35). De ce fait, la faille de San Andreas est surveillée en permanence par un réseau serré de capteurs à la fois au sol et satellitaires afin de tenter de prévoir les signes annonciateurs de cet événement et d'en atténuer les conséquences pour les populations qui en seront affectées.

2.2 TREMBLEMENTS DE TERRE

Tout comme le volcanisme, les tremblements de terre et les catastrophes qui leur sont associées, telles les tsunamis en zones littorales, constituent des calamités authentiquement naturelles car leurs causes sont bien évidemment étrangères à toute action humaine.

2.2.1 Intensité des séismes

L'intensité des séismes est des plus variables et, selon les quantités d'énergie mise en jeu, les séismes peuvent affecter des surfaces plus ou moins étendues.

Elle se mesure actuellement selon l'échelle de *Richter.* Cette échelle sismique, établie en 1935 par Richter, détermine le degré d'intensité d'un tremblement de terre. Elle est graduée de 0 à 10 en fonction de l'amplitude mesurée aux sismographes directement liée à l'importance de l'énergie mise en jeu par le séisme.

Il s'agit en réalité d'une échelle dite « ouverte » et un séisme dépassant 10 est envisageable bien qu'à l'heure actuelle les plus violents séismes mesurés depuis la création de cette échelle dépassaient 9 (avec un maximum de 9,5 pour celui du Chili en 1960). Cette échelle est logarithmique, l'accroissement de la quantité d'énergie libérée par le séisme variant d'un facteur trente d'un degré au degré suivant sur cette échelle. Ainsi un tremblement de terre de magnitude 7 est 27 000 fois plus intense qu'un autre de magnitude 4.

TABLEAU 2.2 ÉCHELLE D'INTENSITÉ DES SÉISMES DE RICHTER.

Caractères des conséquences dans les zones habitées	Magnitude approchée	Nombre annuel de séismes	Énergie libérée en ergs*	Énergie libérée en tonnes d'équivalent TNT**
Destructions totales sur des dizaines de milliers de km²	≥ 9	0,01 à 0,02	$> 3 \cdot 10^{26}$	$30 \cdot 10^{9}$
Destructions pratiquement totales	≥ 8	1 à 2	$> 10^{25}$	10^{9}
Dommages très importants	≥ 7,4	4	$\geq 4 \cdot 10^{24}$	$\geq 124 \cdot 10^{6}$
Dommages étendus, rails de chemin de fer tordus	7,0 - 7,3	15	$0{,}04 - 0{,}2 \cdot 10^{24}$	$32 \cdot 10^{6} - 88{,}7 \cdot 10^{6}$
Dommages importants aux immeubles	6,2 - 6,9	100	$0{,}5 \cdot 10^{21} - 23 \cdot 10^{21}$	$2 \cdot 10^{6} - 21{,}3 \cdot 10^{6}$
Légers dommages aux immeubles	5,5 - 6,1	500	$1 - 27 \cdot 10^{19}$	$80 \cdot 10^{3} - 1{,}4 \cdot 10^{6}$
Mouvements : ressentis par tous les habitants de la zone affectée	4,9 - 5,9	1 400	$3{,}6 \cdot 10^{16} - 5{,}7 \cdot 10^{17}$	$21 \cdot 10^{3} - 68{,}3 \cdot 10^{3}$
ressentis par de nombreuses personnes	4,3 - 4,8	4 800	$1{,}3 - 27 \cdot 10^{16}$	2 770 - 15 000
ressentis par quelques personnes	3,5 - 4,2	30 000	$1{,}6 - 75 \cdot 10^{15}$	73 à 1 200
non perceptible mais détecté par les sismographes	2,0 - 3,4	800 000	$4 \cdot 10^{9} - 9 \cdot 10^{13}$	1 à 2,4

* Il ne s'agit ici que d'une fraction de la quantité totale d'énergie, celle que détectent les sismographes qui sont irradiés par les ondes vibrationnelles émises par le séisme.

** Énergie « intrinsèque » totale libérée (gravitationnelle, mécanique et thermique) exprimée en tonnes d'équivalent trinitrotoluène (TNT).

La lecture du tableau 2.2 ne comporte pas le niveau 10 car jamais aucun séisme de cette intensité n'a jusqu'à présent été détecté bien que sa probabilité d'occurrence ne soit pas nulle. Il montre que le nombre de séismes décroît rapidement avec la magnitude. Ainsi, on enregistre en moyenne 800 000 séismes par an de magnitude inférieure à 4 sur l'échelle de Richter contre seulement 4 de magnitude égale ou supérieure à 7,4 !

2.2.2 Causes anthropiques conditionnant la gravité des dommages des séismes

Toutefois, une analyse quelque peu réaliste des événements de ce type qui se sont produits au cours des dernières décennies montre que les dramatiques conséquences de ces catastrophes naturelles résultent pour l'essentiel de l'imprévoyance de l'homme. Cette dernière se manifeste avant tout au travers de l'absence de politique d'aménagement du territoire ainsi que de l'insuffisance, voire de l'inexistence, de mesures de prévention des désastres, même dans certains pays réputés les plus avancés de la planète[1].

Dans le cas du risque lié aux tremblements de terre, pourtant le mieux pris en compte dans les pays développés, la construction des édifices est loin de toujours se faire aujourd'hui encore, y compris dans notre pays, selon des normes antisismiques rigoureuses là où elles devraient impérativement s'imposer. En conséquence, tant dans les pays industrialisés que dans le tiers-monde, un grand nombre de cités comptant plus d'un million d'habitants – voire au-delà de vingt comme Mexico – ont été édifiées et s'étendent dans des zones qui présentent un risque sismique maximum, voire sur des failles hyperactives telles celles de San Andreas, en Californie.

Par ailleurs, dans la plupart des pays en voie de développement, l'existence de bidonvilles gigantesques résultant de l'installation illégale des personnes les plus démunies à la périphérie des cités accroît de façon exponentielle les risques associés aux séismes pour les populations exposées (229). L'augmentation du nombre potentiel des victimes en cas de tremblement de terre dans les cités de ces pays est due à la concentration des individus sur une faible surface alors que la dispersion de l'habitat sur de vastes étendues en zone rurale atténue de beaucoup les risques d'exposition. Par ailleurs, bien des bidonvilles du tiers-monde

1. Le récent désastre de la Nouvelle-Orléans et l'incurie des pouvoirs publics américains dans la prévention de tels événements météorologiques et ensuite dans leur gestion calamiteuse de la situation catastrophique qui en est résultée pour les populations victimes du sinistre corroborent amplement notre assertion.

sont construits au fond de ravins ou sur des terrains déboisés en forte pente. En conséquence, non seulement leurs habitants sont exposés aux effets directs du séisme – d'autant plus que leurs masures n'offrent aucune résistance aux vibrations du sol – mais aussi aux gigantesques glissements de terrain qu'engendrent souvent les tremblements de terre en zone de relief accentué !

À l'heure actuelle, les risques dus aux tremblements de terre tendent à décroître dans les pays développés par suite de l'adoption de normes antisismiques de plus en plus sévères en matière de construction et, en date plus récente, par celle de schémas d'aménagements urbains et des plans d'occupation des sols qui interdisent l'édification d'habitations dans les zones de failles actives.

Dans le tiers-monde au contraire, le nombre de personnes exposées au risque sismique connaît un accroissement incessant. Cela résulte de la conjonction d'une démographie galopante et de l'exode rural concomitant qui conduisent un nombre croissant de personnes à venir s'installer illégalement dans des bidonvilles en périphérie de vastes cités, elles-mêmes édifiées en zone dangereuse. Parallèlement à cette explosion démographique urbaine s'accroît inéluctablement le nombre d'habitations misérables incapables de résister à la moindre secousse tellurique. Le manque de normes de construction rigoureuses et strictement appliquées, *a fortiori* l'absence de planification de l'environnement tant en zone urbaine qu'en zone rurale dans les pays du tiers-monde aggravent les risques pour les populations exposées.

On est par ailleurs surpris de constater que dans les régions du globe où les séismes se manifestent de façon récurrente, l'habitat traditionnel n'est jamais conçu pour protéger les personnes qui y vivent contre ces derniers. Ainsi, en Turquie, en Iran, au Pakistan et en Amérique latine[1] par exemple, la plupart des maisons sont construites en pierres jointes par du mortier, de la chaux, voire en pisé. Ces murs épais supportent une lourde charpente recouverte de tuiles, d'ardoises et ou de pierres plates, couvertures toutes dangereuses en cas de séisme. Si l'intensité de celui-ci est plus forte, les murs eux-mêmes s'écroulent, écrasant les habitants qui sont restés dans leur demeure.

En conséquence, l'impact des tremblements de terre sur les populations des pays en voie de développement ne peut aller qu'en s'accroissant compte tenu de l'inflation démographique, de la misère concomitante, du manque de matériaux résistants (ciment, acier), de l'absence de

1. Et même dans de nombreux villages des Apennins et des Abruzzes et d'autres zones montagneuses d'Italie péninsulaire.

connaissances sur les constructions antisismiques. En prenant en compte ces divers facteurs démographiques et socio-économiques, on considère que le nombre d'habitants du tiers-monde exposé au risque sismique doublera au cours des vingt prochaines années.

Par ailleurs, fait surprenant seulement en apparence, on constate l'existence d'une profonde inégalité face aux dangers résultant des tremblements de terre. Bien que leur probabilité soit en principe identique pour tous les individus présents dans une zone donnée, ils n'affectent pas de façon identique les différentes classes sociales.

Ainsi, lors du tremblement de terre du Guatemala, d'intensité 7,5 sur l'échelle de Richter, qui fit en 1976 quelque 22 000 morts et plus d'un million de sans abri, on constata une fois de plus que la plus plupart des victimes se trouvaient dans les classes sociales les plus défavorisées. À Guatemala City, les 12 000 morts et les 90 000 sans abri se rencontraient quasi exclusivement dans les zones de bidonvilles car les familles aisées habitaient les demeures construites aux normes antisismiques (219). Une telle constatation a été une fois de plus vérifiée avec le récent séisme du Cachemire qui a essentiellement affecté des populations rurales vivant en permanence dans un extrême dénuement.

2.2.3 Risque sismique dans les pays développés

Il ne faudrait toutefois pas déduire de l'argumentation qui précède que le risque sismique est devenu de nos jours quasi inexistant dans les pays développés. En effet, le parc immobilier n'y est pas encore entièrement conforme aux normes antisismiques et les zones urbaines ont connu au cours des dernières décennies une croissance anarchique dans des zones présentant un risque sismique significatif (cas de Nice en France par exemple). Ainsi le séisme qui détruisit Kobe, le 17 janvier 1995, fit 6 500 victimes, essentiellement par suite de l'effondrement des édifices anciens qui ne purent résister aux vibrations du sol et des glissements de terrain.

> **Remarque** : toutefois, grâce aux normes strictes prises au Japon et à l'organisation de la prévention et des secours, le nombre de victimes – alors que la magnitude de ce séisme fut de 7,2 – fut sans doute des dizaines de fois inférieur à ce qu'il aurait pu être en situation analogue dans un pays du tiers-monde. Il en fut de même lors du séisme de San Francisco en 1989 où le nombre de victimes fut très limité (46 au total).

D'autre part, même des régions considérées comme peu dangereuses ont pu être affectées par des séismes d'intensité colossale. Ainsi, les séismes les plus violents aux États-Unis n'ont pas eu lieu en Californie, mais en 1811 et 1812 dans une zone dont l'épicentre se situe dans le Missouri qui affecta une surface couvrant la majorité de la partie orientale des États-Unis (104).

Par ailleurs, en l'absence de méthode de prévision fiable, l'impact des tremblements de terre peut prendre des dimensions d'ampleur considérable. Cet aspect du risque sismique soulève à l'heure actuelle de sérieuses interrogations dans les pays développés en ce qui concerne le choix de l'implantation des grands ouvrages potentiellement dangereux pour les populations vivant dans leur voisinage : grand barrage, installations de type Seveso et centrales nucléaires par exemple.

On conçoit bien les risques considérables associés à une retenue de barrage ou *a fortiori* d'une centrale nucléaire dans une zone de forte sismicité. Il existe d'ailleurs aux États-Unis un certain nombre de tels réacteurs implantés dans des zones où le risque sismique n'est pas négligeable. Faut-il rappeler l'émotion soulevée dans les années 1970 en Californie par suite du projet de construction du réacteur de Diablo Canyon sur une faille active ?

À l'opposé de leur impact humain qui peut conduire à des hécatombes, les conséquences écologiques des tremblements de terre sont assez limitées. Parmi les plus significatives figurent les changements de cours de rivières déjà observés par le passé lors de séismes de forte magnitude.

2.3 VOLCANISME ET SES CONSÉQUENCES

Au cours des quatre derniers siècles, l'éruption de cinq cents volcans a provoqué la mort de 310 000 personnes, dont 220 000 depuis 1783 (197). Malgré l'importance en valeur absolue, ce nombre paraît dérisoire comparé, par exemple, aux 300 000 victimes du raz-de-marée ayant dévasté le Bangladesh en novembre 1970.

En dépit d'une place relativement modeste comparée à l'impact humain des autres catastrophes naturelles, le volcanisme présente toutefois une importance écologique considérable. Il constitue en effet une partie intégrante des processus écologiques fondamentaux propres au fonctionnement de la biosphère et contrôle de ce fait en bien des régions du monde l'activité d'importantes populations humaines.

Le volcanisme interfère naturellement avec de nombreux cycles biogéochimiques en particulier avec ceux du soufre et du phosphore[1]

1. Voir à ce sujet Ramade F. *Éléments d'écologie. Écologie fondamentale*, Dunod, 2003, chap. V, p. 423 et suiv.).

et dans une moindre mesure avec celui du carbone. Par ailleurs, lors de ses épisodes paroxystiques, il exerce une action sur le climat global en diminuant la transparence atmosphérique pour le rayonnement solaire et en injectant des particules et certains gaz à haute altitude.

Par ailleurs, un nombre sans cesse accru d'hommes cultive les sols d'origine volcanique qui doivent leur fertilité légendaire à leur richesse en phosphates, sels de potassium et autres nutriments libérés par la décomposition des roches pyroclastiques dont ils sont des constituants naturels. Dans les régions tropicales, ces sols andésitiques, d'origine volcanique, sont à la fois les plus fertiles et figurent parmi la minorité de sols tropicaux dont la structure pédologique supporte la culture en permanence. Cela explique l'exceptionnelle densité des populations rurales qui vivent sous les tropiques au voisinage de volcans actifs, voire même sur leurs flancs comme en Indonésie, aux Philippines, en Amérique centrale, etc. On comprendra sans peine dans ces conditions les risques considérables auxquels sont exposées ces populations en cas d'éruption paroxystique.

2.3.1 Grandes catastrophes volcaniques et leurs conséquences

Le volcanisme a parfois été la cause d'hécatombes dans les populations affectées par certaines éruptions. En outre son impact biogéochimique sur l'environnement est toujours considérable.

On distingue en première approximation deux grands types de volcans : les « rouges » et les « gris » .

Les premiers dont les laves émises à haute température sont fluides donnent des coulées extrêmement spectaculaires. Ils peuvent même créer en quelques rares cas un lac de lave permanent au fond de leur cratère – cas par exemple du Kilauea à Hawaï ou du Niragongo au Congo. Les volcans rouges sont quasi inoffensifs car ils ne donnent jamais lieu à des explosions cataclysmiques.

À l'opposé, les volcans « gris » sont très dangereux. Leur magma, plus froid, fait que les laves très visqueuses peuvent se prendre en masse dans la cheminée dont l'obturation donne ensuite lieu à divers types de phénomènes explosifs.

Leurs éruptions les plus dangereuses se caractérisent par la formation de nuées ardentes, mélange de gaz et de poussières porté à des températures pouvant excéder 500 degrés, projetées latéralement sur les flancs du volcan par son explosion, qui dévalent ses pentes à des vitesses comprises entre 100 et 400 $km \cdot h^{-1}$.

Lors de l'éruption de la Montagne Pelée en 1902[1], c'est une telle nuée ardente qui fit périr les 28 000 habitants de Saint Pierre de la Martinique et détruisit totalement cette ville (figure 2.3). Des recherches récentes ont montré que l'onde de choc due à l'explosion du volcan approchait encore la vitesse de 1,7 $km \cdot s^{-1}$ quand elle atteint la ville de Saint Pierre, pourtant située à une dizaine de kilomètres du volcan. Cela provoqua l'écroulement de la plupart des édifices avant même que la ville ne soit atteinte par la nuée ardente qui paracheva son anéantissement.

Dans l'Antiquité, en 79 de notre ère, des nuées ardentes furent également la cause de la mort de la majorité des victimes de l'éruption du Vésuve qui détruisit les villes de Pompéi, Herculanum et Stabia. À Pompéi même, où une partie des victimes le fut par l'effondrement des toits sous les poids des retombées de dépôts pyroclastiques, il a été estimé qu'au total, 1 614 personnes périrent[2] (123).

Au cours de l'histoire, des catastrophes volcaniques ont pu contribuer au déclin de certains peuples voire le provoquer. Un des exemples les mieux documentés est celui de l'activité du volcan de l'île de Santorin dans la mer Égée, dont les éruptions atteignirent leur paroxysme lors de son explosion que des datations récentes situent entre 1650 et 1598 av. J.-C.[3]. La capitale même de Santorin, Akrotiri fut alors ensevelie sous une dizaine de mètres de matériaux téphritiques (cendres et fins lapilli) et ne fut redécouverte qu'au XXe siècle, son emplacement même ayant été oublié au cours des temps… Cette éruption dévasta aussi les agglomérations crétoises situées pour la plupart sur la côte nord de l'île (83), qui subit aussi un monstrueux tsunami déclenché par l'effondrement de la caldera.

On présume que ce cataclysme volcanique contribua à la disparition de la civilisation minoenne qui florissait alors en Crête et sur d'autres îles de la Méditerranée orientale dont Santorin. Des recherches entreprises au cours des années 1980 ont apporté des preuves concrètes du rôle joué par le volcanisme dans cette décadence. Toutefois, les épisodes éruptifs s'étagèrent sur deux siècles et survinrent au cours de plusieurs décennies. On a pu montrer, par datation des matériaux pyroclastiques émis par le volcan de Santorin (54) qu'il a existé deux phases distinctes de destruction des cités minoennes qui coïncident chacune à un épisode de volcanisme cataclysmique.

1. On ne compta que deux survivants dont un prisonnier protégé par les épaisses murailles de son cachot !
2. Ce nombre est relativement faible eu égard à l'étendue de la ville. En fait, il a été prouvé que la majorité des habitants s'enfuirent dès que se manifestèrent les prodromes de l'éruption cataclysmique.
3. Des datations antérieures la situaient en 1470 av. J.-C.

A

B

Figure 2.3
La Montagne Pelée.

A) Vue contemporaine du volcan prise du Prieur, au Nord de St Pierre (cliché F. Ramade). **B)** Reproduction d'un cliché de la nuée ardente fait en 1902 au moment de l'explosion cataclysmique du volcan par le photographe Lacroix.

2.3.2 Cataclysmes du Krakatoa et du Tambora

Les éruptions les plus meurtrières de l'histoire humaine, qui toutes deux survinrent au XIXe siècle, furent sans doute celles de deux volcans indonésiens, le Tambora et le Krakatoa, l'un et l'autre situés dans l'Archipel de la Sonde.

a) Éruption du Tambora

Le Tambora est situé sur l'île de Sumbawa (figure 2.4). Son explosion cataclysmique, le 11 avril 1815, fit plus de 80 000 victimes. Beaucoup d'entre elles périrent englouties par un gigantesque tsunami (déjà), provoqué par le déversement soudain dans la mer d'un volume colossal de laves et autres matériaux pyroclastiques. Ce raz-de-marée submergea les rivages de nombreuses cités littorales dont certaines étaient situées à des distances considérables telles la ville de Basuki sur la côte est de Java localisée à plus de 500 km et celles du littoral sud d'Amboine et de Ceram à plus de 1 600 km, dont les rives furent balayées par une vague dépassant encore deux mètres de hauteur (192).

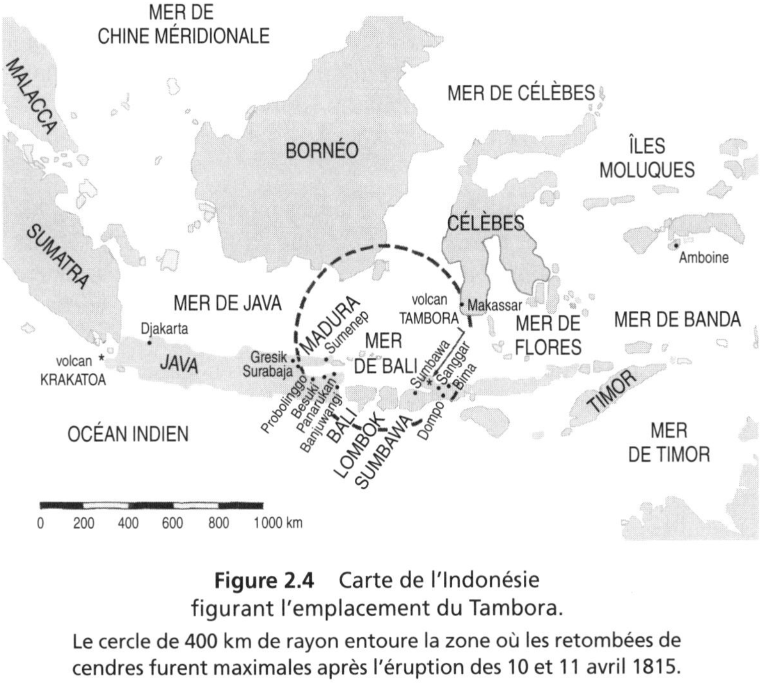

Figure 2.4 Carte de l'Indonésie figurant l'emplacement du Tambora.

Le cercle de 400 km de rayon entoure la zone où les retombées de cendres furent maximales après l'éruption des 10 et 11 avril 1815. (D'après Stothers, *op. cit.*, p. 1192.)

L'intensité de l'éruption du Tambora fut telle que la quantité de matériaux téphritiques rejetée a donné des dépôts superficiels jusqu'à Banter, à l'extrémité ouest de Java, soit à 1 300 km de la caldera de ce volcan ! Une épaisseur moyenne de cendres de 5 cm fut relevée à 530 km à l'ouest de ce dernier (figure 2.5).

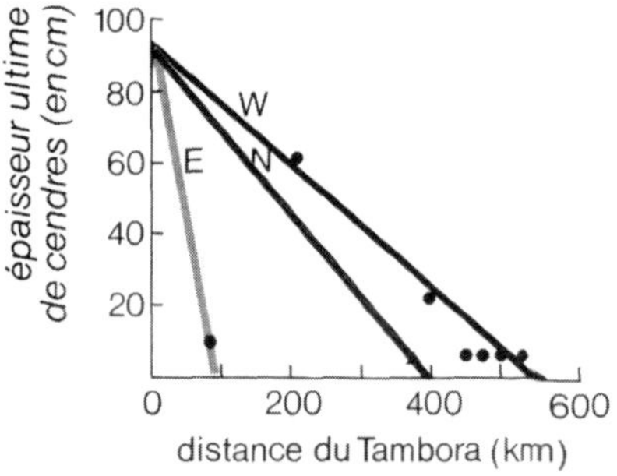

Figure 2.5 Épaisseur du dépôt total de cendres consécutif à l'explosion du Tambora en fonction de l'orientation et de la distance par rapport à ce volcan. (D'après Stothers, *op. cit.*, p. 1193).

Répartie de façon régulière dans un cône dont le centre serait situé en direction du nord-ouest à 300 km du cratère, la masse de cendres rejetées atteindrait 90 cm de hauteur au sommet de ce cône et la base de ce dernier correspondrait à un cercle de 730 km de diamètre soit une surface de 450 000 km^2 !

Le volume total de matériaux volcaniques injectés dans l'atmosphère par cette éruption fut tout à fait titanesque. Il fut estimé à 150 km^3 de cendres et autres ignimbrites. À cela doit être ajouté le volume de roches pulvérisées par l'explosion. Avant l'éruption, le Tambora dépassait 4 300 m d'altitude contre 2 850 m à l'heure actuelle ! On estime que la partie supérieure du volcan, pulvérisée dans les airs par le cataclysme, correspondait à un volume de 30 km^3. Enfin, on évalue à 25 km^3 le flot de laves qui s'épancha du volcan. Au total, exprimées en tonnes de roches compactes, les quantités de matériaux pyroclastiques rejetés dans l'environnement immédiat du volcan (laves) et à plus grande distance (ponces et cendres) sont estimées entre 40 et 90 km^3. Compte tenu des incertitudes sur la durée des éruptions, qui s'échelonnèrent entre le 5 avril et le 23 août 1815, cela correspond à un débit moyen de 4 millions de m^3 de matériaux à la seconde (entre $6 \cdot 10^5$ et $8 \cdot 10^6$ m$^3 \cdot$ s^{-1}) puisque la plupart des émissions se firent dans un intervalle compris entre 3 heures et 24 heures.

Les masses considérables de particules insédimentables[1] introduites dans la stratosphère atteignirent l'Europe occidentale en trois mois. Elles firent le tour du globe, conférant à la lumière solaire une teinte cendrée et produisant pendant plusieurs mois des crépuscules brillamment colorés. La diminution de transparence atmosphérique due à l'éruption était encore perceptible en 1817 en Europe.

En définitive, on peut considérer que cette éruption représente le plus grand cataclysme volcanique survenu au cours des 10 000 dernières années – depuis la fin de la dernière glaciation.

b) Éruption du Krakatoa

La seconde grande éruption volcanique du XIXe siècle, celle du Krakatoa eut lieu le 27 août 1883. Elle est certainement la plus connue de l'histoire car elle fut étudiée en détail par les Hollandais dont l'Indonésie était alors une colonie.

Cette île volcanique du détroit de la Sonde, entre Sumatra et Java, qui culminait à 813 m, était couverte d'une épaisse forêt pluvieuse tropicale. À cette époque, sa nature volcanique était ignorée car elle n'avait pas connu d'éruption depuis deux siècles. Le volcan Danan qui l'avait édifié connut une reprise d'activité le 20 mai 1883 qui alla en s'amplifiant jusqu'au 27 août suivant où à 10 heures du matin, l'île explosa de façon cataclysmique. Cette explosion demeure « le plus grand bruit jamais entendu sur terre » car la détonation fut perceptible sur l'île Rodriguez, dans l'archipel des Mascareignes, située dans l'océan Indien à plus de 5 000 km de là ! L'ébranlement du sol fut tel que des témoins vivant à 200 km du détroit de la Sonde crurent à un tremblement de terre. L'effondrement de la caldera consécutif à l'explosion créa un immense fossé sous-marin de 6 km de diamètre (33).

L'explosion déclencha un immense tsunami qui produisit localement des vagues monstrueuses atteignant 36 m de haut et se propagea dans l'océan mondial à une vitesse de 800 km $\cdot$ h^{-1}. Il fut même détecté en Europe où l'on enregistra dans divers ports de la Manche des vagues de 90 cm. Ce raz-de-marée détruisit 297 villages côtiers et fut à l'origine de la plupart des 40 000 victimes de la catastrophe. Toutefois, la nuée ardente qui précéda l'explosion et l'effondrement du volcan avait fait périr plusieurs centaines de personnes brûlées vives sur la côte de Sumatra en des points pourtant situés jusqu'à 40 km du Krakatoa !

1. Les effets climatiques des éruptions résultent surtout les aérosols sulfuriques, qui donnent rapidement des microcristaux de sulfates et non pas des cendres introduites dans la stratosphère, comme l'a enseigné l'étude de certaines grandes éruptions encore récentes : celle de l'El Chichon en 1985 et du Pinatubo en 1991 (cf. p. 67).

Bien qu'elle soit d'une magnitude inférieure à celle du Tambora, puisque le volume total non réduit de matériaux volcaniques produits fut de l'ordre de 20 km^3, contre plus de 200 pour ce dernier, l'éruption du Krakatoa provoqua des retombées d'ignimbrites sur une surface excédant 800 000 km^2. On estime que la masse totale de matériaux pyroclastiques rejetés dans l'atmosphère a dépassé dix milliards de tonnes dont cinquante millions atteignirent la stratosphère. Cette colossale quantité de poussières volcaniques plongea pendant vingt-deux heures consécutives dans une obscurité totale les zones situées à 200 km du volcan et pendant 57 heures des zones à 80 km de celui-ci !

En définitive, les masses de retombées de matériaux volcaniques rejetés dans l'atmosphère lors de certaines éruptions sont tout à fait colossales. Si l'on répartissait sur une surface de 100 km^2 (soit en première approximation celle de la ville de Paris), le volume total non réduit de matériaux pyroclastiques (laves, bombes ponces et cendres) rejetés par une éruption de première magnitude, on arriverait à des hauteurs phénoménales (figure 2.6). Ainsi, celle du Tambora approcherait

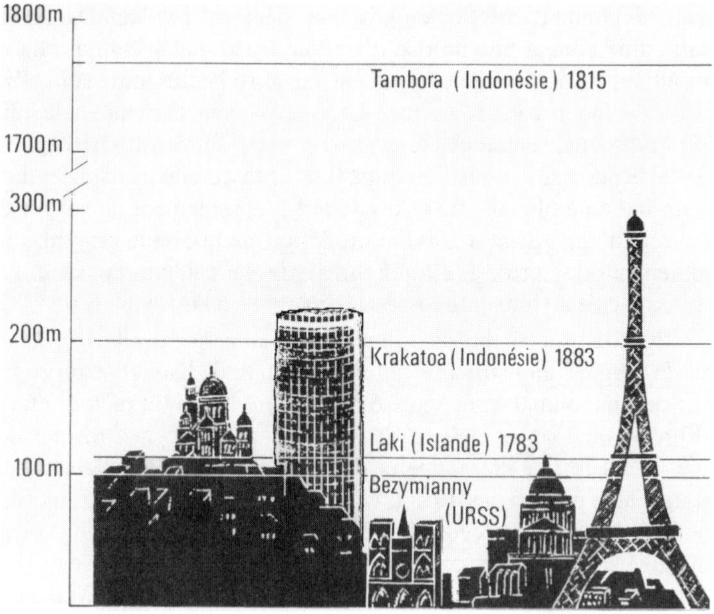

Figure 2.6 Représentation théorique des hauteurs atteintes par les dépôts de matériaux pyroclastiques rejetés par quelques grandes éruptions volcaniques si tous ces matériaux s'étaient déposés sur la surface du département de la Seine.

1 800 m de hauteur soit près de sept fois la tour Eiffel, celle du Krakatoa frôlerait le sommet de la tour Maine-Montparnasse, celle du Laki, en Islande, le faîte du Panthéon. Enfin, la hauteur totale des produits pyroclastiques rejetés par le Bezymianny, au Kamtchaka lors de son éruption de 1955-1956, l'une des plus importantes du XXe siècle, atteindrait la hauteur de la butte Montmartre.

2.3.3 Conséquences catastrophiques des éruptions volcaniques

Les effets sur les populations humaines des nuées ardentes ainsi que l'ensevelissement lors des éruptions majeures des habitations et des terres cultivées sous des épaisseurs énormes de matériaux pyroclastiques figurent parmi l'impact physique le plus évident et le mieux documenté des explosions volcaniques.

Une autre conséquence moins connue de l'entrée en activité des volcans, mais qui s'est souvent avérée dévastatrice, tient en la formation d'immenses coulées de boue très fluides. Celles-ci résultent de la fonte subite des neiges et des glaciers qui recouvrent les pentes de ces volcans par suite du dégagement de chaleur dû à la remontée des magmas, même dans les zones équatoriales[1]. Dénommées lahars dans les Andes, ces coulées envahissent les vallées et peuvent provoquer des hécatombes parmi leurs habitants. Ainsi, des lahars firent plus de 25 000 victimes lors de l'éruption du Nevado del Ruiz en Colombie, en novembre 1985.

Les régions où se rencontrent des volcans comptent très généralement parmi les plus densément peuplées de la planète, pouvant atteindre voire excéder mille habitants au km^2 comme dans l'Est de Java, sur certaines îles des archipels des Caraïbes ou encore dans les plaines littorales du Japon. Une proportion importante des six cents volcans actifs du globe est d'ailleurs située dans des îles surpeuplées : Java, Bali, Philippines, Hondo et autres îles japonaises, Petites Antilles, Hawaï, etc. En outre, la majorité de ces îles volcaniques sont des nations en voie de développement et présentent souvent une croissance démographique record.

Il paraîtrait *a priori* relativement aisé de se prémunir contre les dangers d'explosions paroxystiques en interdisant aux populations de

1. Ainsi, le Mont Kenya, qui est certes un volcan éteint situé à quelques kilomètres près au niveau de l'équateur, ou encore le Kilimandjaro comptent plusieurs glaciers. Il en est de même de nombreux grands volcans andins actifs des Andes tels le Cotopaxi ou le Chimborazo tout deux situés à moins d'une centaine de kilomètres de l'équateur.

s'installer dans le périmètre de volcans actifs ou susceptibles de le devenir à brève échéance.

En réalité, mettre en œuvre une telle mesure s'avère réellement utopique. En effet, la haute fertilité des sols volcaniques incite les populations locales, en particulier dans les pays tropicaux, où les terres capables de supporter de façon durable la culture sont rares, à défricher non seulement l'environnement immédiat des volcans actifs, dans les régions de plateaux où dans les vallées des montagnes où ils se dressent, mais même leurs pentes !

Ainsi, à Bali, bien que l'éruption du Mont Agung ait fait plus de 3 000 morts en 1963, les survivants retournèrent vite s'installer au pied même de ce volcan. Il est vrai que dans bien des pays surpeuplés du tiers-monde, les personnes affectées par une éruption volcanique n'ont généralement pas d'autre endroit où aller. Pour elles, la seule alternative si elles ont survécu à l'éruption est d'aller récupérer leurs champs, si cela est encore possible, en espérant qu'aucune nouvelle éruption catastrophique n'advienne d'ici la fin de leurs jours[1].

2.3.4 Conséquences écologiques du volcanisme

L'impact du volcanisme n'est jamais négligeable. Il est d'ailleurs partie intégrante des processus écologiques fondamentaux qui régissent le fonctionnement de la biosphère.

a) Effets sur les écosystèmes naturels

En dépit d'une opinion communément répandue, le volcanisme ne peut pas être *a priori* toujours considéré comme un phénomène naturel aux conséquences désastreuses. Les matériaux volcaniques : cendres, ponces, laves sont souvent rapidement dégradés par les agents biogéochimiques et donnent naissance à des sols dont nous avons déjà souligné la fertilité.

On constate que les successions progressives qui conduisent à la restauration des écosystèmes naturels détruits par une éruption s'effectuent très rapidement en zone tropicale. Ainsi au Congo il fut observé dans la chaîne des Monts Virunga qu'à la suite de la destruction d'une forêt primaire par une coulée de laves s'était reconstitué un boisement

1. À Java, le comportement des habitants vivant aux alentours du volcan Galungung, près de la ville de Bandung, que nous pûmes observer en 1982, fut à cet égard édifiant. Alors que les vulcanologues les prévenaient d'un risque imminent de nuée ardente, les paysans refusèrent de quitter leur village, attendant la fin de l'éruption, pour labourer au plus vite avant la venue de la pluie leurs champs fertilisés par le dépôt de cendres volcaniques qui leur assurerait une récolte exceptionnelle !

secondaire avec des arbres de plus de 25 m de haut en à peine une trentaine d'années ! Après l'explosion du Krakatoa, l'île volcanique qui se reconstitua dans les mois qui suivirent l'explosion fut recolonisée très rapidement par la végétation (figure 2.7). Les phanérogames s'installèrent sur cette dernière au bout de deux ans et quarante ans plus tard, elle était couverte d'une épaisse forêt pluvieuse tropicale (45).

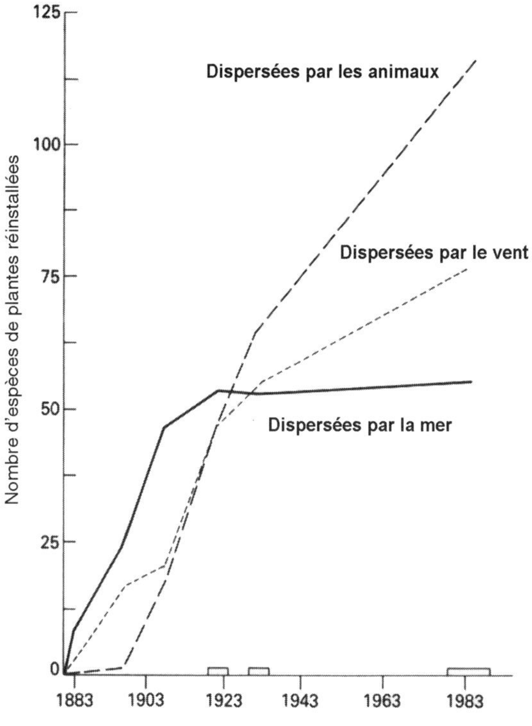

Figure 2.7 Recolonisation par les plantes du volcan Anak Krakatoa après l'explosion cataclysmique de 1883. (*In* Cox et Moore, *op. cit.*, p. 243)

Toutefois, les conséquences écologiques du volcanisme peuvent être particulièrement catastrophiques et pas seulement au point de vue anthropocentrique. Elles exercent leurs effets à des échelles spatiotemporelles d'étendue variable, allant depuis le niveau local jusqu'à celui de la biosphère tout entière.

Les éruptions de caractère cataclysmique, en sus des nombreuses pertes en vies humaines et des dommages économiques directs qui en résultent (destruction d'édifices par exemple) présentent un impact négatif considérable sur les ressources naturelles.

Ainsi, lors de l'explosion du Laki, en Islande en 1783, une fissure de 25 km de long s'ouvrit sur les flancs du volcan et l'immense coulée de laves qui s'épancha dans les vallées avoisinantes recouvrit une surface de quelque 600 km^2. Cette activité cataclysmique se poursuivit pendant huit mois. Les masses de cendres tout à fait colossales injectées dans l'atmosphère recouvrirent une partie importante des terres cultivables et des prairies naturelles de l'île provoquant la mort de 80 % de son cheptel ovin et de 75 % de ses chevaux. En outre, les poussières volcaniques étaient si opaques que les pêcheurs ne pouvaient sortir en mer. La quasi-totalité des dix mille victimes de l'éruption – soit près du quart de la population totale que comptait alors l'Islande – périrent non pas des effets directs de l'éruption mais de la terrible famine qui en résulta.

Les forêts peuvent aussi être détruites sur des surfaces considérables par le souffle associé à l'explosion d'un volcan, par les nuées ardentes et/ou encore par les coulées de boues provoquées par l'éruption.

Lors de l'explosion du Bezymianny au Kamtchatka, en mars 1956, les forêts furent dévastées sur un rayon de 20 km par la conjonction de ces phénomènes. L'onde de choc provoquée par la déflagration brisa les arbres comme des fétus de paille à plusieurs kilomètres des bords du cratère néoformé.

En date plus récente, l'éruption du Mt St Helens, dans l'État de Washington, aux États-Unis donna lieu à des recherches approfondies sur son impact sur les écosystèmes avoisinants. Elle anéantit plus de 50 000 ha de forêts de conifères. Son explosion, le 20 mai 1980, pulvérisa les 1 200 derniers mètres de ce volcan, dissipant une énergie de $1{,}7 \cdot 10^{18}$ joules au cours de l'épisode paroxystique qui dura environ neuf heures et libéra une somme d'énergie thermique et mécanique égale au total à celle d'une bombe thermonucléaire de 400 mégatonnes puisque l'explosion d'une mégatonne dissipe une énergie de $4{,}2 \cdot 10^{15}$ joules. Cela correspond aussi à 10 fois la quantité d'énergie libérée par la plus puissante bombe H jamais testée ! Cependant, à la différence d'une arme nucléaire dont l'énergie est libérée en une ou quelques secondes, une éruption volcanique s'effectue sur une échelle de temps se mesurant en heures ou en jours. Ce correctif explique que la densité énergétique d'une éruption, à énergie égale dégagée, est plus faible que celle propre à l'explosion d'une bombe nucléaire de forte puissance. L'éruption du Mont St Helens fut tout de même l'équivalent de l'explosion de 27 000 bombes atomiques de type Hiroshima soit environ une par seconde pendant les neuf heures que dura cette dernière.

Les dommages causés par la nuée ardente qui s'échappa à une vitesse atteignant jusqu'à 400 km · h^{-1} des flancs du volcan furent visibles jusqu'à 28 km. Dans les premiers kilomètres, des arbres ayant jusqu'à 2 mètres de diamètre à la base du tronc furent déracinés et projetés au-delà de leur emplacement initial par la déflagration. On observait ensuite une zone s'étageant jusqu'à 10 à 15 km de distance du cratère selon la direction où tous les arbres, dont des tsugas et des sapins Douglas qui dépassaient 50 m de hauteur, furent couchés au sol par l'effet de souffle. Sur la face nord-est du cratère, les troncs des conifères furent noircis voire calcinés par la nuée ardente jusqu'à 18 km du volcan. Enfin, au delà, la zone de forêts la plus périphérique affectée par l'explosion atteignait au maximum 30 km et se caractérisait par la présence d'arbres entièrement défoliés et morts sur pied. Les dommages causés à l'industrie forestière à la suite de cette éruption furent estimés à plus d'un milliard de dollars.

b) Volcanisme et climat

Les épisodes de volcanisme intense exercent un effet défavorable sur les climats car ils produisent une baisse de température à la surface des continents et cela à une échelle planétaire.

Comme certains composés gazeux, les particules rejetées par les volcans dans l'atmosphère possèdent la propriété de retenir une fraction du rayonnement solaire. Leur injection dans la troposphère et la stratosphère aura pour conséquence de provoquer une baisse de température au niveau du sol puisqu'ils atténuent le flux solaire. On a pu d'ailleurs constater au cours du XXe siècle, jusqu'à la fin des années 1970, une bonne corrélation entre les fluctuations de la température moyenne terrestre et l'indice de transparence atmosphérique (figure 2.8).

Les éruptions volcaniques rejettent dans l'atmosphère des quantités considérables de gaz et de cendres comportant une forte proportion de particules insédimentables. Certaines éruptions de première magnitude comme celle du Krakatoa en amènent non seulement dans la stratosphère mais même dans la basse mésosphère, au-dessus de 50 km d'altitude. Le temps moyen de séjour de ces « aérosols » dans la stratosphère est déjà de deux ans à 30 km d'altitude et s'accroît rapidement avec cette dernière. Toutefois, on constate que pour l'ensemble des particules fines émises par les éruptions volcaniques dans la basse stratosphère, ce temps n'est que de quatre mois alors qu'il est d'une année pour les aérosols de SO_2. En définitive, les quantités de matériaux téphritiques injectées dans l'atmosphère ne donnent qu'une idée approximative de l'impact climatique potentiel d'une éruption volcanique, celui-ci dépendant beaucoup de l'intensité des émissions de SO_2.

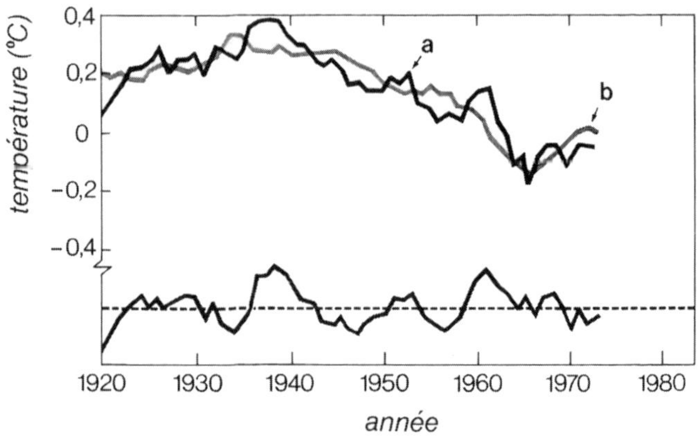

Figure 2.8 Corrélation entre les fluctuations de la température moyenne terrestre observée entre 1920 et 1975 et celles de l'indice de transparence atmosphérique au cours de cette période. (D'après Bryson, *op. cit.*, p. 86.)

Les travaux effectués à la suite de l'éruption de l'El Chichon au Mexique du 28 mars au 7 avril 1982 ont montré qu'en dépit de sa magnitude modeste comparée à celle d'autres éruptions du XXe siècle et donc du volume de cendres réduit, elle libéra d'importantes quantités de SO_2 dans l'atmosphère, qui atteignirent 3 millions de tonnes (95). Aussi l'impact climatique de cette éruption, quoique limité, fut-il nettement plus marqué que son intensité relative ne l'aurait laissé penser *a priori*. Cet effet climatique fut beaucoup plus important dans le cas du Pinatubo, aux Philippines, volcan qui est entré en activité en avril 1991. Cette éruption prit fin par une explosion cataclysmique le 14 juin 1991 dont l'intensité fut dix fois supérieure à celle du Mt St Helens. Elle rejeta au total quelque 25 millions de tonnes de SO_2 dans la stratosphère et provoqua 2 % de baisse moyenne globale du flux solaire (*in* 61). Il en résulta, aux moyennes latitudes de l'hémisphère Nord, des hivers plus rigoureux, avec chutes de neige précoces, pendant plusieurs années consécutives.

Cet effet climatique résulte de ce que le SO_2 donne dans la stratosphère en réagissant avec les traces d'ammoniac naturellement présentes, des cristaux bidimensionnels de sulfate d'ammonium qui absorbent beaucoup le flux solaire et vont y séjourner bien plus longtemps que les particules de cendres émises par l'éruption : ces cristaux s'accumulent dans la basse stratosphère au-dessus d'une vingtaine de kilomètres d'altitude (figure 2.9).

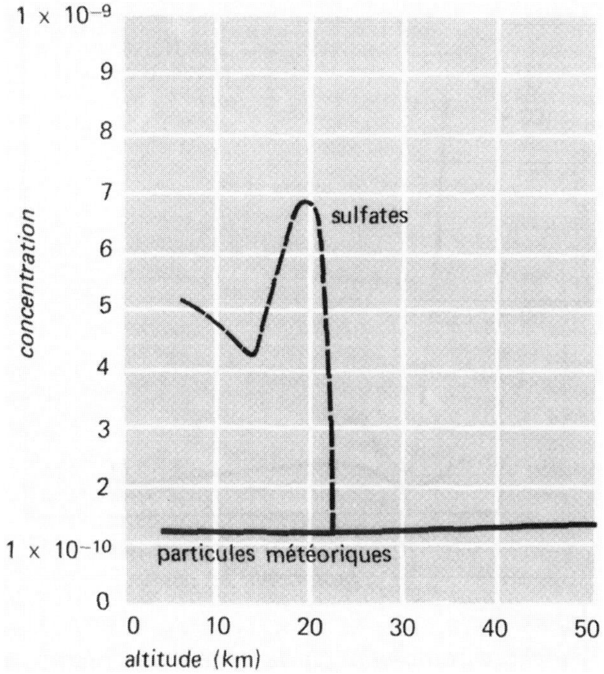

Figure 2.9 Répartition en altitude des cristaux de surface et des particules météoritiques. On constate une accumulation des sulfates dans la basse stratosphère. (D'après Varney et Mc Cormack, *op. cit.*, p. 29.)

Il a été démontré que les cristaux de sulfate produits par le volcanisme demeurent beaucoup plus longtemps que les particules dans la stratosphère, ce qui explique la plus grande importance de leurs effets climatiques (figure 2.10).

Remarque : les effets défavorables du volcanisme sur les températures de la basse troposphère furent pour la première fois directement démontrés dans les mois qui suivirent l'éruption du Mont Agung en 1963 à Bali. Un réseau de ballons sonde déjà en place dans le Nord-Ouest de l'Australie dans le cadre de l'année de géophysique internationale permit alors de suivre les effets de l'éruption sur la température des diverses couches de l'atmosphère à des altitudes comprises entre 9,6 et 19 km. On observa ainsi une nette baisse significative de température au-dessous de 10 km d'altitude.

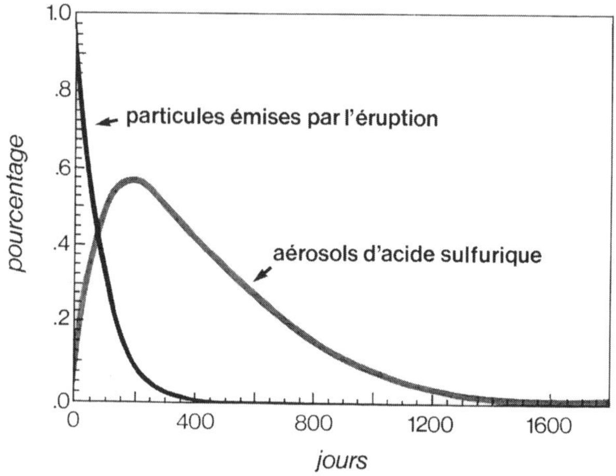

Figure 2.10 Variation en fonction du temps de la proportion de particules et d'aérosols produits par une éruption volcanique qui demeurent dans l'atmosphère. (D'après Bryson, *op. cit.*, p. 85.)

En réalité, le volcanisme a été incriminé de longue date dans l'apparition d'épisodes climatiques anormalement froids observés dans les annales météorologiques. Ainsi, dès 1784, le célèbre Benjamin Franklin expliquait le froid exceptionnel de l'hiver précédent par un excès de poussières dans la haute atmosphère.

Au cours du XIXe siècle, les deux formidables éruptions du Tambora et du Krakatoa confirmèrent l'hypothèse de Franklin. L'explosion du Tambora, qui injecta dans l'atmosphère plus de 100 milliards de tonnes de matériaux volcaniques dont plus de 300 millions de tonnes dans la stratosphère, fut la cause de l'« année sans été » en 1816. Il neigea en juin sur la côte Est des États-Unis, et des gelées blanches ininterrompues pendant tout le mois d'août y détruisirent les récoltes. Les cendres volcaniques ayant fait le tour complet du globe, l'Europe connut cette année-là un froid anormal pendant l'été ; les relevés de températures effectués en Angleterre et en Suisse font état d'un mois de juillet glacial. La moyenne des températures de ce mois à Genève fut la plus basse mesurée dans toute la période allant de 1753 à aujourd'hui ! En France, les récoltes furent si catastrophiques que des importations de céréales furent nécessaires pendant l'hiver 1816-1817, la disette sévissant dans certaines de nos campagnes (191).

D'autres spécialistes ont ainsi associé à des cataclysmes volcaniques l'occurrence d'hivers exceptionnellement froids qui ont sévi à des dates plus reculées de la période historique. Ainsi, Stothers (192) a attribué à une explosion paroxystique le froid rigoureux qui a sévi pendant l'hiver en l'an 536 de notre ère au Proche-Orient, et dont fait mention dans sa *Chronique* Zacharias de Mytilène. Cet auteur précise que les raisins ne purent mûrir correctement pendant l'automne qui précéda cet hiver et que dans la période hivernale advinrent des chutes de neige en Mésopotamie ! Ces froids anormaux résultèrent de l'explosion d'un volcan équatorial, probablement le Rabaul, situé sur l'île de Nouvelle Bretagne (4° S, 15° E). Cette éruption, datée de cette période, fut d'une intensité comparable voire supérieure à celle du Krakatoa et produisit des quantités colossales de cendres et de matériaux sulfatés dont on a trouvé les traces dans les glaces du Groenland contemporaines de ce cataclysme.

De la même façon, la « petite période glaciaire » de 1450 à 1850, qui a été marquée par un net refroidissement de l'hémisphère Nord, s'est accompagnée d'un doublement moyen de la teneur en sulfates des glaces polaires. Cela témoigne d'une augmentation concomitante très significative de l'activité volcanique pendant cette période (3).

On a d'ailleurs pu mettre en corrélation la chute moyenne des températures avec les épisodes d'activité volcanique intenses entre le XIXe et le XXe siècle (figure 2.11).

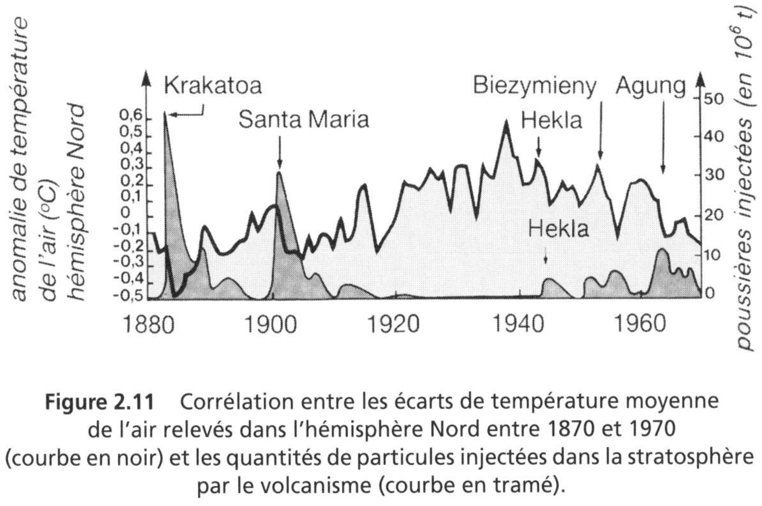

Figure 2.11 Corrélation entre les écarts de température moyenne de l'air relevés dans l'hémisphère Nord entre 1870 et 1970 (courbe en noir) et les quantités de particules injectées dans la stratosphère par le volcanisme (courbe en tramé).

Il existe une bonne corrélation entre ces dernières, les éruptions majeures, et les chutes de température globales. (D'après Mitchell mais modifié *in* Ramade, *op. cit.*, 2005, p. 134.)

Chaque éruption volcanique de première magnitude observée au cours du XXe siècle s'est accompagnée d'une baisse de température significative à l'échelle globale. De façon plus générale, on remarque que les refroidissements induits par les éruptions du Krakatoa, du Santa Maria, de l'Hekla, du Bezymianny, de l'Agung, et plus récemment du Pinatubo, ont été corrélés aux quantités de particules introduites dans la stratosphère. Celle de l'Agung, qui fut spécialement suivie dans le contexte de l'année géophysique internationale, a été estimée provoquer une chute de 0,5 °C des températures moyennes de la zone intertropicale.

À l'opposé, il existe une bonne corrélation entre l'absence d'éruption volcanique significative entre 1920 et 1945 et le réchauffement qui s'est observé pendant cette période. Les températures moyennes annuelles de la Terre ont été au cours de cette période les plus élevées de toutes celles relevées entre 1870 et 1970[1].

Des estimations faites pour les deux grandes éruptions cataclysmiques du XIXe ont permis d'évaluer de 0,5 à 0,6 °C le refroidissement global induit par le Krakatoa et de 0,8 à 1,2 °C celui que provoqua le Tambora.

2.4 RAZ-DE-MARÉE

Ces phénomènes peuvent être considérés comme des catastrophes géophysiques puisqu'ils se traduisent par la mise en mouvement de masses d'eaux océaniques colossales. Les raz-de-marée peuvent être provoqués par deux causes distinctes. La première résulte d'un tremblement de terre ou d'autres phénomènes géodynamiques affectant les fonds sous-marins qui génèrent une immense vague déferlante, phénomène dénommé *tsunami*. La seconde résulte du passage d'une tempête d'intensité exceptionnelle : ouragan dans les régions tempérées ou cyclone en zone tropicale. Dans un cas comme dans l'autre, le passage de la dépression météorologique entraîne une montée des eaux qui va engloutir les zones littorales affectées (cf. Chapitre 3, p. 91).

2.4.1 Tsunamis

Le terme même de tsunami provient du Japon, pays du monde qui y est le plus exposé. Les premiers documents dont on dispose sur ce type de

1. On notera que depuis les années 1970, l'accroissement de l'effet de serre dû à la pollution atmosphérique et le réchauffement planétaire qui en résulte masquent de plus en plus l'action des autres facteurs qui interfèrent dans un sens ou dans l'autre avec le climat global.

phénomène géophysique remontent à des écrits japonais de l'an 684 de notre ère et la première figuration incontestable (« La Vague ») en fut dessinée par un maître de l'estampe japonaise, Hokusaï, dans son œuvre « Les 36 images du Fuji » (1824-1829).

a) Causes des tsunamis

Les tsunamis constituent un type particulier de raz-de-marée et peuvent prendre des dimensions gigantesques. Ils sont provoqués initialement par un séisme ou une éruption volcanique sous-marine, ou encore par un glissement de terrain massif survenant sur les flancs d'un canyon sous-marin[1]. Ils prennent naissance dans les zones de subduction des plaques, là où se produisent d'importants déplacements verticaux au niveau des failles actives.

Le déplacement des eaux océaniques profondes produit par ce phénomène géophysique va générer une vague déplaçant un volume d'eau colossal. Celle-ci va se caractériser par une grande longueur d'onde (qui peut être jusqu'à 1 000 fois supérieure à sa hauteur) de sorte qu'elle demeure imperceptible[2] tant qu'elle se propage dans le domaine pélagique (au large), bien qu'elle puisse se déplacer à une vitesse excédant 800 km/h.

En revanche, à l'approche de la côte, elle entre en résonance avec le fond, prenant une hauteur monstrueuse et détruisant de vastes zones de rivages affectés par son déferlement (figure 2.12, page I, cahier couleur).

Sur le littoral, l'arrivée d'un tsunami se caractérise en général par la séquence d'événements suivante. Tout d'abord, on observe une lente montée de la mer au-dessus du niveau moyen de la marée haute. Puis elle se retire bien au-delà de celui des marées basses extrêmes tandis qu'au large elle se met à bouillonner. Après ce retrait des eaux arrive, dans un

1. Au cours des périodes géologiques passées, des tsunamis cataclysmiques à l'échelle globale toute entière ont pu être causés par l'impact d'astéroïdes de grande taille avec l'océan. C'est en particulier celui de Chicxulub qui tomba dans les eaux au large des côtes de la péninsule de Yucatan au Mexique, à la jonction K-T voici 65 millions d'années qui marqua la fin de l'ère secondaire. Ce dernier dont le diamètre était de 15 km a formé un cratère sous-marin d'au moins 180 km de diamètre !

2. Dans les eaux du large, la hauteur de crête de la vague d'un Tsunami est en général d'une cinquantaine de cm, en dépit de l'immense volume d'eau mis en mouvement. Cela résulte de la grande profondeur de l'océan au large, qui est de l'ordre de 4 000 m. Il convient de noter que des vagues de hauteur monstrueuse, hautes de plus de trente mètres peuvent aussi se former dans les eaux du large lors d'ouragans. Cependant, dans un tel cas et à la différence des tsunamis, seules, les couches d'eau superficielles sont mises en mouvement.

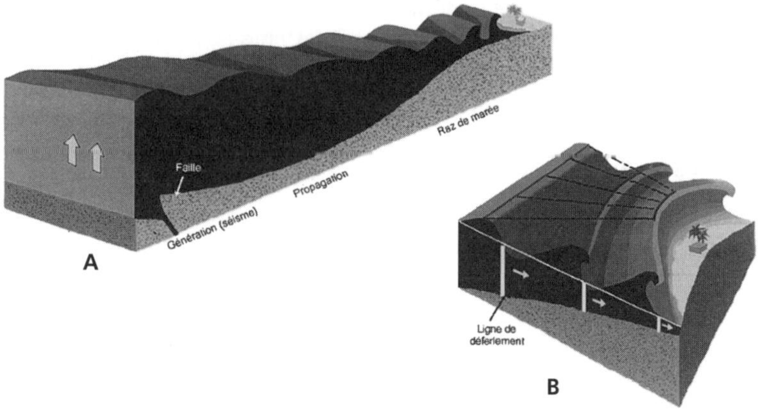

Figure 2.12 *(voir cahier couleurs)* Représentation schématique du mécanisme de formation d'un tsunami.

En **A)** la vague, à peine perceptible en haute mer, prend une ampleur considérable au fur à mesure que la profondeur décroît jusqu'à ce qu'elle atteigne la ligne de déferlement. En **B)** est représenté un cas assez fréquent où l'onde du tsunami entre en résonance avec le fond et/ou les rives de sorte que l'énergie de la vague est amplifiée par un « effet tunnel », ce qui augmente à la fois sa hauteur et l'intensité du courant. (D'après Gonzales *in* Ramade, *op. cit.*, 2002, p. 887, mais modifié.)

rugissement terrifiant, une énorme vague déferlante[1] qui se déplace à une vitesse de l'ordre de la centaine de kilomètres à l'heure, mais qui peut dépasser 200 kilomètres à l'heure selon la nature du relief sous-marin. Sur les côtes plates, une telle vague, en général de 1,5 à 3 mètres de haut pour les tsunamis les plus courants, peut atteindre des hauteurs monstrueuses.

Lors d'événements cataclysmiques, la hauteur de la vague peut approcher 40 mètres et aurait même atteint voire dépassé dans certains cas la centaine de mètres, au fond de profondes baies ou de certaines côtes escarpées et de contours tourmentés, par suite des phénomènes de résonance induits par les parois rocheuses des rivages qui peuvent amplifier l'oscillation. Enfin, à l'occasion de catastrophes géophysiques exceptionnelles, certains tsunamis peuvent être perceptibles à plus de 10 000 km de l'épicentre. Ce fut le cas par exemple en 1960 où un tremblement de terre ayant eu lieu au large du Chili dans la zone

1. Voir à ce sujet F. Ramade, « *Dictionnaire encyclopédique de l'Écologie et des Sciences de l'environnement* », Dunod Science, 2002, p. 900).

d'affrontement de la plaque de Nazca (plaque du Sud-Est Pacifique) avec la plaque Sud-américaine généra un tsunami colossal. Celui-ci mit 22 heures pour traverser cet océan et atteindre les côtes du Japon où il provoqua des dégâts considérables.

La partie du monde où ils sont les plus fréquents correspond aux rives occidentales de l'archipel nippon et, de façon plus générale, à celles du Pacifique, compte tenu de l'importante sismicité de sa « ceinture de feu »[1]. Au cours du XXe siècle, on y a dénombré au total quelque 796 événements de ce type dont 150 ont affecté le Japon soit en moyenne trois tsunamis tous les deux ans, dont 15 % d'entre eux, soit plus de deux par décennie, se sont avérés catastrophiques. Néanmoins d'importants tsunamis peuvent aussi survenir dans d'autres régions du globe : mer des Caraïbes, Méditerranée et océan Indien.

À l'intérieur des terres, l'étendue de la zone vulnérable aux tsunamis dépend bien évidemment du relief de la côte. Sur le pourtour de l'océan Pacifique, celle-ci est en moyenne de l'ordre du kilomètre par suite du relief accentué du littoral et de la quasi-absence de zones deltaïques, ou même d'importantes plaines côtières propres à cette région.

C'est pour cette même raison qu'à l'opposé les tsunamis les plus meurtriers ont toujours été observés non pas sur les rives de cet océan, malgré leur fréquence élevée, mais sur celles de la zone septentrionale de l'océan Indien, où existent de nombreuses côtes plates depuis l'Indonésie jusqu'aux rivages du Golfe du Bengale.

b) Importance des pertes humaines et des dommages causés par les raz-de-marée

Bien qu'il figure parmi les plus désastreux à l'échelle séculaire, il faut tout d'abord souligner que le tsunami du 26 décembre 2004 à Sumatra n'est ni le plus important raz-de-marée par son intensité – il s'en faut même de beaucoup – ni le plus catastrophique dans ses conséquences humaines, qui se soit jamais observé à l'échelle historique ni même dans les derniers siècles.

Si l'on remonte dans le temps, on constate en effet que sont survenus par le passé des tsunamis encore plus cataclysmiques par leur ampleur géophysique (hauteur des vagues et intensité du courant) que ce dernier, *a fortiori* par la mortalité dans les populations exposées et les pertes matérielles qu'ils ont entraînées, en des temps où les rivages affectés étaient pourtant beaucoup moins peuplés qu'à l'époque actuelle.

1. Ce terme fait allusion au chapelet continu de volcans actifs, lié aux zones de subduction, qui marque tout le pourtour de la plaque Pacifique.

Ainsi, un tsunami fit plus de 100 000 morts au Japon en 1703. Il faut aussi rappeler que dans la même région de l'océan Indien ravagée par le présent désastre, un tsunami colossal affecta en 1876 le golfe du Bengale, submergeant le delta du Gange, où il fit plus de 200 000 victimes ! Compte tenu des effectifs actuels des populations vivant dans les zones concernées, un phénomène de même intensité y aurait provoqué de nos jours une mortalité bien plus considérable, se comptant en millions de morts.

L'explosion du volcan Krakatoa, en 1883, généra un immense tsunami dont la vague paroxystique atteignit de 3 à 6 fois la hauteur de celle de la présente catastrophe et fit 38 000 morts. Comme la population de ces régions était alors selon la localité de 10 à 15 fois moins nombreuse qu'aujourd'hui, un même cataclysme aurait fait de nos jours de l'ordre d'un demi-million de victimes, compte tenu de l'effectif actuel vivant dans ces mêmes zones !

Plus près de nous, en novembre 1970, au Bangladesh, un cyclone d'une puissance exceptionnelle provoqua un raz-de-marée d'une violence telle qu'il causa la mort de plus de 300 000 personnes[1] – un cargo de 25 000 tonnes ayant alors été entraîné à plusieurs kilomètres à l'intérieur des terres!

Enfin, dans les années 1990, sur un total de 84 tsunamis observés, on a dénombré une dizaine d'événements désastreux qui ont causé la mort de plus de 4 000 personnes. Le plus violent fut celui de l'Île d'Okushiri au Japon (12 juillet 1993), avec une vague de 31 mètres de haut, mais qui atteint aussi, quoique moins intensément, les rivages voisins de l'Île d'Hokkaido ! Bien qu'il n'ait provoqué « que » 239 morts, une hécatombe qui aurait pu affecter des milliers de personnes fut évitée grâce au système d'alerte dont bénéficie ce pays, qui a permis à la plupart des habitants de se réfugier sur des hauteurs en temps utile. D'autres tsunamis désastreux des années 1990 excédaient aussi par leur hauteur de vague celui de Sumatra. Ainsi lors de celui de Flores (12 décembre 1992), la vague paroxystique atteignait 26 m de haut (plus de 1 000 morts). Lors de celui de Sissano en Nouvelle Guinée (17 juillet 1998), la vague dépassait 15 mètres et fit plus de 2 000 victimes sur une côte pourtant peu habitée.

c) Tsunami du 26 décembre 2004

Ce tsunami colossal par le volume d'eaux marines mis en mouvement a été déclenché par un séisme sous-marin de magnitude 9,3 sur l'échelle

1. *In* F. RAMADE, « *Les catastrophes écologiques* », McGraw Hill, Paris, 1986, p. 86 et suiv.

de Richter, l'un des plus intenses jamais mesuré, qui s'est produit à 7 h 05 du matin. Ce dernier survint à l'ouest de Sumatra, à environ 250 km au sud est de la ville de Banda Aceh. Il se classe au 3e rang en intensité des séismes survenus au cours du dernier siècle. Il a été provoqué par une rupture au niveau de la grande faille de Sumatra, laquelle est située sur la zone de subduction des plaques indo-australiennes qui s'enfoncent sous la plaque eurasienne à une vitesse de 5 à 6 cm par an (figure 2.13).

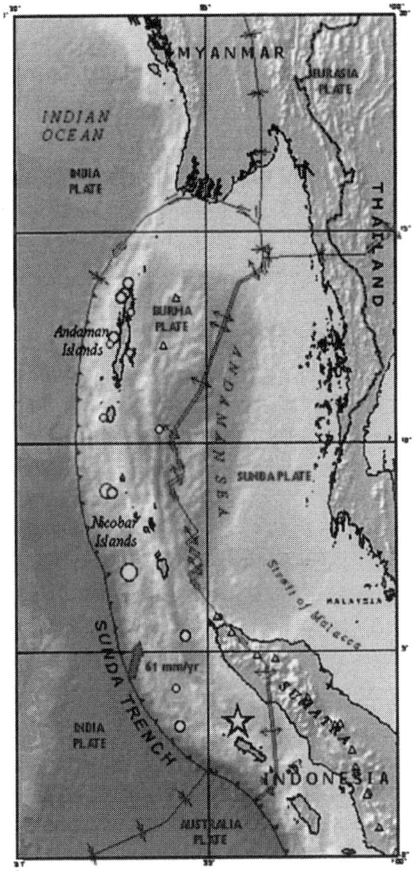

Figure 2.13 Carte tectonique de la zone de l'océan Indien concernée par le séisme survenu le 26/12/04 au Nord-Ouest de Sumatra (l'épicentre est figuré par une étoile).

(D'après Istituto Nationale di Geofisica e Vulcanologia, Rome, http//www.ingv.it/%7eroma/reti/rms/terremoti/estero/indonesia/indonesia.htm, 2004, 18/01/05.)

L'origine de ce séisme résulte d'une convergence oblique des plaques indienne et australienne qui se déplacent vers le Nord-Est à une vitesse de l'ordre de 5 à 6 cm/an (flèche). Elles provoquent ainsi une déformation significative de la microplaque de Burma « coincée » entre les plaques indo-australiennes, la plaque eurasienne et la microplaque de la Sonde.

En réalité la microplaque affectée est celle de Burma, très active, et soumise à d'intenses contraintes tectoniques car insérée dans cet ensemble, la même déjà en cause lors du tsunami de Flores, évoqué ci-dessus, fin 1992. Ainsi, cette dernière a joué sur plus de 1 000 km par rapport à la plaque indo-australienne et présenté un déplacement horizontal moyen de 15 à 20 m (jusqu'à 30 m dans les cas extrêmes) selon les localités, le décalage vertical ayant atteint une dizaine de mètres. Compte tenu de l'énergie qui a mis en mouvement la masse de roche concernée, on a pu estimer que le séisme a présenté une intensité 1 237 fois supérieure à celui de magnitude 7,1 qui détruisit Kobe le 17 janvier 1995, faisant alors 6 500 victimes ! Le mouvement qui a déplacé une surface de plancher océanique de quelque 40 000 km^2 a généré un immense tsunami, avec des vagues de 5 à 10 m de hauteur (figure 2.14, page II, cahier couleur). Celles-ci ont parfois pu localement atteindre 12 m et très exceptionnellement une quinzaine de mètres voire au-delà, dans des zones côtières très indentées et au relief tourmenté.

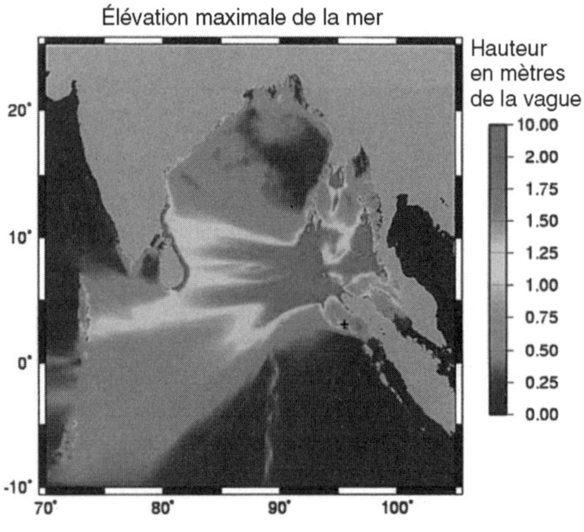

Figure 2.14 *(voir cahier couleurs)* Carte de la hauteur maximale de la vague du tsunami du 26 décembre 2004 dans l'océan Indien (la croix noire figure l'emplacement de l'épicentre du séisme). (D'après NOAA, 2004.)

En conséquence, celui-ci se range au premier rang au cours du dernier demi-siècle par le nombre de pays riverains – une dizaine au total – affectés par un même tsunami dans cet océan. La vague s'est déplacée à une vitesse de l'ordre de 700 km/h, les côtes de Ceylan ayant été ravagées par celle-ci 2 h 20 après le séisme. Elle a atteint 8 heures plus tard la côte somalienne à 5 500 km de là où elle a provoqué plus de 200 morts.

Les évaluations seront toujours entachées d'une imprécision liée à la faiblesse des administrations des pays concernés, mais il est estimé, compte tenu des disparus, que le nombre total de victimes a atteint les 230 000 dont plus de 160 000 à Sumatra.

En outre, on comptait toujours en fin 2005 plus de 4 millions de réfugiés qui avaient tout perdu, et les dommages aux biens des particuliers et aux bâtiments collectifs ont été estimés de l'ordre de 10 milliards d'euros.

2.4.2 Rôle de l'homme dans l'impact environnemental des raz-de-marée

Parmi les facteurs anthropiques qui amplifient l'impact de ce type de cataclysme géophysique, l'explosion démographique humaine et le sous-développement corrélatif qui lui est associé, figurent au tout premier rang, à l'image de leur rôle dans la plupart des autres catastrophes écologiques.

Les conséquences humaines du récent désastre ont été accrues par le fait que les populations misérables des pays concernés révèlent une tendance de plus en plus marquée à s'agglomérer sur le littoral, là où – toutes choses égales par ailleurs – les ressources naturelles sont plus abondantes. En outre, dans la plupart de ces pays, cette attraction des régions côtières a été amplifiée par les possibilités croissantes d'emploi dues au tourisme balnéaire international.

Enfin, on ne peut éluder la responsabilité directe de l'homme, sinon dans la genèse, du moins dans l'ampleur de ce type de catastrophe écologique. Celle-ci résulte de la dégradation – voire parfois même la destruction complète – des habitats littoraux tant terrestres que marins par les populations riveraines[1].

De nombreux arguments montrent que les écosystèmes récifaux peuvent provoquer une importante atténuation de l'énergie des tsunamis.

1. On ne saurait dédouaner pour autant les États concernés, en dehors de l'irresponsabilité individuelle propre aux habitants des zones littorales affectées par les raz-de-marée – et les cyclones – dans l'utilisation des ressources naturelles côtières et marines. L'absence de respect des conventions internationales et des législations nationales, relatives à la protection des forêts ou à celles de l'environnement marin et, de façon plus générale, la mal gouvernance notoire de nombreuses nations de la zone affectée, Indonésie en particulier, ont joué un rôle incontestable dans les dimensions humaines du présent désastre.

Des travaux encore récents ont montré que les grandes colonies de madrépores bâtisseurs de récifs telles celles de *Pocilopora* ou de *Porites* sont d'un âge atteignant le millénaire. On imagine le nombre de raz-de-marée auxquels elles ont survécu et en conséquence la considérable résistance qu'elles opposent à la puissance colossale des masses d'eau profondes ainsi mises en mouvement. Il a été démontré que des platiers récifaux en bonne santé exercent un effet de freinage considérable sur les vagues. Il en est de même des mangroves tropicales qui s'étendent sur une largeur atteignant plusieurs kilomètres sur de nombreuses côtes plates, avec des palétuviers (figure 2.15, page III, cahier couleur) et autres grands arbres (*Sonneretia* par exemple) qui peuvent dépasser 30 mètres de hauteur. On peut imaginer l'atténuation de l'énergie des vagues et le ralentissement de la montée des eaux que provoque une telle biomasse végétale.

Figure 2.15 *(voir cahier couleurs)* Mangrove non dégradée sur le littoral en bordure du parc national de Kakadu à l'est de Darwin (territoire du Nord, Australie).

On imagine la résistance qu'oppose, même à d'importants tsunamis, et le ralentissement de l'avancée des vagues qu'exerce en l'absence de dégradation anthropique cette bande forestière amphibie dont la largeur excède souvent le kilomètre. (Cliché F Ramade.)

Malheureusement, les récifs coralliens et les mangroves de la grande majorité des régions de l'Asie méridionale affectées par le présent cataclysme sont aujourd'hui dans un état de dégradation toujours significatif, parfois même préoccupant[1].

La destruction des récifs coralliens résulte de multiples causes qui conjuguent leur action. La pratique de la capture des poissons récifaux à l'explosif ou pis encore au cyanure, provoque la mort des madrépores bâtisseurs de récifs.

Que dire alors de la destruction directe des récifs frangeants, parfois même des platiers de certains atolls, par l'édification d'hôtels, de marinas, voire de ports, ou encore par le prélèvement à l'aide de dragues de sable corallien qui sert de matériau de construction ?

À cela s'ajoutent diverses causes indirectes. Certaines d'entre elles sont liées aux activités agricoles qui provoquent une désastreuse sédimentation *via* les apports telluriques dus à l'érosion des sols dans les terres cultivées littorales ou encore à ceux de pesticides par le ruissellement et par l'écoulement des eaux d'irrigation des rizières.

Une autre cause importante de dégradation des récifs frangeants résulte du rejet d'eaux usées par suite de l'absence de système d'assainissement des agglomérations et des installations touristiques côtières dans les localités où celles-ci ont été implantées en date souvent récente – parfois de leur pollution chimique due à des rejets industriels.

La dégradation des mangroves atteint dans ces mêmes régions une extension comparable voire souvent supérieure à celle des écosystèmes récifaux.

En sus des mêmes causes de dégradation que celle des récifs coralliens liées à l'urbanisation du littoral s'ajoute la coupe des arbres de ces forêts amphibies afin d'obtenir des matériaux de construction. En outre, les palétuviers produisent un excellent charbon de bois dans des régions où ce dernier constitue l'unique source d'énergie domestique (figure 2.16, page III, cahier couleur).

Une autre cause plus récente de destruction des mangroves et qui a pris des proportions considérables depuis plusieurs années tient en leur éradication pour l'établissement de rizières ou de lagunes artificielles destinées au développement de l'aquaculture en zone littorale. Ces dernières, qui ont surtout pour objet l'élevage de crevettes Pénéides (vulgairement dénommées gambas), en particulier de *Penaeus monodon*, ont connu une expansion anarchique sur tout le pourtour de l'océan Indien depuis Madagascar jusqu'en Indonésie au cours des toutes dernières décennies.

1. Les chercheurs travaillant dans le cadre de l'ICRI (*International Coral Reefs Initiative*) ont montré que 70 % de la surface totale des écosystèmes récifaux de la planète étaient menacés de disparition au cours des prochaines décennies si aucun terme n'était mis aux diverses dégradations de ces derniers liées à l'action humaine.

Figure 2.16 *(voir cahier couleurs)* Mangrove dégradée à Madagascar au nord de Tuléar, près d'Ifaty. (Cliché F. Ramade.)

Enfin, l'urbanisation du littoral, à la fois pour loger des populations autochtones sans cesse accrues et par la construction d'aménagements touristiques internationaux a conduit à l'éradication quasi totale des boisements riverains côtiers[1] qui s'étagent depuis la limite supérieure de l'étage supralittoral jusqu'aux formations forestières climaciques de l'intérieur des terres[2].

Il existe en effet sur les côtes plates de toutes les zones tropicales du globe tant dans l'Ancien que dans le Nouveau Monde une forêt littorale, qui représente un type d'écosystème dont il n'existe pas d'homologue sur les côtes des mers tempérées. Ce dernier croît sur des sables ou des

1. À titre d'exemple, la destruction de tels boisements côtiers dans l'ensemble de la région Caraïbe, qui constituent l'habitat auquel est inféodé l'iguane des Antilles (*Iguana delicatissima*), due en particulier à la construction d'infrastructures hôtelières en bordure des plages, représente la cause majeure de la disparition de cette espèce, dont la principale population relique est inféodée à la réserve Naturelle de Petite Terre, en Guadeloupe.

2. Nous rappellerons à ce sujet que depuis des décennies, diverses organisations non gouvernementales de protection de la nature dont la SNPN demandent que les aménagements liés au développement touristique soient effectués à au moins 2 km à l'intérieur des terres… Combien de vies auraient été sauvées – sans omettre la conservation des écosystèmes terrestres côtiers qu'elle aurait assurée – si l'urbanisation liée au développement du tourisme en Thaïlande ou à Ceylan avait respecté une telle règle ?

sols constitués de sédiments meubles ayant toujours une certaine salinité. Il comporte comme espèces dominantes dans l'Ancien Monde des *Casuarina*, des Pandanacées, divers palmiers (Aracacées) et diverses autres espèces arborescentes d'Angiospermes. Dans le Nouveau Monde, d'autres espèces qui en sont l'équivalent écologique constituent les peuplements ligneux de ces forêts littorales; l'une d'entre elle, très fréquente dans les forêts littorales de la Caraïbe, est le raisinier bord de mer (figure 2.17, page III, cahier couleur).

Figure 2.17 *(voir cahier couleurs)* Forêts littorales sur les rives de la réserve naturelle de Petite Terre (Guadeloupe). Les arbres sont des raisiniers bord de mer (*Coccoloba uvifera*, Polygonacées). (Cliché F. Ramade.)

L'étude de la répartition des dommages causés par le tsunami de Sumatra a montré que dans les divers pays affectés, les rivages de l'océan où le nombre de victimes avait été le plus faible voire même parfois inexistant étaient ceux dont les mangroves et les forêts littorales avaient été bien préservées. Cela confirme à la fois le rôle protecteur de la végétation contre la vague déferlante des tsunamis et à l'opposé l'accroissement énorme des risques associés à leur dégradation (48).

2.5 CYCLONES ET OURAGANS

Ces phénomènes ne peuvent être classés comme catastrophes géophysiques puisqu'ils sont de nature météorologique et sont à ce titre traités dans le chapitre suivant (chapitre 3, p. 83). Cependant, une de leurs conséquences les plus désastreuses par le nombre de victimes qu'elle provoque tient en ce qu'ils submergent les zones littorales et/ou deltaïques par des raz-de-marée dévastateurs. C'est d'ailleurs le long des côtes que les cyclones et autres tempêtes – lesquelles comptent parmi les pires des catastrophes naturelles – causent la majorité de leurs victimes et des dommages économiques.

En effet, les vents violents propres aux phénomènes cycloniques provoquent une hausse importante du niveau de la mer qui va submerger, parfois à des centaines de kilomètres à l'intérieur, les basses terres côtières[1] par suite des effets simultanés de la dépression et de vents soufflant parfois à plusieurs centaines de $km \cdot h^{-1}$. En outre, les vents, quand les autres conditions concourent, vont générer d'immenses vagues déferlantes à l'origine de raz-de-marée cataclysmiques.

La conjonction de la hausse du niveau de la mer et du raz-de-marée peut amener des navires de fort tonnage à plusieurs dizaines de kilomètres à l'intérieur des terres. Cela s'est par exemple observé au Bangladesh en novembre 1970 lors du passage d'un cyclone d'intensité exceptionnelle qui généra un raz-de-marée gigantesque qui fit plus de 300 000 morts ! En date moins éloignée, un autre cyclone provoqua en mai 1985 l'envahissement de tout le delta du Gange par les eaux marines jusqu'à Dacca, la capitale de ce pays. Une lame gigantesque de plus de quinze mètres de haut submergea la partie inférieure du delta provoquant la mort de plus de 20 000 personnes et sinistrant près de 10 millions d'entre elles.

1. Ainsi, au Bangladesh, où le système deltaïque le plus vaste du monde, constitué par un hydrosystème complexe dû à la conjonction de trois grands fleuves: le Gange, le Brahmapoutre et l'Irrawaddy, ne dépasse en aucun point trois mètres au-dessus de la mer, de violents raz-de-marée ont recouvert par les eaux à plusieurs reprises tout ce delta jusqu'à Dacca, la capitale, située pourtant à 350 km de la côte la plus proche, dont de nombreux quartiers furent inondés !

Chapitre 3

Catastrophes météorologiques

Les dommages provoqués par les tempêtes, les cyclones (= ouragans tropicaux) et les inondations ont connu au cours des dernières décennies une inquiétante ascension. Certes, une polémique subsiste sur la réalité d'un accroissement de leur fréquence, en particulier pour les cyclones (8) et – même si cette augmentation de leur incidence semble démontrée – sur le rôle de l'homme dans celle-ci, divers climatologues l'attribuant à une cyclicité naturelle (144). En revanche, plus encore que pour les catastrophes géophysiques, une analyse approfondie des mécanismes à l'origine de leur impact économique et écologique montre que l'action intempestive de l'homme sur son environnement est en grande partie, voire entièrement, à l'origine de ces dommages.

3.1 CYCLONES ET OURAGANS TEMPÉRÉS

Un premier type de ces désastres naturels est constitué par les cyclones tropicaux, les violentes tempêtes (dénommées aussi ouragans, et affectant des régions tempérées[1]) et les tornades, tous caractérisés par des vents d'une violence exceptionnelle. Bien que les phénomènes atmosphériques

1. Un exemple encore récent d'ouragans propres aux régions tempérées a été donné par les tempêtes Lothar et Martin, accompagnées de tornades, qui ravagèrent l'Europe occidentale moyenne les 26 et 27 décembre 1999.

qui les engendrent soient d'une telle dimension physique qu'ils échappent dans leur genèse à toute action humaine, les dégâts et la mortalité causés par ces météores sont singulièrement aggravés par la déforestation, par une mauvaise gestion des boisements ou par une conception et/ou une construction inadéquate des bâtiments.

3.1.1 Mécanismes de formation des perturbations atmosphériques et nature des cyclones

Les ouragans des latitudes tempérées et les cyclones tropicaux se forment à l'occasion de perturbations atmosphériques exceptionnelles qui creusent des dépressions pouvant tomber au-dessous de 880 hPs dans des cas extrêmes.

Les perturbations atmosphériques sont à l'origine des dépressions, systèmes cycloniques complexes se déplaçant de l'ouest vers l'est dans l'hémisphère boréal et de l'est vers l'ouest dans l'hémisphère austral. Les dépressions tempérées prennent naissance par suite d'une instabilité de la partie supérieure de l'atmosphère au niveau des *jet-streams*. La **dépression** résulte d'une perturbation atmosphérique due à l'apparition d'une onde cyclonique qui, par suite de diverses raisons, en particulier d'une décharge plus puissante de l'air polaire, va perturber l'écoulement des masses d'air.

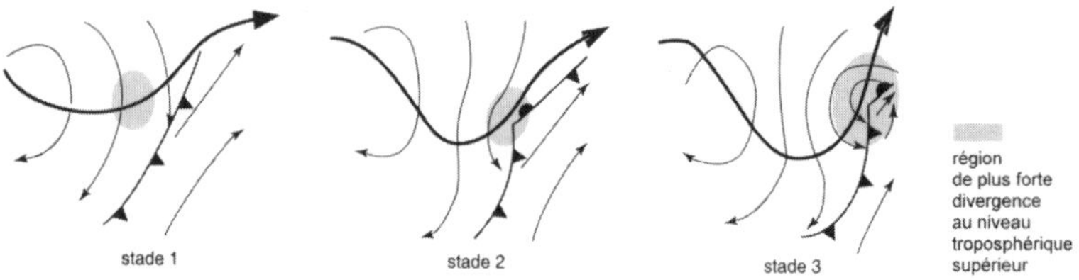

Figure 3.1 Processus dynamiques à l'origine des perturbations atmosphériques tels qu'ils se déroulent à la partie supérieure de la troposphère.

Initialement se génère une onde cyclonique qui provoque la formation des fronts chauds et froids et d'une dépression atmosphérique. La flèche épaisse indique la direction de déplacement de l'onde et les flèches fines celle des vents. (*In* Ramade, 2002, *op. cit.*, p. 343.)

Les masses d'air chaud et froid vont amorcer un mouvement tourbillonnaire (cyclone extratropical) dont le résultat va être d'amplifier la progression de l'air froid vers les basses latitudes et la remontée des masses d'air chaud vers les régions polaires. Au fur et à mesure que le phénomène cyclonique s'accroît, une dépression se creuse à la crête de l'ondulation du « front polaire » avec formation d'un *front froid* dans la partie où les masses d'air froid avancent en direction de l'air chaud et d'un *front chaud* là où se produit le déplacement inverse.

En un lieu donné, le passage de ces fronts est caractérisé par la succession de formations nuageuses caractéristiques et l'occurrence alternative d'épisodes de précipitations et de ciel plus ou moins découvert. Lorsque le front froid finit par rattraper le front chaud, il se produit un front occlus dans lequel l'air chaud est rejeté en altitude ce qui produit la dégénérescence de la dépression et qui s'accompagne de fortes précipitations voire de pluies diluviennes.

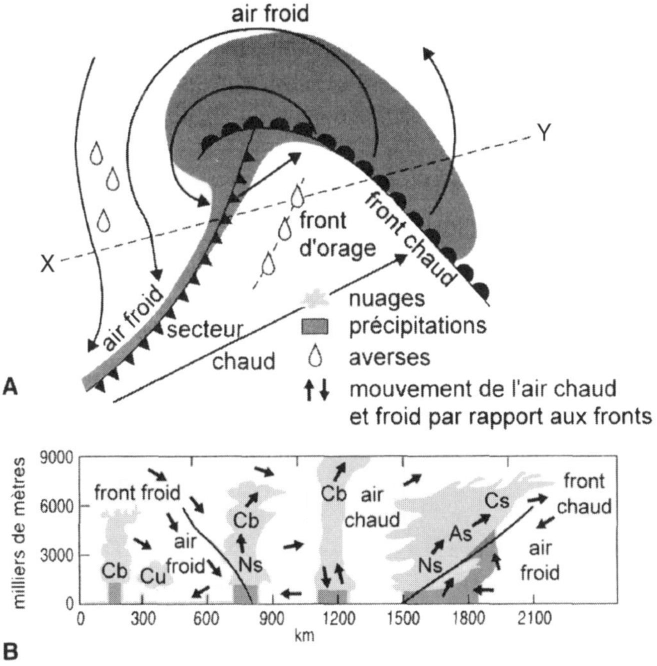

Figure 3.2 Schéma d'une perturbation atmosphérique se traduisant par le passage d'une dépression et des formations nuageuses associées aux fronts marqués par des précipitations qui caractérisent son passage.

A) Carte météorologique à la surface du sol. **B)** Section verticale selon la ligne XY dans le diagramme A. Cs = cirrostratus, As = altostratus, Ns = nimbostratus, Cb = cumulonimbus. (D'après Parker *et al.*, *op. cit.*, *in* Ramade, 2002, p. 595.)

Les dépressions constituent au sens large des systèmes de circulation atmosphérique cycloniques dans lesquels le sens de rotation du vent autour de la verticale locale est le même que celui de la Terre. Ainsi, les dépressions tournent dans le sens inverse des aiguilles d'une montre dans l'hémisphère Nord et dans le sens direct dans l'hémisphère Sud.

En météorologie, le terme de cyclone pris au sens restreint est réservé aux systèmes de circulation atmosphérique dont la dimension est de

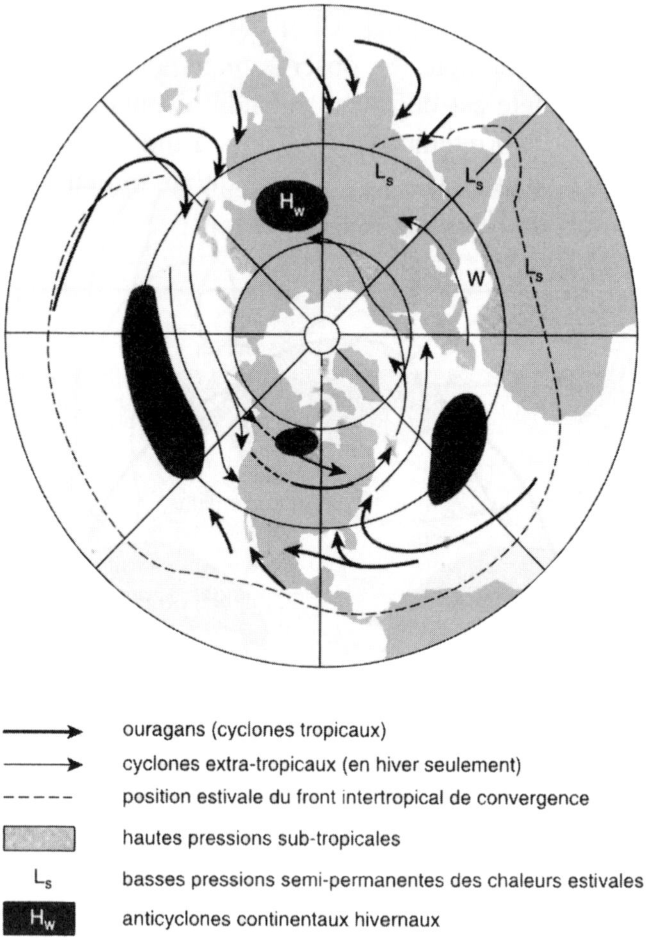

Figure 3.3 Schéma montrant les zones de genèse et les trajectoires générales propres à la circulation des cyclones tropicaux et des dépressions cycloniques extratropicales dans l'hémisphère boréal. (*In* Ramade, 2002, *op. cit.*, p. 192.)

l'ordre de la centaine ou de quelques centaines de kilomètres pour les cyclones tropicaux et du millier de kilomètres voire au-delà pour les cyclones extratropicaux.

Les cyclones tropicaux – et de façon générale tous les cyclones – prennent naissance dans des zones déterminées et se déplacent selon des trajectoires bien définies dans chacun des hémisphères (figure 3.3). Les phénomènes dépressionnaires qui intéressent l'Europe prennent naissance dans l'Atlantique du Nord-Est et durent de 3 jours à une semaine.

Bien que les processus initiaux qui génèrent les perturbations atmosphériques soient les mêmes pour les cyclones tropicaux, ces derniers tirent leur énergie colossale du transfert de quantités phénoménales de chaleur contenue dans la vapeur d'eau qui s'évapore de la surface des mers chaudes et de la chaleur latente de condensation de cette dernière due aux précipitations dans les cumulus d'orage.

Les cyclones tropicaux sont des phénomènes météorologiques caractérisés par une gigantesque dépression prenant naissance au-dessus des mers tropicales, où la vapeur d'eau se forme en abondance. Ils peuvent développer des vortex monstrueux (figure 3.4, page IV, cahier

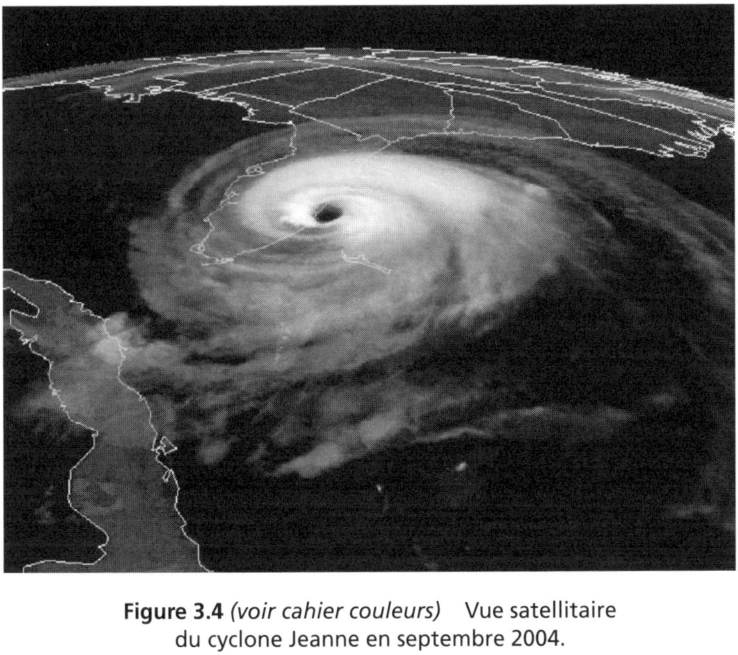

Figure 3.4 *(voir cahier couleurs)* Vue satellitaire du cyclone Jeanne en septembre 2004.

Le vortex s'étend du littoral Nord de Cuba, jusqu'au Nord de la Floride soit sur plus de 500 km. (Cliché NOAA.)

TABLEAU 3.1 ÉCHELLE DE MESURE DE L'INTENSITÉ DES CYCLONES DE SAFFIR-SIMPSON.

Catégorie	Pression atmosphérique* (en HPa)	Vitesse des vents (en $km \cdot h^{-1}$)	Levée de la mer (en mètres)	Dommages observés
1	≥ 980	119 - 153	1,5	Dommages aux arbres, aux pépinières et aux caravanes non fixées
2	965 - 979	154 - 177	2 - 2,5	Dommages aux toits des immeubles, aux caravanes, arbres déracinés
3	945 - 964	178 - 209	2,5 - 4	Destruction des caravanes, arrachage de grands arbres
4	920 - 944	210 - 249	4 - 5,5	Inondation des étages inférieurs des immeubles et autres structures près de la mer
5	< 920	> 250**	5,5	Dommages importants aux habitations et aux locaux industriels, inondation des bâtiments à 500 m du rivage et à moins de 4 m de haut.

* Mesurée dans l'« œil » du cyclone.

** Des vitesses ≥ 320 $km \cdot h^{-1}$ ont été observées lors de cyclone de catégorie 5.

couleur), atteignant 500 kilomètres de diamètre, qui présentent un considérable gradient barométrique et sont marqués sur leur périphérie par des vents extrêmement violents. Ces redoutables ouragans tropicaux provoquent de ce fait des destructions considérables sur leur passage.

L'intensité des cyclones est mesurée par l'échelle de Saffir-Simpson qui distingue 5 catégories (tableau 3.1).

Un cyclone devient intense et commence à faire des dommages économiques importants à partir de la catégorie 3, dont les vitesses des vents dépassent les 180 $km \cdot h^{-1}$.

3.1.2 Dommages provoqués par les ouragans

Les dommages générés par les ouragans tempérés et les cyclones tropicaux sont de deux sortes. Les premiers, spécifiques, dus aux vents violents, tiennent dans les dommages causés aux habitats naturels et aux biens matériels des populations exposées. Les seconds résultent des raz-de-marée, ou à tout le moins des inondations des zones littorales, provoqués par la dépression barométrique qui génère une élévation du niveau de la mer ainsi que par les vents violents quand ils soufflent en direction des côtes, contribuant ainsi à cette élévation et générant d'énormes vagues déferlantes.

Il est notoire que les dommages et les victimes dus aux ouragans sont dus aux vents extrêmes qui les caractérisent. Les effets de ces derniers sont complexes et multiples. La surpression, pouvant largement excéder 0,25 $kg \cdot cm^{-2}$, qu'ils exercent sur les structures bâties[1], provoque l'arrachage des toits, la rupture de fenêtres et de baies vitrées, l'écroulement de maisons individuelles construites en bois ou en matériau légers et même l'effondrement de ponts et autres ouvrages d'art soumis à des contraintes latérales excessives.

Ainsi, les 26 et 27 décembre 1999, lors du passage à 12 heures d'intervalle des ouragans Lothar et Martin, les vitesses maximales instantanées des vents en France dépassaient partout les 140 $km \cdot h^{-1}$ (11) avec en diverses localités des pointes[2] au-delà de 200 $km \cdot h^{-1}$. Ces ouragans résultèrent d'une exceptionnelle descente à de basses altitudes et latitudes du jet-stream boréal, combinée à une accélération de ce dernier qui atteint la vitesse record de 529 $km \cdot h^{-1}$ le 27 décembre ! Ils affectèrent l'un et l'autre notre pays sur une bande de 400 km de largeur, le premier sur une transversale Brest-Strasbourg, le second dans l'axe La Rochelle-Annecy. Après avoir traversé la France, ils ravagèrent l'Allemagne, causant en particulier des dommages considérables aux forêts de ce pays. Si l'on eut à déplorer un bilan des victimes humaines relativement faible eu égard aux dimensions catastrophiques de ces ouragans (avec toutefois près de cent morts et quelques centaines de blessés dans notre pays), ils causèrent en revanche des dommages économiques calamiteux aux immeubles et aux forêts. Plus de 45 milliards de francs furent dépensés au total par les Compagnies d'Assurance, en grande majorité pour la réparation des dégâts causés aux habitations et aux bâtiments des collectivités.

Lors du passage de cyclones tropicaux, les vitesses du vent sont bien plus considérables et peuvent devenir cataclysmiques, excédant en vitesse

1. Cette valeur excède par exemple nettement la limite de résistance au vent des pylônes des lignes électriques THT. Un vent de 255 $km \cdot h^{-1}$ exerce une surpression de 0,35 $kg \cdot cm^{-2}$ suffisante pour faire écrouler des murs de construction légère, en briques ou en bois en particulier.
2. Le record fut atteint par l'anémomètre de la Tour Eiffel avec 216 $km \cdot h^{-1}$ avant que ses pâles ne fussent arrachées par le vent.

Figure 3.5 *(voir cahier couleurs)* Vue du passage du cyclone « Erika » sur Nouméa le 14/03/03.

Les vents ont dépassé par endroits les 300 km · h^{-1}, provoquant entre autres choses la destruction de la ferme d'éoliennes implantées sur des crêtes au sud de cette agglomération. (Cliché F. Ramade.)

instantanée les 300 km · h^{-1} (figure 3.5, page IV, cahier couleur) et pouvant même atteindre dans quelques cas extrêmes les 350 km/h !

En réalité, les cyclones « tropicaux » peuvent exercer leurs ravages bien au-delà des tropiques, en particulier dans le Sud-Est des États-Unis à la fois sur les côtes riveraines du Golfe du Mexique ainsi que sur les rives de l'Atlantique affectant parfois des zones allant au-delà de la Caroline du Nord jusqu'à des latitudes dépassant les 35° N !

En 1970, l'ouragan tropical Camilla, qui dévasta les côtes du Mississippi, causa 1,5 milliard de dollars de dommages et fit périr 250 personnes malgré l'alerte précoce. Ce fut le début d'une longue série de cyclones dont les dommages sont allés en s'accroissant, qui affectent avec régularité ces régions des États-Unis depuis plus de trois décennies. Ainsi, les dommages causés par le récent cyclone Katrina qui a ravagé le Sud des États-Unis, plus particulièrement la Louisiane et le Mississippi le 27 août 2005, ont battu tous les records car le montant de ces dommages était estimé à 125 milliards de dollars en janvier 2006 !

Aux dommages directs des cyclones résultant de l'impact des vents violents s'ajoutent ceux causés par les eaux, lesquels sont responsables de la majorité des pertes en vies humaines causées par leur passage. Ces dernières résultent de deux causes distinctes : d'une part la submersion des zones littorales due à la montée des eaux, voire aux raz-de-marée générés par ces ouragans[1], et d'autre part les inondations dues aux pluies diluviennes propres aux phénomènes cycloniques, et aux éboulements de terrains qu'elles provoquent.

Ainsi, la plupart des victimes du cyclone Katrina[2], à la Nouvelle-Orléans, ont péri à la suite des graves inondations générées par les pluies qui accompagnèrent cet ouragan, aggravées par la rupture des digues du lac Pontchartrain, gonflé par les eaux, leur niveau ayant atteint jusqu'à 9 mètres dans certains quartiers inondés !

L'impact des cyclones tropicaux est particulièrement redoutable dans les zones agricoles. Ainsi, le cyclone Allen détruisit en 1979 dans l'archipel des Petites Antilles la quasi-totalité des plantations de bananiers des îles Sainte Lucie et Saint Vincent et les trois quarts de celles de Dominique et de Martinique. Le cyclone Hugo, en septembre 1989, fit de même pour celles de la Guadeloupe. En date récente, le cyclone Stan, en octobre 2005, a ravagé la totalité des cultures de maïs du Guatemala, faisant planer le risque de disette sur les populations rurales misérables qui constituent la majorité des habitants de ce pays.

Comme pour les autres catastrophes naturelles, le sous-développement accroît beaucoup la vulnérabilité des populations aux cyclones. Ainsi, alors qu'en 1974 l'ouragan Fifi provoqua la mort de six mille personnes au Honduras, le cyclone Tracy, d'intensité comparable qui affecta la même année Darwin dans le nord de l'Australie ne fit que quarante-neuf victimes.

Un exemple récent a démontré à nouveau cette vulnérabilité aux désastres naturels des populations misérables : le passage du cyclone Jeanne qui ravagea l'île d'Hispaniola le 21 septembre 2004. Ce dernier fit plus de 2 000 morts à Haïti, pays d'un sous-développement profond[3],

1. Voir le chapitre précédent pages 87.
2. En janvier 2006, on comptait officiellement quelque 1 320 victimes recensées en Louisiane, surtout à la Nouvelle Orléans, et dans le Mississippi les États affectés par le passage du cyclone (en réalité les pertes humaines approchaient officieusement les 1 500 en comptant des disparus et des corps non encore identifiés).
3. Selon les Nations unies mais très probablement plus selon certaines sources locales.

surtout dans la région de Gonaïve, alors que l'on en dénombra seulement 24 en république dominicaine, qui occupe la partie orientale de la même île, tout autant affectée par le passage de ce cyclone, mais dont le niveau de gouvernance et de développement humain est bien supérieur à celui de sa voisine.

Au plan écologique, les ouragans extratropicaux et les cyclones causent souvent des dommages significatifs aux écosystèmes forestiers naturels. Toutefois, les écologues considèrent actuellement que les chablis provoqués par leur passage constituent un processus naturel majeur de régénération des forêts primaires tropicales.

Un des aspects les plus inquiétants tient en ce que l'intensité et la fréquence des cyclones ont considérablement augmenté depuis le début de la dernière décennie. À cet égard, l'année 2005 a été celle de tous les records en particulier dans le golfe du Mexique et la mer des Caraïbes, où l'on dénombra au total quelque 26 tempêtes tropicales dont 13 cyclones. Pour la première fois depuis le début de la nomenclature des cyclones en 1953, on a dû recourir aux lettres grecques car l'alphabet romain avait été épuisé. Sept de ces cyclones atteignirent ou dépassèrent le niveau 3 sur l'échelle de Saffir-Simpson, dont trois, Katrina, Wilma et Rita, classés en catégorie 5, figurent parmi les plus violents jamais observés (144).

Les dommages causés par Katrina, le plus destructeur de ces cyclones, ont avec quelque 125 milliards de dollars (estimation de janvier 2006), nettement dépassé le « record » précédent en ce domaine, établi par le cyclone Andrew en août 1993. Ce dernier, de même niveau, avait ravagé la Floride où il détruisit 80 000 habitations et plusieurs milliers de locaux industriels (78), le montant des sinistres aux biens et aux personnes ayant atteint quelque 80 milliards de dollars (85).

3.1.3 Tornades

Les tornades (encore dénommées trombes lorsqu'elles se forment en mer) sont des phénomènes météorologiques localisés qui prennent naissance à la base d'un énorme cumulonimbus (figure 3.6).

Au fur et à mesure qu'elle se développe, la tornade aspire poussières et débris au sol, ce qui confère à la colonne une teinte noirâtre. En son centre, les vents excèdent 500 $km \cdot h^{-1}$. Cela explique leur considérable pouvoir destructeur.

Les tornades sont généralement d'un diamètre de quelques dizaines de mètres et ne parcourent que quelques kilomètres. Cependant certaines d'entre elles peuvent atteindre des dimensions considérables, excédant le kilomètre de diamètre, et peuvent se déplacer sur plus de 300 kilomètres.

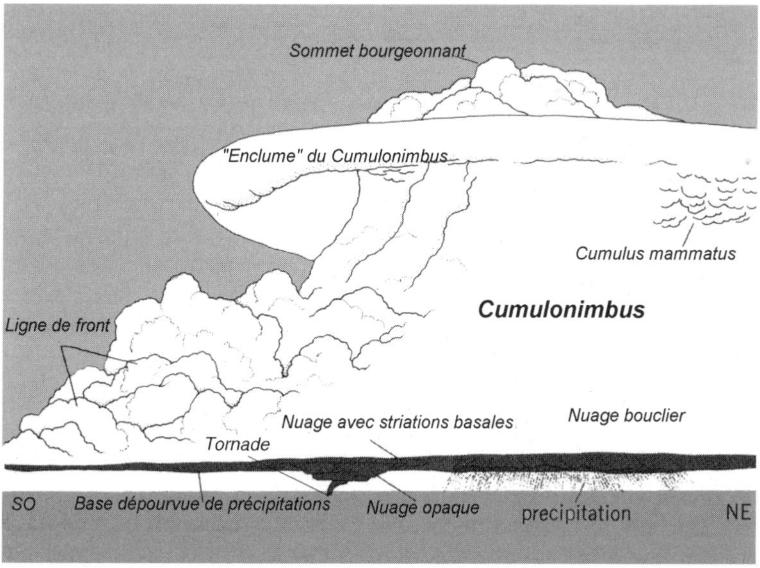

Figure 3.6 Vue d'un cumulonimbus typique générateur de tornades figuré dans une direction se déplaçant du sud-ouest au nord-est (l'échelle horizontale est comprimée afin de pouvoir figurer l'ensemble des stades car toutes les phases ne peuvent être observées simultanément d'un même point. (D'après NOAA *in* Parker *op. cit.*, p. 189, mais modifié).

Leur fréquence est plus particulièrement élevée lors du passage d'importantes perturbations orageuses et *a fortiori* lors de cyclones, auxquels elles sont souvent associées. De la sorte, entre les 3 et 4 avril 1974, lors du passage d'un cyclone, on dénombra environ cent cinquante tornades qui ravagèrent les États du Sud-Est et du Middle West des États-Unis faisant en 24 heures plus de 300 morts et détruisant plus de vingt mille habitations. Dans l'État de l'Ohio, une seule tornade fit alors 32 victimes et détruisit deux mille quatre cents maisons !

3.2 INONDATIONS

Plus encore que les événements désastreux précédemment évoqués, on a constaté un spectaculaire accroissement de la fréquence et de l'étendue des inondations au cours des quatre dernières décennies et cela à une échelle planétaire ! Elles constituent de ce fait la catégorie de désastres naturels dont l'impact a connu la plus inquiétante croissance. À l'échelle mondiale, il est estimé qu'en moyenne annuelle plus de 500 millions de personnes sont affectées par des inondations dont 400 millions en Asie, et qu'elles provoquent plus de 25 000 morts par an. Il est estimé qu'en 2050, quelque 2,5 milliards de personnes seraient vulnérables à des crues catastrophiques compte tenu de la conjonction de la croissance démographique dans les territoires inondables, des changements climatiques, de la hausse du niveau des mers et de la déforestation (43).

On en vient donc à s'interroger sur la nature des processus qui sont à l'origine de ces phénomènes.

3.2.1 Causes des inondations

Les inondations sont en premier lieu provoquées par le débordement des cours d'eau lors de crues survenant dans une période de pluies exceptionnelles. Toutefois, elles peuvent aussi résulter de grandes marées ou de conditions météorologiques qui élèvent le niveau de la mer empêchant de ce fait au niveau des estuaires l'évacuation des eaux fluviales vers le large. Enfin, en de rares occasions dues à des causes variées, naturelles ou accidentelles, elles peuvent être provoquées par la rupture d'un barrage ou le débordement de sa retenue.

Les inondations proviennent essentiellement d'une cause naturelle : l'existence d'une ou de plusieurs périodes annuelles de fortes précipitations qui saturent les possibilités d'infiltration du bassin versant.

Le régime des précipitations variant selon les climats, certains fleuves ont des crues hivernales, d'autres équinoxiales. Enfin, il existe des cours d'eau alimentés essentiellement par l'eau de fonte des glaciers qui peuvent présenter des crues en début de période estivale.

Dans les conditions normales, les fleuves en crue occupent leur lit majeur creusé dans la plaine d'inondation. Dans de nombreux pays, les dommages qui en résultent tiennent en ce que les pouvoirs publics, faisant preuve d'une amnésie – et d'une irresponsabilité – étonnante ont autorisé la construction d'habitations dans ce dernier alors que la simple prise en considération des crues décennales aurait mis en évidence l'inanité de telles pratiques…

a) Rôle des facteurs climatiques

Parmi les divers processus climatiques qui régissent les climats à l'échelle globale, le phénomène d'El Niño[1] est souvent associé à des inondations calamiteuses affectant de façon simultanée et périodique de vastes régions

1. Voir Chapitre 4, p. 132 pour l'explication de l'ENSO.

sises dans les divers continents. De nombreuses recherches ont mis en évidence que ce phénomène dit de l'ENSO présente un impact sur le climat global et qu'il est associé à des épisodes de pluies diluviennes dans diverses régions tropicales et subtropicales[1]. Cela fut en particulier le cas du calamiteux El Niño de 1998 plus particulièrement en Chine, aux Indes mais aussi en Amérique du Nord, soit dans des régions du monde *a priori* éloignées du Pacifique Est équatorial, mais aussi lors d'autres récurrences de cet événement survenues depuis lors.

En date plus récente, un rôle de l'oscillation Nord Atlantique[2] a été mis en évidence. Ce phénomène, marqué par des variations de températures superficielles des eaux de la partie boréale de cet océan, est également la cause de précipitations (ou de sécheresses) anormales (147) affectant la côte Est de l'Amérique du Nord, l'Afrique septentrionale et l'Europe.

b) Rôle des aménagements fluviaux dans l'occurrence des inondations

Malgré le qualificatif de catastrophe « naturelle », souvent attribué aux inondations désastreuses, qui se sont multipliées dans la seconde moitié du XXe siècle, cet état de fait ne doit rien à la fatalité. Il résulte (ou à tout le moins a été très fortement amplifié) de diverses interventions humaines sur les bassins versants et sur les hydrosystèmes[3] fluviaux eux-mêmes. En réalité, l'accroissement de la fréquence des inondations provient de la conjonction d'une déforestation sans cesse plus étendue des terres émergées sises en amont à laquelle se sont ajoutés les effets de la rectification et de l'endiguement des cours d'eau, commencés dès les débuts du XIXe siècle en Europe et bien plus tôt encore dans la Chine des 18 provinces. Ces aménagements ont contribué à accroître le phénomène en déplaçant vers l'aval ou vers l'amont selon le cas l'impact des crues.

Depuis la fin de la seconde Guerre mondiale, l'accélération considérable de la réalisation de diverses opérations d'aménagement des hydrosystèmes fluviaux a accru l'importance et la fréquence des inondations tant dans les pays industrialisés que dans le tiers-monde. En

1. Des recherches faites sur la côte péruvienne ont permis de déterminer la fréquence des périodes d'El Niño à partir des marques laissées par les inondations sur les murs d'anciens temples pendant la période historique.
2. Voir Chapitre 4, p. 133 pour l'explication de ce phénomène.
3. Ce terme désigne en écologie limnique le système complexe formé par le cours d'eau proprement dit et les zones humides qui le jouxtent ainsi que les habitats terrestres inondables qui lui sont associés dans la plaine alluviale et son delta.

outre, dans ce dernier, la croissance démographique a amplifié les phénomènes de dégradation des écosystèmes terrestres sis en amont du bassin-versant. Les considérables perturbations environnementales qui en ont résulté ont contribué à accroître de façon déterminante les causes d'inondation.

Dans les pays industrialisés, les aménagements des cours d'eau, en particulier leur endiguement et l'isolement, voire l'imperméabilisation de la plaine d'inondation, le remembrement agricole et la destruction des haies, mais aussi dans beaucoup de ces pays l'exploitation des forêts dans les régions montagneuses constituent l'une des causes essentielles de l'augmentation de la fréquence et de l'ampleur des inondations observées au cours des dernières décennies.

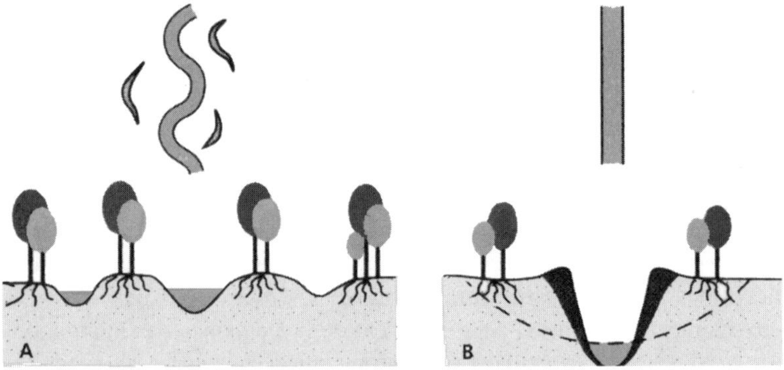

Figure 3.7 Schéma montrant l'effet de l'endiguement sur l'écoulement des eaux dans un hydrosystème fluvial.

A) Représentation d'un écosystème lotique non aménagé avec la forêt riveraine. **B)** Construction de digues, obligatoirement associée à la rectification. Les conséquences en sont un abaissement de la nappe phréatique et la cessation des inondations qui assèchent la ripisylve et provoquent sa régression. La ligne en pointillés figure la zone asséchée par la baisse de la phréatique due à l'endiguement. (D'après Malanson *in* Ramade, 2005, *op. cit.*, p. 565.)

c) Rôle du déboisement dans l'accroissement de la fréquence des inondations

Le déboisement a joué un rôle majeur dans l'occurrence des inondations désastreuses qui se sont multipliées dans le monde au cours des dernières décennies, plus particulièrement dans les régions intertropicales et tempérées chaudes.

Ces inondations ont affecté au cours des toutes dernières décennies le tiers-monde et, quoiqu'à un degré moindre, ont sinistré divers pays réputés développés.

En décembre 1999, les inondations survenues au Venezuela dans la plaine et le piedmont de la cordillère bordant la côte atlantique, firent plus de 30 000 morts noyés sous les flots ou ensevelis sous des torrents de boue qui dévalèrent les flancs nord des Sierras côtières. Ici, encore, l'éradication irresponsable des forêts qui couvraient ces montagnes fut de loin la principale cause de ce désastre soi-disant « naturel »[1].

Que dire des Indes[2] où il n'existe plus de nos jours aucune forêt dans l'Himalaya au-dessous de 2 000 m d'altitude et où il faut aujourd'hui atteindre 3 000 m pour trouver des boisements encore dignes de ce nom alors que cette chaîne était couverte d'immenses forêts dès son piémont à la fin des années 1940 !

Même en Europe, en dépit du haut niveau de développement atteint, l'action historique de l'homme sur les écosystèmes terrestres des bassins versants a amplifié les causes d'inondations et les dommages qu'elles peuvent causer, même lorsqu'elles résultent de pluies exceptionnelles. Parmi ces dommages, on soulignera la dégradation des forêts, de la végétation ligneuse et celle due au surpâturage dans les parties supérieures émergées des hydrosystèmes fluviaux, le développement d'une agriculture dite « moderne » qui laisse de vastes espaces dénudés entre les récoltes ainsi qu'en début de saison végétative, enfin, le « remembrement agricole », créateur de vastes parcelles d'un seul tenant, pouvant dépasser cent hectares, dépourvues de haies et de talus.

Ces désordres écologiques du cycle de l'eau, provoqués par des interventions humaines néfastes sur les biotopes terrestres qui jouxtent des fleuves, ont été à plusieurs reprises la cause essentielle de graves inondations en Europe, en particulier au cours de la dernière décennie, même si divers aménagements et des anomalies météorologiques (voir page 130) se manifestant à une échelle continentale voire globale ont aussi joué un rôle significatif dans ces phénomènes.

Les inondations représentent donc l'une des conséquences les plus immédiates du déboisement, et des plus redoutables quant aux dommages causés aux populations humaines qui en sont victimes.

1. Auparavant, au début des années 1980, le gouvernement vénézuélien avait transformé en parc national le versant continental de la Sierra d'Avila, afin de mettre un terme à sa déforestation dans le but de sécuriser l'approvisionnement en eau de la ville de Caracas où vit près de 40 % de la population de ce pays !
2. Nous désignons sous ce terme l'ensemble constitué par le Pakistan, l'Indoustan (République indienne) et le Bangladesh.

Il apparaît aujourd'hui évident que l'essentiel des désastres provoqués par les dérèglements du cycle de l'eau provient de la déforestation. C'est plus particulièrement le cas des inondations catastrophiques dénombrées au cours des dernières décennies et dont la fréquence s'accroît sans cesse.

L'impact de la déforestation sur la récurrence des crues exceptionnelles des cours d'eaux est particulièrement spectaculaire dans les régions intertropicales où les pluies souvent torrentielles (cyclones exclus) sont réparties sur une durée souvent brève du cycle annuel – sauf dans la plupart des zones équatoriales où elles sont régulièrement distribuées au cours de ce cycle. Ainsi, en Inde, 70 % des précipitations annuelles tombent en général au cours de trois mois de mousson (figure 3.8).

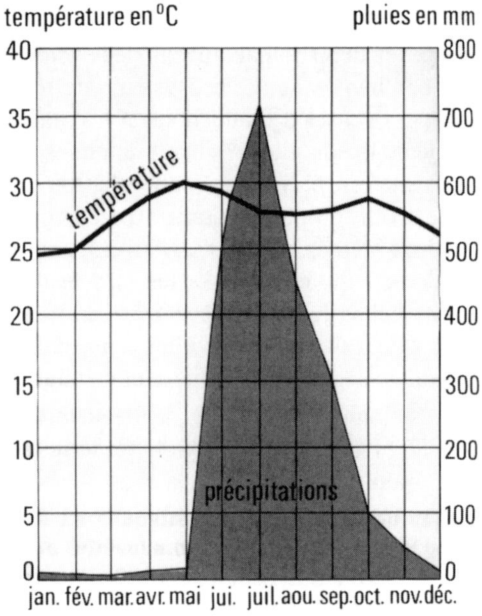

Figure 3.8 Diagramme ombrothermique de Bombay en Inde. On constate que la saison des pluies dure quatre mois et que la majorité des précipitations est concentrée sur à peine trois mois. (*In* Ramade, *op. cit.*, p. 128.)

La conjonction de ces divers facteurs explique les progrès simultanés de la déforestation et de la fréquence des inondations catastrophiques observées aux Indes au cours du dernier demi-siècle. Ainsi, entre 1960 et 1970, on dénombrait 5,2 millions de personnes victimes d'inondations. Entre 1970 et 1980, ce nombre s'élevait à 15,4 millions, il atteignait

20 millions entre 1980 et 1990 et dépassait 35 millions dans les années 1990.

En 2004, de sévères inondations ont été observées au Bangladesh, en Inde, en Chine et même en Nouvelle Guinée occidentale, l'Irian Jaya. Cette dernière représente aujourd'hui une colonie de fait de l'Indonésie, pourtant encore peu peuplée en dépit d'une politique de transmigration d'habitants de Java vers cette île dont les superbes forêts pluvieuses tropicales sont mises depuis trois décennies en coupe réglée par le gouvernement indonésien et ne seront plus hélas dans quelque temps qu'un souvenir.

Les mêmes processus s'observent en Amérique tropicale. Dans les Andes, le déboisement, qui sévit de longue date a atteint dans les dernières décennies des dimensions désastreuses. Il a été la cause au cours des dernières années de très nombreuses inondations en Colombie, en Équateur, au Pérou, en Bolivie et même en Argentine.

Aussi bien le versant occidental des Andes, à climat sec voire désertique, que le versant oriental abondamment arrosé, sont en conséquence exposés à des inondations de plus en plus fréquentes.

En Amérique du Sud, le déboisement des bassins versants de l'Amazone et de ses affluents tel qu'il a été effectué plus particulièrement dans les parties vénézuéliennes, colombiennes, péruviennes et boliviennes de ses cours d'eau a conduit à une augmentation considérable des inondations, augmentation jugée même dès à présent catastrophique, dans les parties aval du bassin versant de ce fleuve. En outre ce déboisement de l'Amazonie est à l'origine d'un accroissement inquiétant de la fréquence des périodes d'étiage. Ce dernier a atteint un minimum historique en 2005 au point que de nombreuses localités riveraines du fleuve ne purent plus être approvisionnées car le niveau était tellement bas que les bateaux, seul moyen de transport existant, ne pouvaient plus naviguer !

Ce rôle de la déforestation des pentes andines du Pérou et de la Bolivie sur le régime de l'Amazone avait déjà été souligné par Doureojani (53), un forestier péruvien, dans un rapport remis au PNUE sur les ressources naturelles d'Amérique latine. Ce dernier soulignait déjà que l'accroissement de la fréquence des inondations dans les plaines et les contraintes sans cesse accrues exercées par la sédimentation sur la navigation fluviale résultaient du déboisement des versants andins de ces deux pays.

Dès les années 1970, des recherches avaient mis en évidence une corrélation hautement significative entre la fréquence et l'ampleur des crues de l'Amazone à Iquitos et les taux de déforestation dans les parties hautes et moyennes de la partie péruvienne de son bassin versant (53).

De même, sur le plateau des Guyanes, et dans les montagnes qui bordent sa côte atlantique, la déforestation qui sévit de façon anarchique depuis de nombreuses décennies est la cause d'inondations récurrentes de fréquence accrue, qui atteignirent leur apogée à la fin des années 1990 où elles provoquèrent plusieurs dizaines de milliers de morts au Venezuela (167).

De la même façon, les catastrophiques inondations qui affectent de façon récurrente les zones frontalières de l'Argentine et du Brésil résultent de la destruction quasi totale de la couverture forestière dans l'État brésilien du Paraña dont le taux de boisement est passé de 85 % en 1930 à seulement 8 % en 1980.

Historiquement, la déforestation à vaste échelle des parties amont des bassins versants de grands fleuves a eu un impact tellement catastrophique sur le régime des eaux qu'elle fut la cause primordiale de la décadence d'anciennes civilisations.

En Asie, tant dans le sous-continent indien qu'en Extrême-Orient, le surpeuplement et le déboisement sévissent de longue date : il a même pu être établi que la déforestation y a débuté dès les débuts du Néolithique dans la Chine des 18 provinces.

La destruction de la végétation dans les bassins du Fleuve jaune (Hoang-Ho) et du Fleuve bleu (Yang-Tsé-Kiang) est à l'origine d'inondations catastrophiques ayant parfois causé au cours de la période historique plusieurs millions de morts dans les parties les plus en aval de ces deux grands fleuves.

Dans le cas du Yang-Tsé, la déforestation de la partie montagneuse de son bassin versant en particulier dans le Si Chuan a joué un rôle majeur dans l'accroissement de la fréquence et de la sévérité de ses inondations. À la différence du bassin versant du Hoang-Ho où la déforestation sévit depuis la plus haute Antiquité, celui du Yang-Tsé n'a commencé à souffrir de cette dernière qu'en date relativement récente, au début du XIXe siècle. Plus tard dans la période maoïste, lors du « Grand bond en avant », les forêts de pente furent en partie détruites pour alimenter en charbon de bois les bas fourneaux dans les tristement célèbres « communes populaires ». Ultérieurement, ces forêts furent défrichées au cours des années 1960 pour gagner de nouvelles terres cultivables. Ainsi, la couverture forestière du Si Chuan passa de 19 % en 1949 à 13 % en 1980, date à partir de laquelle furent prises des mesures de conservation[1] et

1. Aujourd'hui, les autorités s'emploient à remédier aux errements passés par d'actives campagnes de plantation forestière qui ont permis de doubler la surface boisée du Si Chuan. Dans le nord du bassin du Fleuve jaune, le reboisement a pour objet d'empêcher l'avancée du désert et de réduire l'alluvionnement.

de reboisement. En dépit de ces dernières, la dégradation du couvert végétal et la déforestation des zones de relief sont telles de nos jours qu'elles constituent une cause majeure d'inondations.

Les grands fleuves du sous-continent indien, qui prennent naissance dans l'Himalaya, sont aussi dramatiquement affectés par le déboisement de cet immense massif montagneux. Les plus importants d'entre eux, l'Indus, le Gange, le Brahmapoutre et l'Irrawady y trouvent leur source. Il faut de nos jours monter à 3 000 m d'altitude dans ce massif pour commencer à trouver des forêts par suite des déboisements démentiels qu'ont subis les flancs méridionaux de ces montagnes depuis le début des années 1950. Les pertes annuelles en Indes dues aux inondations étaient déjà quatorze fois plus importantes en 1980 qu'en 1950 ! En Assam, le déboisement dû à l'immigration illégale en provenance du Bangladesh est la cause essentielle de l'accroissement des crues du Brahmapoutre. De façon générale, la commission nationale des inondations considérait en Inde que la surface exposée à des crues désastreuses était passée de 20 millions d'hectares en 1970 à 40 millions d'hectares en 1980 (400 000 km^2 soit les 4/5e de la surface de la France).

Alors que la surface boisée ne représente que 12 % de la superficie de l'Inde à l'heure actuelle, les forestiers estimaient déjà au début des années 1980 qu'elle devrait atteindre au minimum 33 % de cette dernière pour assurer une protection adéquate contre les crues ainsi que celle des ressources en sol et en eau (105).

3.2.2 Importance des inondations

De nombreuses inondations catastrophiques ont été dénombrées au cours des deux dernières décennies, certes dans les pays en voie de développement, comme nous l'avons évoqué ci-dessus, mais aussi dans des pays développés tant en Amérique du Nord, qu'en Europe et en Extrême-Orient.

Aux États-Unis, les grandes crues du Mississippi de 1993, qui culminèrent le 5 novembre de cette année, ravagèrent six États situés sur ses rives et sur son affluent principal, le Missouri. La ville de St Louis fut particulièrement affectée avec dans sa région quelque 28 000 km^2 de plaine alluviale qui furent submergés, demeurant parfois sous l'eau pendant des semaines (125). Une ville moyenne, celle de Valmeyer, entièrement construite en zone inondable, dut être rasée pour éviter que les habitants ne s'y réinstallent et fut reconstruite en dehors du cours majeur du fleuve.

Ces crues furent essentiellement causées par l'endiguement de ce fleuve, commencé à la fin du XIXe siècle. Depuis 1927, où de graves inondations avaient déjà eu lieu, fut entreprise la construction systématique de digues et la canalisation de ce gigantesque hydrosystème fluvial, près de la moitié des 3 780 km du Mississippi proprement dit étant déjà canalisée. Ces aménagements ont été en fait à l'origine des inondations catastrophiques des années 1973, 1982 et 1993 ; chaque amélioration des digues entreprise, si elle conduisit à une meilleure protection des crues moyennes, a aggravé les conséquences des crues exceptionnelles. Celles-ci provoquent en effet de nos jours des inondations désastreuses là où elles étaient rares autrefois c'est-à-dire en amont des zones où l'endiguement limite le plus le débit évacuable, le débordement se produisant effectivement quand le débit du cours d'eau endigué atteint son écoulement maximum. En conséquence les dommages causés par la catastrophe de 1973 s'étaient élevés à 425 millions de dollars, ceux des inondations de 1993 ont dépassé les 14 milliards de dollars !

L'Europe a aussi été victime de nombreuses crues catastrophiques depuis le début des années 1990. Sont toujours présentes en mémoire celles du Rhône en 1993, de l'Oder, en 1998, qui ravagèrent la Pologne et l'Est de l'Allemagne, ou encore celles de Bohême, où Prague fut dévasté. En France, depuis la fin des années 1990, d'importantes crues se sont produites en Picardie et à plusieurs reprises sur le pourtour méditerranéen en particulier dans l'Aude et dans le delta du Rhône. Ainsi, lors des crues de décembre 2003 en Arles, le débit du Rhône atteignit le niveau monstrueux, inégalé jusque-là, de 12 800 $m^3 \cdot sec^{-1}$... soit quatre fois le débit moyen des chutes du Niagara ! Ici encore, en sus des zones couvertes par les eaux à la suite de ruptures de digues, à l'image de la crue du Mississippi de 1993, une partie des zones inondées se situait en amont de la partie la plus endiguée. Bien qu'il n'y ait pas eu fort heureusement de victimes humaines, les dommages furent considérables (dépassant le milliard d'euros) et provoquèrent, entre autres, la faillite d'un grand nombre d'entreprises de la commune d'Arles en grande partie sinistrée par cette calamiteuse inondation.

On a attribué l'importance des pluies et la fréquence des inondations désastreuses qui sévirent en 1998 à un catastrophique phénomène d'El Niño qui fit sentir ses effets non seulement sur l'ensemble des régions tropicales du monde mais même dans les pays tempérés de l'hémisphère Nord. Ainsi, au Bangladesh, de monstrueuses crues du Gange et du Brahmapoutre recouvrirent d'eau tout le delta commun à ces deux fleuves y compris la capitale Dacca, pourtant située à quelque 400 km de la côte, dont près de la moitié de l'agglomération fut inondée ! Ces inondations firent quelque 30 millions de sinistrés. Au total, au cours des 25 dernières années, les inondations ont causé plus de 100 000 morts dans ce pays.

En Amérique du Nord, conséquence de ce même calamiteux El Niño de 1998, elles affectèrent surtout la côte pacifique des États-Unis et se traduisirent dans l'Est du Canada par des pluies verglaçantes qui provoquèrent entre autres un isolement total de la ville de Montréal pendant trois semaines, privée même d'électricité par suite de l'écroulement des lignes à haute tension chargées de givre !

Les inondations calamiteuses qui ravagèrent cette année-là les latitudes tempérées en Europe et en Amérique du Nord s'observèrent aussi en Chine où elles affectèrent plusieurs dizaines de millions de personnes.

De façon plus générale, les inondations ont pris en Chine des dimensions sans cesse plus préoccupantes au cours des deux dernières décennies. Lors du El Niño de 1998, des pluies diluviennes s'abattirent pendant le mois d'août sur les provinces du centre du pays, en particulier sur le bassin du Yang-Tsé, où tomba par endroits jusqu'à sept fois le volume des précipitations mensuelles normales ! Quelque 212 000 km^2 de terres cultivables furent ennoyées, 4,7 millions d'hectares de cultures et 5,5 millions d'habitations détruites, 14 millions de personnes durent être évacuées.

Dans l'été 2002, les inondations furent encore pires, affectant une surface encore plus étendue du pays, depuis les provinces les plus occidentales du Xinjiang, Sichuan et Guizhou jusqu'à la plus importante province industrielle celle du Fujian, sur la côte Est. Au total 19 des 44 provinces que compte la Chine et quelque 110 millions de personnes furent affectées, dont plusieurs dizaines de milliers périrent dans l'ensemble du pays. La situation en juillet 2002 était tellement catastrophique que la Chine fit appel aux organisations internationales pour l'aider à venir en aide aux sinistrés (150).

En dépit du fait que les autorités chinoises évoquaient la dépense de 12 milliards de dollars depuis 1998, surtout employés au renforcement des digues des grands fleuves et à la canalisation du Yang-Tsé, les experts soulignèrent le rôle majeur de la déforestation dans ces inondations calamiteuses. Ce rôle fut particulièrement prépondérant dans les zones de montagne où de plus les glissements de terrains générés par les précipitations torrentielles firent de nombreuses victimes.

3.3 RÔLE DE L'HOMME DANS LES CATASTROPHES MÉTÉOROLOGIQUES ET LEURS CONSÉQUENCES

La majorité des graves problèmes d'environnement auxquels l'humanité est confrontée en ces débuts de XXIe siècle sont donc la conséquence d'une mauvaise utilisation, voire de la dilapidation des ressources naturelles souvent consécutive à la surpopulation. Cette destruction de ressources réputées renouvelables se traduit par une altération des écosystèmes conduisant entre autres à une perturbation des cycles biogéochimiques, plus particulièrement une perturbation du cycle de l'eau.

Dans les relations entre l'homme et les systèmes naturels supportant la vie, la question fondamentale qu'elles soulèvent en permanence tient en un dilemme. Ce dernier résulte de l'indispensable équilibre entre d'une part les bénéfices attendus de l'utilisation et du contrôle par l'homme de ces systèmes dans le cadre des usages de leurs ressources biologiques et d'autre part les effets négatifs qui pourraient résulter de cette exploitation.

Quelle que soit l'importance des phénomènes climatologiques naturels dans l'occurrence d'épisodes d'inondations désastreuses, le rôle de la déforestation apparaît comme primordial dans l'ampleur et l'impact de ces dernières sur les populations humaines. La déforestation apparaît de façon plus générale comme le facteur anthropique dont le rôle est prépondérant dans l'accroissement de la fréquence et de l'intensité des désastres prétendument naturels observés au cours des dernières décennies.

Les forêts ont été surexploitées par l'homme depuis les débuts de la civilisation néolithique et il existe aujourd'hui d'autres causes croissantes de déforestation, surtout dans les zones intertropicales. Ces dernières, comme en Amazonie, tiennent en l'éradication des forêts afin de récupérer des terres pour pratiquer l'élevage ou pour les défricher afin de les mettre en culture. On estimait au début de la présente décennie que la déforestation affectait très probablement plus de 200 000 km^2 par an dans le monde dont au moins 180 000 km^2 de forêts tropicales (170) !

La déforestation interfère avec la météorologie et le climat par suite de sa puissante interaction avec le cycle de l'eau. Cette action s'exerce selon deux modalités : sur l'infiltration et sur l'évapotranspiration.

3.3.1 Déforestation et cycle de l'eau

Ainsi que l'écrivait déjà fort à propos Falkenmark (62), « *l'eau se présente et intervient dans la nature comme un caméléon, apparaissant sans cesse dans l'environnement de l'homme sous des aspects et dans des rôles différents* ».

En effet, l'eau existe dans la nature sous deux aspects opposés, l'un positif, en tant que facteur écologique essentiel, indispensable au fonctionnement des écosystèmes terrestres, dont la disponibilité est bénéfique à tous les processus écologiques fondamentaux, et à toutes les espèces vivantes y compris la nôtre. L'autre aspect est négatif, lorsque le dérèglement de son cycle exerce des effets néfastes sur l'environnement et peut se traduire par des phénomènes catastrophiques.

Pas plus qu'aucun d'entre eux, le cycle de l'eau n'échappe au dilemme évoqué ci-dessus.

a) Perturbations du régime hydrique par le déboisement et ses conséquences

En milieu continental, le cycle de l'eau est conditionné en premier lieu par le relief, la nature du sol et la végétation. Les uns et les autres interfèrent de bien des façons pour réguler ce cycle par action combinée de l'évapotranspiration, du ruissellement et de l'infiltration qui réalimentent les aquifères.

À l'opposé, l'eau constitue un agent puissant d'érosion des sols à partir du moment où sa couverture végétale est dégradée. La conservation de l'eau et des sols dépend donc en premier lieu de la protection des zones boisées de chaque bassin versant.

Ainsi, à la période grecque classique, Platon décrivait au IVe siècle avant notre ère dans *Critias* le rôle régulateur des forêts dans le cycle de l'eau. Il expliquait alors que la destruction des forêts de l'Attique avait eu pour conséquence d'assécher les sources et d'aridifier le climat !

Le sol et la végétation jouent en fait un rôle crucial dans le cycle de l'eau par le fractionnement des précipitations en trois compartiments principaux : l'évaporation, le ruissellement et l'infiltration au travers du sol puis des roches mère, qui alimentent les eaux souterraines. La coupe de la forêt réduit l'évapotranspiration et l'infiltration tandis qu'elle accroît dans des proportions considérables le ruissellement

La frondaison des arbres intervient de façon efficace pour diminuer l'énergie cinétique des gouttes d'eau interceptées et amorties par le feuillage, même lors des orages les plus violents. De plus, la surface des forêts est couverte par un épais tapis végétal constitué par les strates herbacée et muscinale. Cette dernière surmonte une épaisse couche constituée par la litière (feuilles et autres matières organiques mortes) et joue le rôle d'éponge, se gorgeant d'eau lors des précipitations et la restituant ensuite lentement aux sols. Dans une forêt méditerranéenne, on a ainsi pu montrer qu'un kilogramme de mousses sèches peut absorber jusqu'à cinq litres d'eau de pluie.

Une des conséquences les plus immédiates de la destruction du couvert végétal se traduit par une perturbation de l'écoulement des eaux dans les bassins versants affectés, avec pour conséquence une très grande irrégularité du débit d'écoulement des cours d'eau. Ces derniers sont marqués par l'occurrence de crues catastrophiques alternant avec des périodes d'étiage fréquentes et prolongées.

Le bilan hydrique d'un biotope terrestre peut se représenter par l'équation simple suivante :

$$P = E + E_{TP} + R + I \qquad (1)$$

où P est le volume des précipitations, E l'évaporation, E_{TP} l'évapotranspiration par la biomasse végétale, R le ruissellement et I, l'infiltration (figure 3.9).

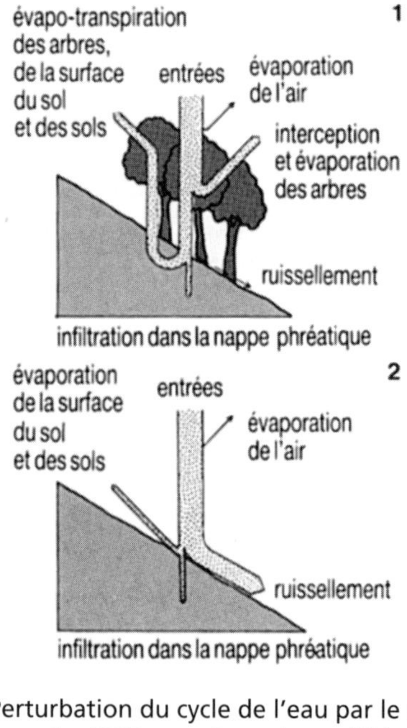

Figure 3.9 Perturbation du cycle de l'eau par le déboisement.
(*In* F. Ramade, 1987, *op. cit.*, mais modifié, p. 124.)

Sur un sol rigoureusement plat, la coupe de la végétation ne modifie pas les valeurs relatives des termes de cette équation à ceci près que l'évapotranspiration (E_{TP}) devient nulle si le sol est dénudé. En revanche, R et I ne sont pas modifiés.

Si le sol est en pente, le bilan change radicalement. Ici, alors que la couverture forestière annihilait l'énergie cinétique de la pluie permettant une infiltration efficace des apports d'eau, la déforestation va considérablement réduire l'infiltration, d'où un moindre approvisionnement des aquifères. En revanche, elle accroîtra dans des proportions désastreuses le ruissellement. Il en résultera une alternance de périodes d'étiage accentué et d'inondations catastrophiques.

Une démonstration expérimentale du rôle de la déforestation dans ces processus a été réalisée voici plusieurs décennies dans le bassin versant du laboratoire d'hydrologie de Coweeta, en Caroline du Nord (Hibbert, *in* 145). Il fut mis en évidence que la dénudation des sols provoquait une augmentation très considérable du ruissellement sur le versant qui avait été entièrement déboisé, le débit du cours d'eau en période de pluie devenant six fois supérieur à sa valeur sur le bassin témoin.

Toutefois, parmi les diverses causes de destruction du couvert végétal, l'incendie demeure celle dont l'impact, en particulier sur les forêts, demeure le plus spectaculaire. En effet, à l'exception du défrichage pour mise en culture des terres ainsi récupérées, c'est la cause de déboisement qui dénude le plus les sols forestiers. Après élimination d'une proportion importante de la couverture forestière par le feu, il est donc possible de mettre en évidence un spectaculaire accroissement du ruissellement, qui peut excéder 600 % de sa valeur antérieure, au détriment de l'infiltration. Cette augmentation du ruissellement dépendra toutefois de l'intensité de l'incendie car, selon cette dernière, la destruction du couvert végétal peut varier dans d'importantes proportions.

Un exemple des effets désastreux engendrés par la destruction des boisements dans la partie amont d'un bassin versant est donné par les recherches hydrologiques effectuées sur deux rivières des Alpes australiennes, la Wallace et la Yarrongbilly. Un incendie particulièrement violent détruisit tout le couvert végétal des parties supérieures de leur bassin versant sur une surface de respectivement 4 100 et 22 400 ha, au relief très accusé. Comme le régime hydrologique de ces deux rivières avait été rigoureusement déterminé au cours des huit années précédant le passage du feu, il fut possible de faire une comparaison précise afin d'évaluer les effets de la déforestation sur le ruissellement. Ainsi des pluies orageuses qui auraient accru le débit de ces rivières de 60 à

80 $m^3 \cdot s^{-1}$ firent en fait augmenter ce débit à 370 $m^3 \cdot s^{-1}$. En outre, la concentration des sédiments en suspension dans les eaux augmenta d'un facteur 100 par suite de l'érosion hydrique très considérable liée à la destruction de la couverture forestière (24).

Toujours en Australie, les investigations effectuées sur les variations de débit de la rivière Cotter près de Canberra au cours de la période 1911-1982 ont montré que, par rapport aux valeurs calculées à partir des données relatives au régime des pluies pendant ce laps de temps, le débit avait été augmenté à la suite d'incendies de 43 % à 235 % selon la période considérée (163).

L'étude de l'impact du feu sur les formations végétales de type méditerranéen met spectaculairement en évidence son influence désastreuse sur le régime hydrique. Ainsi, en Arizona, un incendie exceptionnellement violent détruisit en 1959 la totalité des parties aériennes et de la litière d'un chaparral[1], couvrant la partie amont de quatre bassins versants. Le débit hydrique avait été mesuré dans ce cas au cours des trois dernières années précédant l'incendie. L'apport des précipitations y était de 170 mm par an et le ruissellement d'à peine 7,3 cm. Dans la période de vingt et un mois qui suivit l'incendie, pour 130 mm de précipitations, l'apport du ruissellement au bassin fut de 40,7 mm soit une augmentation six fois supérieure à sa valeur avant le passage du feu !

Des épisodes d'aridité anormale se manifestent depuis quelque temps non seulement dans les pays où existe naturellement une saison sèche mais aussi dans des régions bénéficiant d'une pluviométrie normale voire abondante ! Ils s'observent aussi dans des zones de forêts pluvieuses tropicales voire même dans des régions à climat tempéré humide. Ils se caractérisent par une diminution du débit de cours d'eau, parfois même par leur assèchement et par un abaissement considérable du niveau des aquifères.

Ces sécheresses atypiques résultent donc non pas d'une diminution des précipitations mais de perturbations désastreuses du cycle de l'eau consécutives à la déforestation.

La destruction des boisements favorise en effet le ruissellement des précipitations à la surface du sol dénudé dont résulte une diminution des quantités stockées dans les couches superficielles du milieu édaphique. Cela réduit de façon spectaculaire l'approvisionnement des aquifères et le débit d'écoulement des sources donc des rivières aux périodes les moins

1. Il s'agit d'une formation arbustive écologiquement analogue aux garrigues et/ou maquis d'Europe méditerranéenne.

arrosées de l'année. Ces sécheresses d'origine strictement anthropiques sont par exemple devenues chroniques à Haïti depuis le début des années 1970 (120), ainsi que dans le sous-continent indien exposé à une alternance d'inondations catastrophiques et de périodes de sécheresse dont la fréquence s'accroît sans cesse depuis une quarantaine d'années. Il est assez remarquable que le phénomène affecte Haïti dont la déforestation a été démentielle au cours du XXe siècle, la forêt y couvrant de nos jours moins de 1 % de la surface. À l'opposé, Saint-Domingue qui occupe la partie orientale de l'Île d'Hispaniola bénéficie, avec plus de 40 % de sa surface couverte de forêts, de précipitations régulières avec aucune période d'étiage excessif de ses cours d'eau aux périodes les moins arrosées du cycle annuel !

Dans les Petites Antilles, la déforestation, qui a été certes bien moins importante qu'à Haïti, a provoqué de la même façon, quoiqu'à un moindre degré, une situation paradoxale parfois marquée par un déficit hydrique des cultures en pleine saison des pluies !

Alors que dans cette région du monde, les îles dites sous le vent (Grenade, Guadeloupe, Dominique, Martinique, Sainte Lucie et St Vincent), reçoivent des précipitations abondantes et normalement bien réparties[1], on a noté au cours des dernières décennies de telles périodes de sécheresse. Celles-ci ont provoqué à plusieurs reprises entre 1970 et 2005 pour la seule production de bananes, la principale culture de ces îles, des pertes qui se chiffrent à plusieurs dizaines de millions de dollars par an, dues à l'apparition d'épisodes de sécheresse prolongée même en période de saison des pluies (cas par exemple de la Guadeloupe en 2003).

Ces sécheresses proviennent ici de la faiblesse de la rétention d'eau dans les sols et les aquifères du fait de la déforestation qu'ont subie ces îles au relief accentué (qui ajoute ses effets à la diminution des pluies due à la baisse de l'E_{TP} consécutive au déboisement). Il en est résulté une telle érosion hydrique et éolienne que la capacité de rétention de l'eau par les sols dénudés, de plus en plus dégradés par le ruissellement torrentiel en période d'orage, s'est considérablement atténuée.

1. Cette régularité des pluies fut observée au XVIe siècle par un officier de marine anonyme originaire de Carpentras qui passa un an sur son bâtiment ancré dans la baie de Sainte Anne en Martinique. Cet officier consigna sur son journal de bord ses observations. Il fut surpris par l'absence de saisons et par la régularité des pluies. Il croissait alors dans cette partie Sud de la Martinique une forêt pluvieuse tropicale alors que de nos jours cette zone, dont la forêt primaire a disparu, présente une saison sèche marquée et une végétation arborée rabougrie subxérophile ! (D'après J.P. MOREAU, *Un flibustier dans la mer des Antilles : 1618-1620* : manuscrit inédit du début du XVIIe siècle. Publ. par J.P. Moreau, Clamart, 1987.)

b) Contribution de la biomasse forestière aux précipitations

Un autre facteur par lequel les forêts, plus particulièrement tropicales, jouent un rôle régulateur essentiel dans le cycle de l'eau en milieu continental, résulte de ce qu'elles contribuent de façon majeure à la création et à l'abondance des précipitations au travers des énormes volumes d'eau évapotranspirée par le feuillage de la végétation forestière.

Dans le cas du bassin du Congo, on avait pu estimer, par des méthodes indirectes fondées sur la mesure de l'E_{TP} moyenne des massifs de forêts primaires et de savanes arborées qui les jouxtent, que plus de 80 % des précipitations (1 173 mm sur un total annuel de 1 510 mm) provenaient de la vapeur d'eau produite par l'évapotranspiration de la biomasse végétale recouvrant celui-ci, alors que les dépressions océaniques n'amenaient en moyenne annuellement que 331 mm (figure 3.10).

Une démonstration directe de l'origine des précipitations et une évaluation quantitative des fractions relatives de l'eau de pluie provenant soit des dépressions océaniques soit de la condensation de la vapeur d'eau évapotranspirée a été réalisée par recours à la méthode des isotopes stables.

Cette méthode se fonde sur le fait que l'eau évapotranspirée par la biomasse végétale est appauvrie en deutérium. En effet au cours des processus de la transpiration ayant lieu dans les tissus végétaux, comme les propriétés physiques de l'eau lourde sont différentes de celles de l'eau légère, une discrimination à son encontre s'effectue de sorte que l'eau évapotranspirée par les plantes est appauvrie en eau lourde. En revanche, ce processus ne concerne pas l'évaporation de l'eau à la surface des océans. Il est donc possible en connaissant la valeur du rapport entre la teneur en deutérium et celle en hydrogène léger (ΔD_2) dans une eau de pluie recueillie en un site donné, en connaissant le ΔD_2 des masses de vapeur d'eau contenue dans les dépressions océaniques, de déterminer la proportion exacte d'eau évapotranspirée par la biomasse végétale par rapport à la quantité totale de précipitations annuellement recueillie.

On aura la relation :

$$\Delta D_2 = \left(\frac{\left(\frac{[D_2]}{[H_2]_{Samp}} \right)}{\left(\frac{[D_2]}{[H_2]_{Ref}} \right)} - 1 \right) \times 1000$$

De la sorte, il a pu être prouvé qu'en moyenne, plus de 75 % du volume annuel des pluies tombant sur l'Amazonie proviennent de la

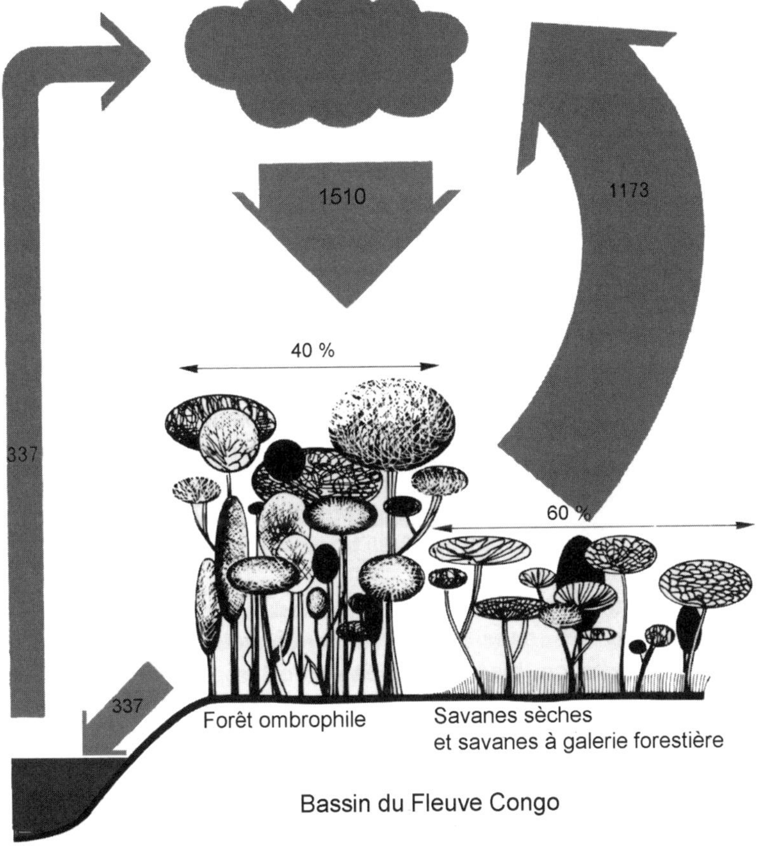

Figure 3.10 Rôle des forêts tropicales dans le cycle de l'eau dans le bassin du fleuve Congo.

On constate que l'évapotranspiration des végétaux des écosystèmes forestiers et des autres formations ligneuses représente plus du 4/5e du volume total des précipitations annuelles. (D'après Duvigneaud mais modifié *in* Ramade, 1984, *op. cit.*, p. 95.)

condensation des masses d'eau rejetées dans l'atmosphère par la biomasse végétale (179, 180, 181).

On imaginera sans peine que la destruction des forêts tropicales provoquera de ce fait une aridification considérable du climat. Il a pu être écrit de façon prémonitoire que la coupe de l'Amazonie ferait passer cette immense région de l'« enfer vert au désert rouge » (76). Ultérieurement, des modélisations climatiques ont conduit à estimer que la destruction totale des forêts du bassin amazonien conduirait à faire décroître les précipitations de plus de 2 m d'eau par an à moins de 500 mm… ce qui ferait de cette région un nouveau Sahel.

D'autres recherches, complémentaires des précédentes ont suggéré que des facteurs biotiques propres aux écosystèmes (184) de forêts pluvieuses tropicales interviendraient dans la genèse des pluies qui disparaîtraient avec leur éradication, contribuant à la diminution des précipitations qui s'observe après la destruction de vastes étendues de ces forêts[1].

La déforestation va donc être à l'origine d'un grand nombre de désordres écologiques qui affectent le cycle de l'eau, ou résultent de la perturbation de ce dernier.

De ces désordres vont découler divers problèmes d'environnement résultant de la perturbation du cycle hydrologique qui prendront très souvent des dimensions catastrophiques. Parmi les très nombreuses conséquences néfastes de la déforestation, nous citerons : les inondations, les glissements de terrain, les avalanches, diverses altérations pédologiques des sols, en particulier leur transformation en latérite dans les régions intertropicales, leur appauvrissement par la perte des nutriments due au lessivage, enfin l'érosion hydrique des sols qui sévit sous toutes les latitudes lorsque la végétation est dégradée.

L'aridification du climat constitue une conséquence désastreuse quasi immédiate de la déforestation car elle provoque sans aucun temps de latence une diminution de l'évapotranspiration. Des travaux récents (77) ont permis de cartographier à l'échelle globale le déclin de l'évapotranspiration (donc *ipso facto* de la pluviométrie) associé à la destruction des forêts. On constate qu'il existe un déficit systématique de cette dernière dans les zones ayant subi au cours de la période historique

1. Une preuve expérimentale en a été portée voici une vingtaine d'années (184). Il existerait un phénomène de « bioprécipitation » caractérisé par la propriété de certaines espèces bactériennes de jouer le rôle de centre de condensation dans l'amorce de la précipitation. Bien que des matières organiques mortes jouent souvent ce rôle, il a été découvert que deux bactéries *Pseudomonas syringae* et *Erwinia herbicola*, très abondantes dans l'humus des forêts pluvieuses tropicales – et à l'état sporulé dans les couches atmosphériques qui les surmontent – constituent de très actifs centres de condensation. On a pu photographier ces bactéries au centre des cristaux de glace lors d'expériences *in vitro* reproduisant les conditions propres aux nuages. Par ailleurs, la NOAA a découvert que les lipoprotéines des enveloppes de ces bactéries sont d'actifs agents nucléaires de condensation. La destruction des forêts tropicales, en éliminant ces bactéries édaphiques qui leur sont inféodées, éliminerait donc un facteur biogène important dans la formation des pluies.

une déforestation massive (Europe, Extrême-Orient, Est de l'Amérique du Nord tempérée) mais que ce déclin est aussi très marqué dans diverses régions d'Amérique, d'Afrique et d'Asie tropicales. Ainsi, l'Asie du Sud et du Sud-Est, le nord de l'Amérique du Sud, le bassin de l'Amazone, l'Afrique occidentale et centrale et certaines régions d'Afrique australe (et en dehors des zones tropicales les États-Unis et la Chine tempérée) ont connu une déforestation importante et sont *ipso facto* devenues nettement plus sèches au cours du dernier demi-siècle (figure 3.11, page IV, cahier couleur).

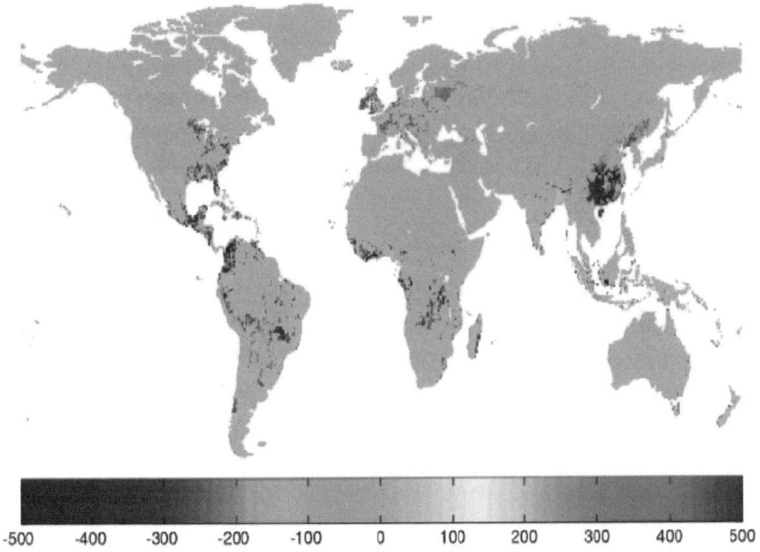

Figure 3.11 *(voir cahier couleurs)* Carte du monde montrant l'impact de la déforestation sur l'évapotranspiration. L'échelle figure l'importance de la diminution de cette dernière selon les zones concernées. (D'après Gordon *et al.*, *op. cit.*, p. 7614.)

Ces travaux ont montré que la déforestation était à l'origine d'un déficit de vapeur d'eau atmosphérique de 3 000 $km^3 \cdot an^{-1}$. En valeur globale, bien que cela ne représente qu'une fraction mineure, soit 4 % du flux total de vapeur d'eau apporté par l'ensemble des continents à l'atmosphère, cette valeur devient significative si on considère qu'elle fait défaut au niveau des aires couvertes de forêts tropicales, où elles contribuent majoritairement aux précipitations (77).

3.3.2 Dégradation des sols par la déforestation

a) Érosion hydrique des sols

L'érosion des sols résulte de diverses causes anthropiques : défriche de terres fragiles, mauvaises pratiques culturales, surpâturage et déforestation. De nos jours, la destruction des forêts constitue une cause importante sinon prépondérante d'érosion hydrique des sols. Celle-ci a connu un formidable accroissement au cours des deux dernières décennies.

De nombreuses recherches ont montré que la destruction des boisements accroît l'érosion, quand elle n'est pas à l'origine même d'une érosion calamiteuse. Des études effectuées par la Compagnie électrique des Snowy Mountains en Australie ont montré que la destruction par l'incendie de forêts couvrant les parties hautes du bassin de deux rivières des Alpes australiennes ont accru de mille fois la charge en sédiment de ces cours d'eau.

On estimait déjà dans les années 1990 qu'au rythme actuel de la dégradation des sols par suite de l'action de l'homme, quelque 30 % des terres cultivables de la planète pourraient disparaître d'ici 2040. Sur ce total, plus de la moitié serait détruite par l'érosion hydrique, environ 20 % par l'érosion éolienne, le reste par les diverses causes physico-chimiques d'altération de la structure des sols.

L'impact de l'érosion hydrique sur les terres déboisées ou sur celles où le surpâturage a détruit la couverture végétale herbacée présente des conséquences multiformes parfois à grande distance des zones affectées. Ainsi, l'envasement considérable de l'estuaire du Rio de la Plata à Buenos Aires par un apport annuel de quelque 100 millions de tonnes de sédiment résulte pour les 4/5e de l'érosion de terres situées sur le piémont et sur les pentes des Andes à 1 800 km de là, dans une zone qui correspond à moins de 4 % de la surface totale de son bassin versant !

Les conséquences désastreuses de l'érosion hydrique ne concernent pas seulement les pays du tiers-monde mais aussi ceux, développés, de zones tempérées : États-Unis, Russie et même diverses régions de l'Union européenne.

Aux États-Unis, les sols cultivés, en grande partie gagnés par défriche de la forêt orientale, qui s'étendait depuis l'Atlantique jusqu'aux rives du Mississippi, perdent couramment de 20 à 50 $t \cdot ha^{-1} \cdot an^{-1}$ et bien au-delà quand la pente excède 3 %. Ainsi, des érosions de plus de 200 $t \cdot ha^{-1} \cdot an^{-1}$ ont pu être observées sous maïs dans l'Iowa! Ici encore, la situation s'est aggravée à la fin du dernier siècle car les administrations Reagan puis Bush ont réduit les crédits de l'*US Soil Conservation Service* et relâché les contraintes fédérales relatives à l'obligation de pratiquer des cultures en contour sur les terres de catégorie II et III qui présentent un risque léger et moyen d'érosion hydrique.

La situation est encore pire dans le tiers-monde où la quasi-absence d'État et/ou la mal gouvernance chronique font que l'on laisse dans la plus grande anarchie déboiser et défricher des sols ayant parfois plus de 40 % de pente par des populations irresponsables, immensément sous-développées, n'ayant aucun souci du destin de leurs propres enfants, comme à Haïti ou à Madagascar. À un degré moindre d'incurie, on est surpris de constater que dans la quasi-totalité des pays d'Afrique subsaharienne, sauf en Afrique du Sud où l'ancienne administration avait pris de longue date des mesures de préservation des sols, les labours se font dans le sens des lignes de pente, méthode imparable pour favoriser l'érosion par ruissellement[1].

En définitive, l'incapacité de l'humanité à enrayer les processus d'érosion des sols en particulier ceux des terres cultivables constitue à moyen terme une menace aussi grave pour son développement que les conséquences directes de la surpopulation comme le soulignait déjà Pimentel dès 1976 (154).

b) Accroissement de la sédimentation

L'érosion des sols générée par la déforestation et l'agriculture abusive a provoqué un alluvionnement considérable qui a été à l'origine de nombreux désastres majeurs survenus de façon récurrente dans divers grands bassins fluviaux depuis la plus haute Antiquité.

Historiquement, la déforestation à vaste échelle des parties élevées des bassins versants de grands fleuves eut un impact tellement catastrophique sur le régime des eaux qu'elle fut la cause primordiale de la décadence d'anciennes civilisations. Ainsi, la ruine de la civilisation mésopotamienne fut incontestablement provoquée par l'érosion des sols consécutive au déboisement et au surpâturage des plateaux d'Arménie où prennent naissance le Tigre et l'Euphrate. Au cours de la période protohistorique, la déforestation des pentes des bassins versants de ces fleuves, dans le Caucase, fut accélérée par l'effet conjugué des besoins en bois de chauffe et de construction ainsi que par la création de nouveaux terrains de parcours pour des troupeaux pléthoriques d'ovins et de caprins. L'impact de cette déforestation et des dégradations liées à une agriculture abusive, pratiquées sur des terrains à relief accentué, provoqua une colossale érosion des sols et une surcharge sans cesse accrue de ces deux grands fleuves (103).

1. Nous avons par exemple pu de la sorte observer de telles pratiques aberrantes au Kenya, en pays Kikuyu, dans des champs sur des flancs de colline en forte pente.

À l'époque sumérienne, les habitants des vallées du Tigre et l'Euphrate contrôlaient sans cesse les dépôts de sable et de limons qui envasaient les canaux et la salinisation grâce à laquelle ils avaient pu développer une agriculture irriguée grâce à des apports d'eau douce sur un territoire intrinsèquement semi-aride, voire désertique. Puis les Empires qui leur succédèrent eurent de plus en plus de difficultés à maintenir intact ce gigantesque réseau d'irrigation, sans cesse colmaté par les apports de sédiments apportés par ces fleuves, qui nécessitait des armées d'esclaves occupés sans relâche à récurer ces canaux.

Les quantités d'alluvions provenant de l'érosion de leurs bassins versants, transportées par le Tigre et l'Euphrate, ont été telles depuis l'Antiquité sumérienne que l'embouchure de ces fleuves a avancé de 250 km à l'intérieur du Golfe persique au cours des derniers millénaires. Aussi longtemps que les canaux et rigoles purent être maintenus en état, les contrées irriguées par ces fleuves demeurèrent verdoyantes et fertiles. L'effondrement final du système eut lieu au XIe siècle quand les hordes de Gengis Khan anéantirent la civilisation mésopotamienne et détruisirent les canaux d'irrigation qui assuraient la prospérité de ces contrées, ouvrant la porte au désert (*in* 50).

Partout dans le monde, la déforestation a été la cause d'une sédimentation calamiteuse. Ainsi, en Chine, en dépit des travaux considérables entrepris depuis 1955 pour réduire l'importance de l'érosion hydrique au cours de sa traversée des plateaux de lœss, le Fleuve jaune se charge d'une quantité prodigieuse de limons évaluée à 1,6 milliard de tonnes par an. Quelque cent districts de Chine septentrionale sont concernés par la protection des sols qui est mise en œuvre depuis plusieurs décennies par la construction de terrasses reboisées à raison de plusieurs dizaines de milliers de km^2 par an. Dans la seule période 1955-1965, ces mesures avaient permis de réduire de près de 60 % l'apport de sédiments par ce fleuve. Toutefois, la charge alluviale moyenne est aujourd'hui encore de 34 $kg \cdot m^{-3}$ et peut atteindre jusqu'à 400 $kg \cdot m^{-3}$ de limons au cours de crues exceptionnelles ! En plaine, par suite de la diminution de la pente, une partie des alluvions se dépose au fond du lit et sur ses bords exhaussant peu à peu son niveau au-dessus de la plaine voisine, ce qui en rend les débordements catastrophiques. En effet l'eau ne peut plus être évacuée au moment de la décrue par retour dans le lit du fleuve puisque celui-ci s'élève actuellement à une altitude excédant de 8 mètres celle de la plaine où il a tracé son cours !

Afin de lutter contre les inondations, les habitants de la vallée du Hoang-Ho entreprirent dès 2350 av. J.-C. d'endiguer ce fleuve. Depuis lors, chaque année, les digues sont surélevées et même fortifiées. Cet endiguement s'étend de Hyayankou jusqu'à son embouchure soit sur 800 km ! Quelque 400 000 personnes sont employées à cette tâche en hiver et plus de deux millions en été au moment des hautes eaux.

Le phénomène de l'alluvionnement des vallées fluviales consécutif à la déforestation est aussi devenu désastreux dans toute l'Amérique du Sud. Dans les Andes, la majorité des terres cultivées sont en proie à l'érosion hydrique qui dégrade d'immenses surfaces. En Colombie, on estimait dans les années 1980 que 75 % des terres étaient affectées. En 1945, on avait déjà pu établir qu'au seul Pérou, le versant occidental des Andes « produisait » chaque année 2 milliards de tonnes de sédiments soit une perte annuelle équivalente à plusieurs dizaines de milliers d'hectares de terres arables !

En Afrique, les hauts plateaux éthiopiens perdent chaque année plusieurs milliards de tonnes de sol qui chargent le Nil en sédiments. Ce fleuve, par suite de la forte érosion des sols due à la déforestation dans l'ensemble de son bassin versant, est victime d'une sédimentation accélérée de son lit, à l'origine d'un comblement progressif du lac Nasser, la retenue du grand barrage d'Assouan. En conséquence, la durée de vie utile de cet ouvrage, initialement estimée à plus de 400 ans, pourrait ne pas excéder celle du présent siècle.

De façon générale, l'alluvionnement est à l'origine d'un comblement accéléré des retenues des barrages hydroélectriques ainsi que des réservoirs et des systèmes d'irrigation abrégeant dans des proportions spectaculaires leur durée de vie utile (26).

Aux États-Unis, le dépôt annuel de sédiments dans les grands barrages était évalué au début des années 1960 à plus d'un milliard de m^3 et plusieurs retenues d'irrigation construites en Californie ont été comblées en moins de quarante ans.

En Europe, dans la péninsule ibérique ainsi que dans des zones de climat plus tempéré, telles le Sud-Est de la France, l'alluvionnement est aussi considérable. Ainsi, le lac du barrage de Serre-Ponçon dans les Hautes-Alpes, dont les forêts de pente du bassin versant avaient subi des coupes effrénées jusqu'à la fin du XIXe siècle et dont on n'a pas effectué le reboisement pourtant initialement prévu, se comble à raison de 3 millions de $m^3 \cdot an^{-1}$. De la sorte, la durée de vie utile de cet ouvrage sera inférieure au siècle, donc nettement plus courte que les prévisions initiales qui étaient de 300 ans[1].

1. Déjà, à la suite de la baisse de niveau du lac de retenue due aux sécheresses du début de la présente décennie, d'immenses bancs de limon étaient visibles en été ces dernières années, sur les rives de ce lac au fond des baies d'Embrun et du Lauzet.

Dans les pays en voie de développement, soumis à une déforestation aberrante, la vitesse de comblement des lacs artificiels est encore plus grande. En Inde, la capacité du réservoir de Nizam-Sagar est passée de 900 millions de m^3 à moins de 340 millions de m^3 en une vingtaine d'années, de sorte qu'il ne permet plus d'irriguer le périmètre initial de 110 000 ha de canne à sucre et de rizières pour lequel il avait été construit. Aux Philippines, dans le Nord de l'Île de Luzon, le déboisement a provoqué un envasement accéléré du barrage d'Ambuklao dont la durée de vie utile passa de 60 à 32 ans (*in* 206).

À l'échelle globale, on constate qu'il existe une haute corrélation, toutes choses égales par ailleurs, entre l'alluvionnement des bassins fluviaux et l'intensité du déboisement dans leur bassin versant (205). On constate que l'apport sédimentaire aux cours d'eau est maximum dans le bassin méditerranéen, en Asie du Sud et en Extrême-Orient, en Afrique orientale, dans les Andes et dans les zones montagneuses de la partie occidentale des États-Unis et du Canada (figure 3.12).

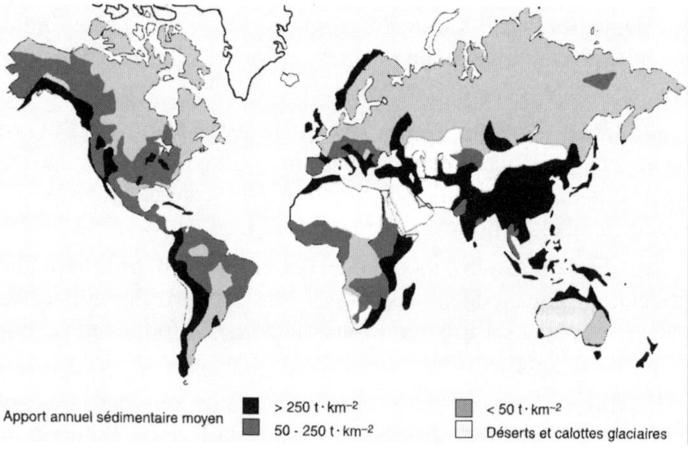

Figure 3.12 Carte du monde représentant l'importance relative de la charge sédimentaire transportée annuellement dans les principaux bassins fluviaux exprimée en apport sédimentaires moyen annuel en tonnes · km^{-2}. (D'après Douglas *in* Turner *et al.*, *op. cit.*, p. 216.)

Il serait difficile d'évaluer les montants globaux des coûts associés à la sédimentation des bassins fluviaux : enlèvement des alluvions, dragage des cours d'eau et des estuaires envasés, réhabilitation des systèmes d'irrigation, enfin, pertes d'investissements liées à la réduction de durée de vie des retenues de barrages et autres grands aménagements. Néanmoins, on imagine qu'ils atteignent des valeurs astronomiques qui peuvent se chiffrer en milliards de dollars. Il n'existe pas jusqu'à présent d'estimation de ce bilan des pertes financières même pour un pays donné.

Un exemple parmi d'autres renforcera les présomptions sur l'énormité des sommes en jeu. Le dragage du seul estuaire du Rio de la Plata afin de maintenir libre l'accès au port de Buenos Aires menacé par l'alluvionnement dû à la déforestation précitée d'une partie du bassin versant de ce fleuve coûte à l'Argentine plusieurs centaines de millions de dollars par an.

3.3.3 Glissements de terrain et avalanches

Ces derniers constituent une autre conséquence spectaculaire et souvent catastrophique de la déforestation. Ils proviennent de la dégradation du couvert végétal dans les zones montagneuses, plus particulièrement du manteau forestier, là ou les boisements se sont installés sur de fortes pentes.

a) Glissements de terrain

Ils viennent au 7e rang des causes de mortalité dans les populations humaines. Dans la dernière décennie, ils ont causé en moyenne un millier de morts annuellement dans l'ensemble du monde, la majorité des victimes étant situées en Asie.

Bien que ces derniers résultent en règle très générale de la dénudation de la surface du sol dans des zones en forte pente, certains d'entre eux peuvent résulter de causes naturelles dues à une instabilité géologique du sous-sol lorsque la roche mère est de nature argileuse ou marneuse.

De façon générale, les glissements de terrains sont déclenchés par des pluies d'intensité et de durée exceptionnelle, mais aussi éventuellement par des séismes (209).

La déforestation due à des actions anthropiques et le surpâturage sont à l'origine de la majorité de ces désastres. En effet, on constate que sur de fortes pentes et même sur des substrats capables de se gorger d'eau à l'excès lors de périodes anormalement pluvieuses, la couverture forestière stabilise parfaitement les sols, de sorte que les glissements de terrain sont rarissimes et d'étendue limitée là où existe une forêt primitive. En revanche, dans les zones où le boisement a été détruit, les périodes de précipitations excessives provoquent une érosion des sols (coulées de boue) et/ou des glissements de terrain catastrophiques.

Dans certaines circonstances, ils peuvent provenir de la destruction du couvert végétal par la pollution atmosphérique ou de celle des sols. Ainsi, dans les années 1970, un glissement de terrain qui obstrua sur plusieurs centaines de mètres l'unique route donnant accès à la haute vallée de la Maurienne provenait de la destruction par la pollution fluorée de forêts de conifères et de certaines espèces dominantes constituant le tapis végétal herbacé sur les pentes dominant cette route. Cette destruction résultait de rejets de fluor et de fluorures par les usines d'électrochimie de l'alumine, alors encore nombreuses dans cette vallée. Les sols en forte pente n'étant plus retenus par une couverture végétale suffisante et gorgés d'eau au moment de la fonte des neiges, étaient devenus instables avec pour conséquence le déclenchement d'un gigantesque glissement des terrains surplombant cette route[1].

Dans la région de Wairarapa, dans l'Île du Nord de la Nouvelle-Zélande, au Nord-Est de Wellington, les nombreux glissements de terrains survenus au cours des trois dernières décennies illustrent de la même façon les graves conséquences économiques qui peuvent parfois résulter de ces phénomènes. Il n'existe aujourd'hui dans cette région aucun vestige des forêts pluvieuses primitives de Podocarpacées qui la recouvrait sans discontinuité voici un siècle. Celle-ci a été entièrement détruite et remplacée par des prairies artificielles de *ray-grass* et de trèfle, où paissent des moutons installés sur des terrains instables, correspondant à une formation géologique constituée par des sédiments marins mal consolidés. Ces prairies qui ne fixent pas les sols avec la même efficacité que les forêts primitives sont exposées, en périodes de fortes précipitations, à de fréquents glissements de terrains d'étendue variable mais qui ont pris à la fin du dernier siècle une dimension et une fréquence catastrophiques. Comme le retour à la forêt climacique est considéré comme non envisageable pour des raisons économiques, il a été entrepris de stabiliser les sols par des plantations de peuplier et de saules en bordure des parcelles. Dans les zones d'accès difficile, les jeunes plants de ces arbres sont amenés par hélicoptère de sorte que même ce reboisement limité est d'un coût fort élevé (163).

Bien qu'en général ces phénomènes surviennent dans des régions peu peuplées, l'intensification de l'érosion des sols et le déséquilibre de la balance hydrologique qui en résulte présentent de graves conséquences économiques.

1. De même en avril 1986, un énorme éboulement survenu sur la route de Val d'Isère fut mis en rapport avec des coupes de boisements effectuées antérieurement sur des terrains en forte pente.

Certains glissements de terrains peuvent prendre des dimensions cataclysmiques. Ainsi, en 1960, en Vénétie julienne, dans le Nord-Est de l'Italie, un pan de montagne s'écroula lors d'un gigantesque glissement de terrain dans le lac de retenue du barrage du Vaiont construit sur un affluent du Piave et provoqua son débordement. Des millions de mètres cubes d'eau s'abattirent brutalement dans une gorge étroite en aval du barrage, ce qui conféra aux eaux une vitesse considérable et par la compression de l'air subséquente provoqua un effet de souffle. Au débouché dans la vallée du Piave, la vague monstrueuse qui en résulta détruisit la petite ville de Longarone, pourtant située sur l'autre rive ainsi que plusieurs villages voisins, faisant plus de 2 000 morts (23).

Dans certains cas, des glissements de terrain survenant en zone côtière peuvent déclencher des tsunamis. Ainsi un glissement de terrain cataclysmique survenu en 1792 au Japon sur les flancs de l'Unzen provoqua un

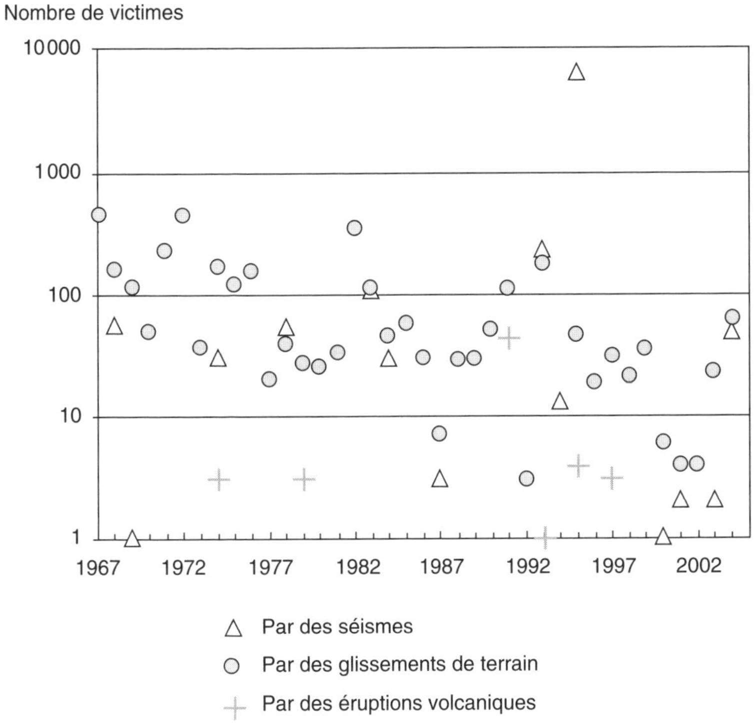

Figure 3.13 Nombre annuel de victimes causées par des glissements de terrain, des séismes et des éruptions volcaniques au Japon entre 1987 et 2005. (D'après UNU, 2005, p. 6.)

tsunami qui causa la mort de 16 000 personnes ! Par suite d'un relief accentué et de la nature des roches superficielles, le Japon présente un taux anormalement élevé de glissements de terrains et a dû s'en protéger par de nombreux ouvrages de consolidation qui certes enlaidissent les paysages mais préservent les populations riveraines. Ces derniers ont permis une baisse du nombre annuel de victimes dû à ces désastres (figure 3.13).

b) Avalanches

Celles-ci représentent un autre type de désastre naturel dont l'ampleur et les conséquences sont considérablement accrues par la destruction des forêts et par une mauvaise gestion du couvert végétal en montagne.

Bien que les risques d'avalanches soient plus importants dans les zones à relief accusé de moyenne et haute montagne, les recherches effectuées sur les diverses causes de déclenchement de ces dernières montrent qu'elles peuvent survenir en zones déboisées, couvertes seulement de végétation herbacée, aussitôt que la pente excède à peine une quinzaine de degrés !

En règle générale, les avalanches constituent une classe de catastrophes dont les conséquences en termes de vies humaines et de dégâts matériels sont moindres que celles dues à d'autres désastres car elles affectent seulement certaines zones de massifs montagneux et ne concernent pas habituellement des zones à fortes densités de population. Toutefois, il a pu advenir par le passé des avalanches associées à des tremblements de terre et/ou à des glissements de terrain qui ont pris des dimensions cataclysmiques. Ainsi, une immense avalanche détruisit en 1962 la ville de Yongay au Pérou provoquant la mort de plus de 20 000 personnes !

La présence de forêts non dégradées réduit quasiment à néant le risque d'avalanches pour les zones situées en aval, la couverture forestière empêchant leur déclenchement. Même si un boisement peut être endommagé par le passage d'une avalanche, il constitue une barrière efficace contre celle-ci.

En outre, les arbres protègent les sols, empêchent leur érosion dans la zone correspondant à leur trajectoire et interdisent de ce fait la formation de couloirs propices au déclenchement de nouvelles avalanches (38).

Aussi les peuples montagnards ont-ils très tôt compris ce rôle des boisements. Dans les pays de l'arc alpin, plus particulièrement en Suisse, en Autriche, mais aussi en Savoie, diverses lois et édits promulgués parfois au haut Moyen-Âge réglementaient la coupe des forêts voire l'interdisait totalement dans toute zone présentant un risque sévère d'avalanche. Ces lois créèrent *ipso facto* des forêts de protection qui constituèrent avant l'heure de véritables réserves forestières.

À l'opposé, la transgression de ces interdictions en périodes troublées ou en date plus récente par la construction de divers aménagements touristiques en montagne s'est souvent traduite par la formation d'importants couloirs d'avalanche, conséquence de déboisements intempestifs effectués en zone sensible (figure 3.14).

Figure 3.14 Couloir d'avalanche créé par la coupe rase d'une forêt de conifères effectuée au début du XXe siècle dans une zone vulnérable (La Clusaz, Haute-Savoie). (Cliché F. Ramade.)

Outre les conséquences de la coupe rase de boisements, la construction de pistes de ski peut aussi créer localement des conditions très favorables aux avalanches, la croissance de la végétation herbacée ou buissonnante sur les flancs de ces dernières qui se courbe sous le poids de la neige dans le sens de la pente constituant un tremplin idéal pour le déclenchement de ces dernières.

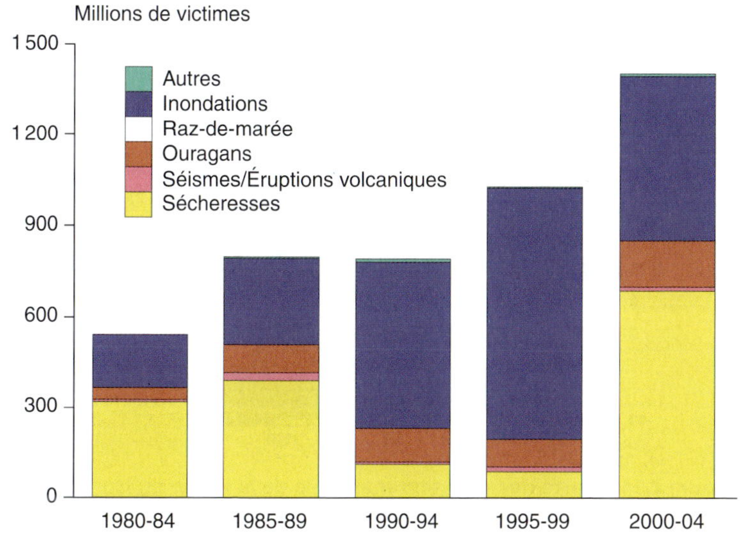

Figure 1.2 Nombre de personnes affectées par des désastres naturels dans la période 1980-2004. (D'après OFDA/CRD *in* Renner et Chafe, *op. cit.*, p. 118.)

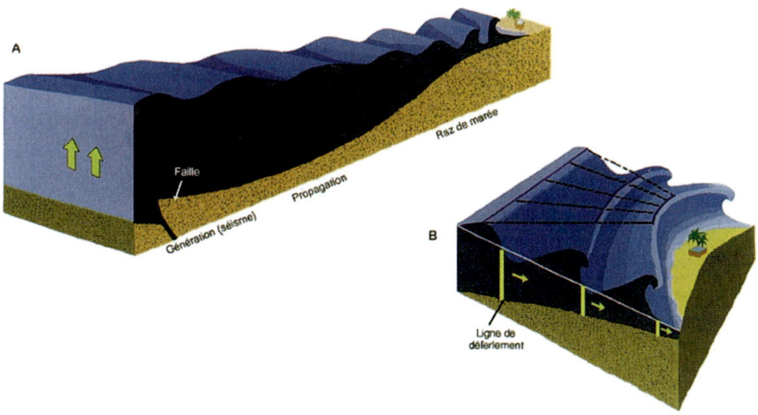

Figure 2.12 Représentation schématique du mécanisme de formation d'un tsunami.

Voir légende complète page 72.

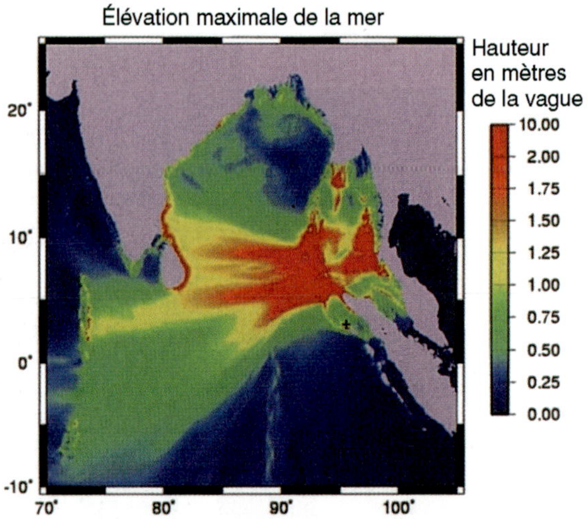

Figure 2.14 Carte de la hauteur maximale de la vague du tsunami du 26 décembre 2004 dans l'océan Indien (la croix noire figure l'emplacement de l'épicentre du séisme). (D'après NOAA, 2004.)

Figure 2.15 Mangrove non dégradée sur le littoral en bordure du parc national de Kakadu à l'est de Darwin (territoire du Nord, Australie). Voir légende complète page 78.

Figure 2.16 Mangrove dégradée à Madagascar au nord de Tuléar, près d'Ifaty. (Cliché F. Ramade.)

Figure 2.17 Forêts littorales sur les rives de la réserve naturelle de Petite Terre (Guadeloupe). Les arbres sont des raisiniers bord de mer (*Coccoloba uvifera*, Polygonacées). (Cliché F. Ramade.)

Figure 3.4 Vue satellitaire du cyclone Jeanne en septembre 2004.

Figure 3.5 Vue du passage du cyclone « Erika » sur Nouméa le 14/03/03.
Voir légendes complètes page 87 et 90.

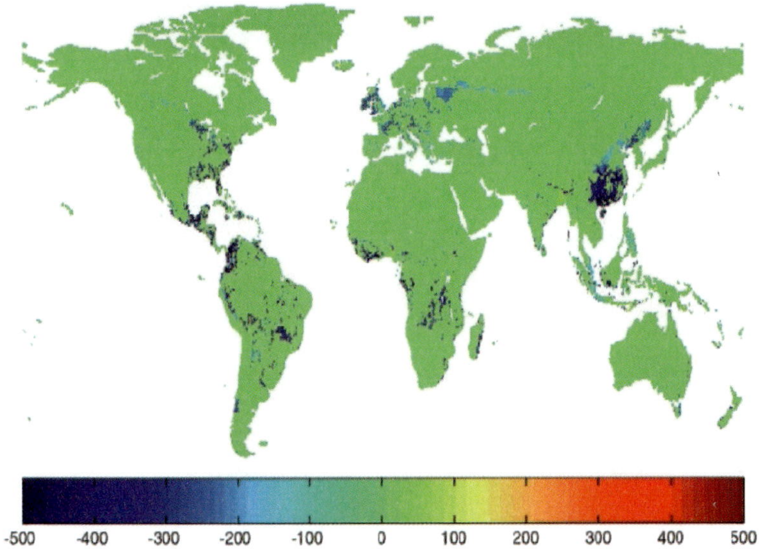

Figure 3.11 Carte du monde montrant l'impact de la déforestation sur l'évapotranspiration.

Voir légende complète page 113.

Figure 4.16 Vue aérienne de sols en proie à l'érosion éolienne dans le Colorado.

Voir légende complète page 167.

Figure 5.16 Traînées de condensation formées par la circulation des avions aux environs de l'aéroport d'Orly.

On remarque que les traînées de condensation initialement très étroites **(A)** se sont progressivement étalées sous l'effet des vents d'altitude et finissent par donner un voile de cirro-stratus très étendu **(B)**. (Clichés F. Ramade.)

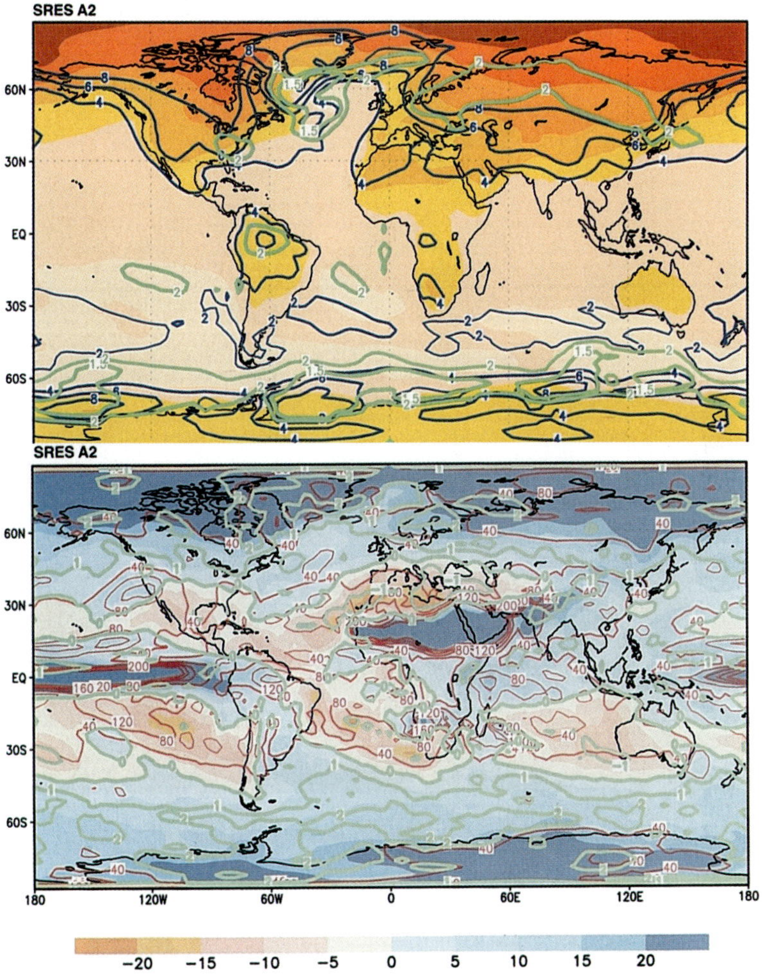

Figure 5.19 Variations climatiques en °C calculées pour 2070-2100 par référence à la moyenne 1960-1990, par établissement d'une moyenne des résultats de simulation de modèles différents paramétrés selon le scénario de référence A2 du SRES-IPCC.

Ces derniers sont fondés sur les valeurs calculées par référence à l'augmentation de l'effet de serre consécutive à un doublement de la teneur en gaz serre de l'atmosphère d'ici la fin du XXIe siècle (800 ppm en 2100). **A)** Variations des températures moyennes superficielles terrestres (écarts en degrés Celsius). **B)** Variations de pluviométrie (en % annuel). (D'après IPPC, *op. cit.*, 2001, p. 747 et 550.)

Figure 5.22 Voir légende complète page 220.

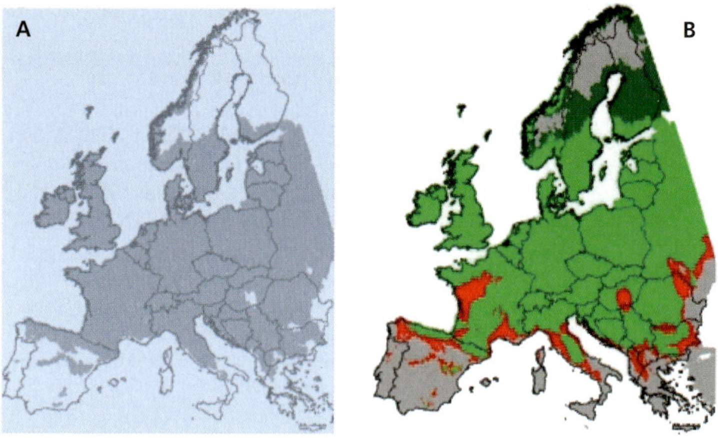

Figure 5.28 Voir légende complète page 231.

Chapitre 4

Sécheresses et désertification

4.1 SÉCHERESSES

Les sécheresses sont des anomalies météorologiques marquées, même sous les latitudes tempérées, par une absence de précipitations se prolongeant pendant quelques semaines voire plusieurs mois. Lorsque, dans une région du monde ces périodes deviennent récurrentes au cours des années, on passe d'une pénurie occasionnelle des pluies à une dégradation climatique persistante qui traduit une aridification du climat.

4.1.1 Sécheresses et aridification

Un accroissement incontestable de la fréquence des périodes de sécheresses exceptionnelles s'est manifesté dans le monde depuis le milieu du XXe siècle, affectant à un moment ou un autre une part importante des terres émergées.

Ce phénomène a même concerné l'Europe occidentale où des périodes récurrentes de sécheresse se sont installées de façon quasi chronique dans la péninsule ibérique et les pays nord méditerranéens, mais aussi en France atlantique avec son apogée lors de l'été caniculaire de 2003. Corrélativement, aux plus basses latitudes, la désertification s'est étendue, plus particulièrement en Afrique, du fait d'une aridification persistante avec une extension des franges désertiques dans des milieux auparavant exploités par l'élevage extensif voire même par une agriculture pluviale.

Ces inquiétants phénomènes ont suscité de nombreuses initiatives internationales, en particulier celle de l'UNESCO en 1977, et conduisirent à l'adoption d'une Convention Internationale sur la prévention de la désertification lors de la Conférence des Nations unies sur l'environnement et le développement à Rio en juin 1992[1].

a) Qu'entend-on par sécheresse ?

La notion de sécheresse n'est pas absolue mais relative. Il est assez évident qu'elle n'aura pas le même sens, en termes de diminution des pluies, dans une zone littorale océanique à climat tempéré humide qu'en zone semi-aride.

Une sécheresse se définit par un déficit de précipitations exprimé en pourcentage par rapport à la moyenne annuelle du lieu considéré. Il est généralement admis qu'une baisse de 25 à 30 % des précipitations entraîne une sévère diminution des rendements agricoles dans les pays tempérés et une récolte catastrophique dans les zones tropicales à saison sèche prolongée.

Cette définition des sécheresses est en réalité empirique car leur impact sur la production agricole va aussi dépendre de la période de l'année où ces sécheresses vont survenir. Leurs effets seront désastreux s'ils se manifestent au printemps pendant la phase de la levée des semis ou encore en été pendant celle de maturation des épillets dans les cultures de céréales comme celle d'ampleur exceptionnelle qui en 1975 affecta l'Ukraine, la partie européenne de la Russie et le Kazakhstan (96).

L'interaction entre sécheresse et rendements des cultures a conduit certains experts à proposer une évaluation agronomique de son intensité, fondée sur la baisse des productions qu'elle provoque. Une sécheresse est qualifiée de sérieuse si les rendements des cultures diminuent de 10 % et de catastrophique quand la production agricole moyenne chute de plus de 30 %.

Par ailleurs, les géographes distinguent usuellement plusieurs types de sécheresse : celles dues au déficit de précipitations, celles caractérisées par un déficit d'écoulement des eaux de surface, enfin celles résultant d'une diminution du niveau des aquifères. Dans les deux derniers types, l'interaction entre l'homme et le couvert végétal intervient de façon

1. Nous citerons pour mémoire le sérieux déficit de production alimentaire que provoqua en France la fameuse « sécheresse séculaire » ayant sévi sur une grande part de l'Europe occidentale de février à octobre 1976… et « l'impôt sécheresse » qui en résulta.

synergique aux anomalies climatologiques et dans une certaine mesure également dans le premier.

En dépit de ses approximations, nous utiliserons dans ce qui suit la définition fondée sur le déficit pluviométrique car celle-ci est la référence d'usage dans les travaux consacrés aux problèmes de désertification.

Lorsque les phénomènes de sécheresse perdurent et s'installent de façon chronique, ils conduisent à une aridification du climat. À la sécheresse, qui est une anomalie météorologique occasionnelle due à un déficit transitoire de précipitations, va alors succéder l'aridification qui est une modification climatique persistante marquée par un accroissement de la fréquence et de la durée des épisodes de sécheresse.

Le terme de désertification désigne la conséquence écologique de l'aridification. Elle se traduit par une extension des franges des déserts au détriment des écosystèmes steppiques qui les bordent. La désertification transforme ces écosystèmes productifs en zones arides exposées à l'érosion éolienne, avec pour ultime stade de cette évolution régressive leur invasion par des dunes de sable. L'échelle de temps dans laquelle se place ce processus catastrophique se compte selon les cas en décennies, en siècles et parfois en millénaires.

La désertification a marqué l'histoire de la biosphère de façon récurrente au cours des périodes géologiques[1]. Ces périodes ont résulté de fluctuations d'aridité naturelles qui ont fait varier l'extension des déserts, dont l'existence a été elle-même permanente à la surface des continents.

Néanmoins, le rôle de l'action de l'homme dans la désertification actuelle paraît aujourd'hui peu contestable, en dépit de polémiques qui ont pu diviser, et le font encore, les milieux scientifiques sur ce sujet, certains ayant même contesté la réalité de l'existence d'un tel processus (voir par exemple 89) !

b) Fluctuations dans le temps des périodes de sécheresse

Des facteurs physiques naturels jouent un rôle essentiel dans les fluctuations climatiques. Au cours des périodes géologiques passées, les climats terrestres ont connu des périodes de climat sec et humide alternant avec des phases de glaciations et de réchauffement[2].

1. La désertification aurait même été à l'origine de la plus grande extinction de masse de l'histoire de la biosphère, celle qui intervint à la fin du Permien voici 250 millions d'années.

2. Ce couplage est fondé sur une loi physique simple : la tension de vapeur d'eau augmente avec la température de sorte que, lorsqu'il fait chaud, l'évaporation de l'océan mondial sera plus intense et les précipitations moyennes seront plus abondantes à l'échelle globale. À l'opposé, lors des périodes froides, l'évaporation sera plus faible et ces périodes seront marquées par une aridification aux basses latitudes.

Ces fluctuations climatiques ont été marquées par une importante variation des surfaces occupées par des zones désertiques lors de phases alternatives d'extension et de régression[1]. En effet il a été démontré que les épisodes de climat global froid se sont accompagnés au cours des temps géologiques de phases de sécheresse et qu'à l'opposé, lorsque le climat était chaud, les précipitations atteignaient leur maximum d'abondance[2].

De telles fluctuations climatiques récurrentes ont connu une amplitude et une fréquence exceptionnellement importantes au cours du Quaternaire et plus particulièrement au cours du Pléistocène récent. C'est en particulier le cas du Sahara, le plus vaste désert du monde, qui a subi de la sorte au cours de cette ère d'importantes variations dans son étendue et dans son emplacement géographique. À l'apogée du Würm, il y a environ 18 000 ans, il descendait beaucoup plus au Sud et recouvrait de vastes territoires actuellement occupés par la zone sahélienne. Les massifs de dunes atteignaient alors la latitude de Dakar et de N'Djamena, soit en moyenne 500 km plus au sud que de nos jours ! Il s'est beaucoup rétréci jusqu'à l'optimum climatique post-würmien qui s'est achevé, il y a quelque 5 000 ans, à la faveur d'une phase plus humide pendant laquelle les lacs sahariens atteignirent leur plus haut niveau des 50 derniers millénaires (figure 4.1).

Lors des périodes humides, même les parties centrales du Sahara présentaient les caractéristiques d'une steppe et non pas d'un désert. L'abondance des gravures rupestres figurant d'immenses troupeaux d'Ongulés sauvages ou domestiques dans les massifs du Hoggar, du Tibesti ou du Tassili, l'existence d'hippopotames dans les étendues d'eaux permanentes sises au fond des dépressions (*in* 99), attestent des profondes modifications écologiques qu'il a connues depuis les débuts du Néolithique.

Une nouvelle période d'aridification s'est ensuite amorcée entre – 5 000 et – 4 500 ans et se poursuit de nos jours. Ce phénomène est général dans le monde car toutes les franges des déserts ont connu des

1. Il semble néanmoins que les calottes glaciaires avaient disparu depuis le début du Jurassique jusqu'au Tertiaire, où recommença à se former la banquise dans l'Antarctique, à la fin de l'Éocène, voici environ 36 millions d'années.

2. Ainsi, on trouve dans les glaces antarctiques, au climax des dernières glaciations, des dépôts de poussières d'abondance jusqu'à dix fois supérieurs à ceux que l'on observe lors des phases de réchauffement interglaciaires, attestant d'une étendue maximale des déserts lors des glaciations. Il a aussi été découvert qu'à l'apogée du Würm, les forêts pluvieuses tropicales couvraient des surfaces nettement plus faibles qu'aujourd'hui et que, à l'opposé, les savanes étaient beaucoup plus étendues dans les bassins du Congo et de l'Amazone.

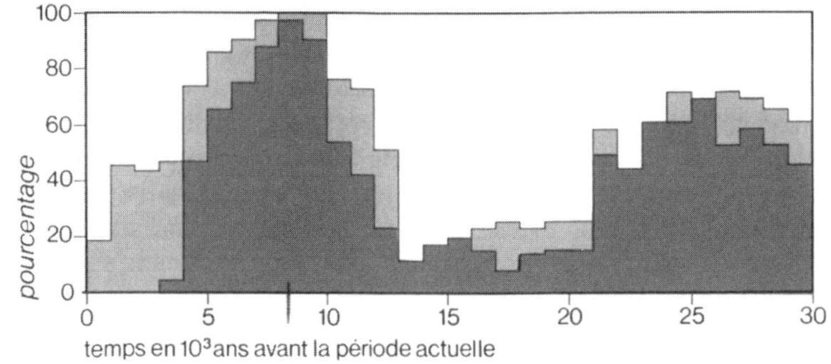

Figure 4.1 Variation du niveau de deux lacs sahariens au cours des trente derniers millénaires.

On remarque que les eaux atteignirent leur hauteur maximale à l'Holocène au cours du pluvial épisode climatique qui a suivi la fin du Würm et a duré de – 12 000 à – 5 000. (D'après Street et Grove, *in* Freeman et Rennie, *op. cit.*, p. 22.)

phases récurrentes d'aridification au cours des trois derniers millénaires à l'occasion de « crises climatiques », qui correspondent à des épisodes de refroidissement plus marqués aux hautes latitudes (178).

c) Causes des sécheresses

Au cours des temps géologiques, en particulier pendant le Pléistocène et même l'Holocène, les climats terrestres ont présenté des phases alternantes d'aridité et d'humidité avec pour corollaire des fluctuations importantes de l'extension des zones arides lors de phases récurrentes de sécheresse.

Les grandes périodes de sécheresse qui ont sévi dans les dernières décennies n'ont jamais été localisées à une fraction de continent mais au contraire marquées à l'échelle planétaire. Il en a été ainsi entre autres pour les crises climatiques du Sahel en 1969-1972 et 1982-1983, laquelle provoqua la grande famine d'Éthiopie.

➤ Rôle des températures océaniques dans l'apparition des épisodes d'aridité climatique

Dès les années 1970, des recherches ont mis en évidence une corrélation entre les épisodes d'anomalies thermiques des eaux superficielles dans l'océan Atlantique et les conditions météorologiques sur l'Europe (173), en particulier avec l'apparition de sécheresse (172). D'autres travaux entrepris dans la même décennie ont mis en évidence l'interaction des épisodes d'El Niño dans le Pacifique et l'apparition de périodes d'anomalies climatiques extrêmes (sécheresse et pluies diluviennes) dans les régions tropicales de tous les continents (*in* 34).

Il apparaît donc que la cause initiale des grandes sécheresses résulterait de phénomènes de nature géophysique liés aux échanges thermiques océans-atmosphère et atmosphère-continents, qui interfèrent avec les précipitations.

Une corrélation incontestable a ainsi été démontrée – à la fois par des travaux paléoclimatologiques et des recherches sur les conditions climatiques actuelles – entre une baisse des températures globales et la manifestation d'épisodes climatiques plus arides.

L'explication de l'apparition de phases d'aridité exceptionnelle aux moyennes et basses latitudes par l'existence d'anomalies thermiques en milieu marin associées à une perturbation des courants océaniques a été apportée lors de la sécheresse séculaire de 1976 en Europe occidentale[1]. Cette dernière fut marquée par une excellente corrélation avec une diminution anormale de température des eaux de surface dans l'Atlantique du Nord ouest (figure 4.2).

Lorsque ces températures sont plus basses, de l'ordre de 1 à 3 °C en janvier dans l'Atlantique occidental, les pluies sur l'Europe occidentale seront déficitaires dans les mois de février suivants (172).

Depuis lors, il a été montré que, de façon plus générale, le climat de l'Europe était conditionné par un phénomène météorologique, dénommé Oscillation Nord atlantique (NAO = *North Atlantic Oscillation*), qui contrôle le déplacement des masses d'air entre les régions subarctiques et les zones subtropicales de l'Atlantique et par suite les échanges thermiques océan-atmosphère. La NAO ajuste entre autres les températures superficielles des eaux de l'Atlantique Nord. Son influence sur les climats a été directement mise en cause depuis la grande sécheresse de 1976, comme évoqué ci-dessus, et en date plus récente dans les changements du rythme des saisons observé depuis quelques décennies qui se traduisent par une avancée du début du printemps prouvée par les caractères phénologiques de la végétation et un retard de celui de l'automne (9), (52).

Au cours de la grande sécheresse du Sahel du début des années 1970, des études satellitaires mirent en évidence une corrélation entre les phases d'aridification aux basses latitudes et une nette chute des températures des eaux superficielles dans les zones océaniques boréales et australes (113).

1. Dans la région francilienne, aucune goutte de pluie ne tomba de la mi-février à la fin Septembre 1976, des températures caniculaires dépassant 35 °C furent alors observées dès le tout début Juin!

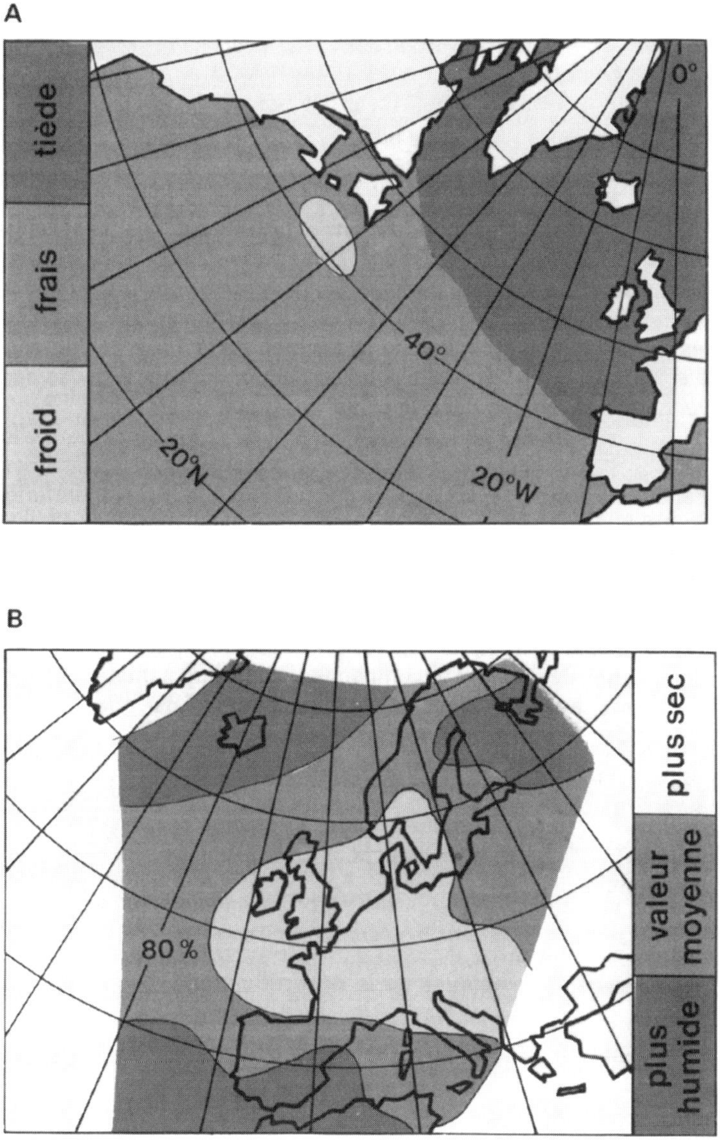

Figure 4.2 Anomalies thermiques des eaux de surface relevées dans l'Atlantique en janvier 1976 (A) et déficit des précipitations observé sur l'Europe occidentale au mois de février suivant (B) (référence à la moyenne 1931-1960).
(D'après Ratcliffe *in* Rognon *op. cit.*, 1981, p. 1357.)

Ces constatations ont été confirmées par des recherches ultérieures qui ont montré que la NAO jouait un rôle significatif dans l'occurrence de ces sécheresses bien qu'une autre fluctuation d'importance globale, l'ENSO (voir ci-après) intervînt également dans ces phénomènes climatiques (147).

➤ Inversion des courants marins et sécheresses : le phénomène d'El Niño

Depuis le début des années 1980 a été mise en évidence une autre perturbation océanique qui est à l'origine à une échelle globale de graves désordres climatiques dans les zones continentales : le phénomène d'El Niño, qui advient de façon récurrente dans le Pacifique intertropical[1]. Ce dernier, surtout marqué aux basses latitudes, agit aussi sur le climat des latitudes tempérées.

Dénommé de façon plus pertinente ENSO (*El Niño Southern Oscillation*) par les océanographes, il résulte d'importantes modifications du sens et de l'intensité des courants dans l'océan Pacifique, ainsi que de la température des eaux de surface (figure 4.3) déterminant l'apparition d'anomalies météorologiques sur les continents voisins.

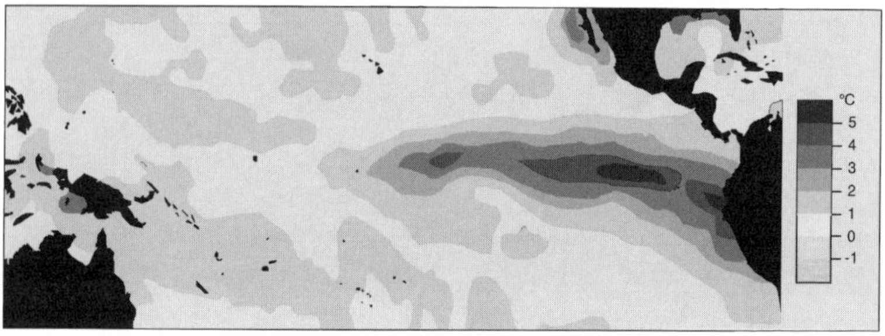

Figure 4.3 Anomalies des températures superficielles du Pacifique équatorial en janvier 1998 lors de l'apogée d'El Niño de 1997-98. (*In* PNUE, *op. cit.*, 2000, p. 33.)

Ce phénomène résulte initialement d'un changement du sens des vents dans le Pacifique équatorial. Ces derniers soufflent normalement d'ouest en est. Dans des circonstances particulières qui se manifestent de façon cyclique mais apériodique, il survient une inversion de ces vents qui deviennent de régime est-ouest soufflant donc du continent sud américain vers l'Ouest du Pacifique (figure 4.4). Cette modification du sens de

1. Il doit son nom au fait qu'il apparaît à l'approche de la Noël (le terme d'El Niño signifie en espagnol « l'enfant »).

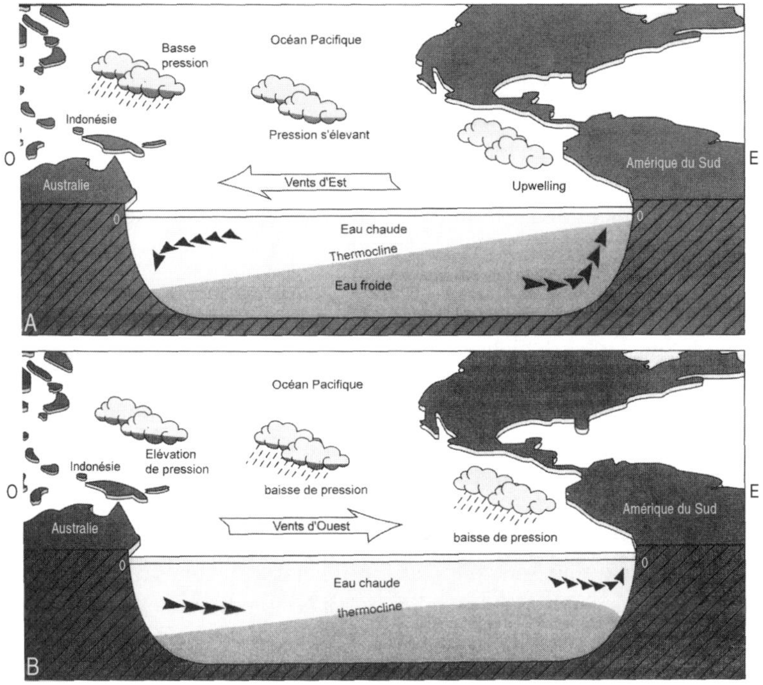

Figure 4.4 Explication des mécanismes météorologiques qui induisent l'apparition du phénomène d'El Niño.

Dans les conditions normales (schéma A), un système de hautes pressions est centré sur l'Est du Pacifique forçant les alizés à souffler « en descendant » le gradient barométrique vers la zone dépressionnaire pluvieuse centrée sur l'Indonésie, et induisant un courant marin dirigé vers l'ouest. Les eaux chaudes superficielles s'accumulent dans le Pacifique Ouest tandis que le contre-courant froid de moyenne profondeur se dirige vers l'est ; la couche d'eau chaude superficielle reste très mince dans l'Est du Pacifique équatorial permettant le fonctionnement normal de l'upwelling des côtes du Pérou dont dépendent ses florissantes pêcheries. À intervalle de quelques années, mais de façon apériodique donc imprévisible, le système se dérègle de façon catastrophique comme en 1982-1983 ou en 1998 (schéma B). Les vents se déplacent vers l'est et les hautes pressions s'atténuent. Les alizés s'affaiblissent et sont remplacés par des vents d'ouest ce qui inverse le sens du courant chaud de surface lequel se dirige alors vers l'Amérique du Sud. En conséquence, les cyclones apparaissent dans le Pacifique centre équatorial (Polynésie française) alors que l'Amérique du Sud est exposée à des pluies torrentielles sur son littoral Pacifique. L'accumulation d'eaux chaudes bloque l'upwelling du Pérou et les pêcheries s'effondrent au Pérou et au Chili. Dans le même temps, les Philippines, l'Indonésie et l'Australie connaissent des sécheresses catastrophiques. (D'après PNUE, mais modifié *in* Ramade, 2002, p. 267.)

déplacement des perturbations atmosphériques se traduit par une inversion des courants marins de surface entraînés par les mouvements cycloniques. Corrélativement apparaît un blocage de l'*upwelling* équatorial de l'Est-Pacifique avec pour conséquence, entre autres choses, un effondrement de la productivité des pêcheries maritimes de la côte du Pérou.

Le phénomène de l'ENSO se traduit par d'importantes anomalies météorologiques qui se manifestent bien au-delà de la zone Pacifique. Il provoque en particulier de graves perturbations climatiques – sécheresses anormales ou au contraire cyclones et pluies diluviennes – dans des régions usuellement exemptes de tels phénomènes.

Ainsi, lors du catastrophique El Niño de 1982-1983, l'Australie, l'Indonésie, d'autres archipels du Pacifique Ouest tropical et aussi l'Afrique australe et sahélienne connurent une sécheresse extrême. À l'opposé, des trombes d'eau s'abattaient sur les côtes orientales du Pacifique (jusqu'au Sud de la Californie) et des cyclones ravageaient la Polynésie française. En Australie, cet El Niño provoqua une épouvantable sécheresse, la pire du XXe siècle, causant des pertes matérielles, en particulier à l'agriculture, estimées à 2,5 milliards de dollars. En Indonésie et aux Philippines, cette sécheresse extraordinaire détruisit les récoltes et provoqua localement des disettes. Fait extraordinaire, même le Sud-Est de Bornéo, situé dans une zone équatoriale où les pluies sont régulières fut exposé à une période d'aridité qui dura jusqu'en juin 1983. Des incendies, favorisés par cette sécheresse anormale y détruisirent $5 \cdot 10^6$ ha de forêts ! Dans le même temps, six cyclones tropicaux consécutifs ravageaient la Polynésie française, affectant quelque 143 îles et atolls. Le cyclone Veena détruisit à lui seul à Tahiti quelque 6 000 habitations, laissant plus de 25 000 personnes sans toit.

Ces phénomènes météorologiques catastrophiques se sont reproduits lors de l'El Niño de 1997-1998, le plus intense de tout le XXe siècle, année pour laquelle la moyenne des températures superficielles de la Terre a été la plus élevée depuis qu'existent des statistiques météorologiques[1] ! L'importante sécheresse qu'il a provoquée dans l'Ouest du Pacifique tropical a contribué à nouveau à la genèse d'immenses incendies de forêts en Indonésie, en particulier à Sumatra, à Kalimantan[2] et à Célèbes, détruisant plus de 9 millions d'hectares de forêts pluvieuses tropicales, ainsi qu'en Australie, plus particulièrement dans la région de Sydney où des zones résidentielles étendues durent être évacuées. La hausse des températures superficielles des eaux marines qui en

1. La moyenne globale de 2005 a été la seconde jamais relevée après celle de 1998 !
2. Partie indonésienne de Bornéo.

résulta provoqua un désastreux phénomène de blanchissement des écosystèmes coralliens avec pour conséquence une mortalité catastrophique chez les madrépores bâtisseurs de récifs. Ce blanchissement, particulièrement marqué dans le Pacifique, affecta aussi à des degrés divers l'Océan indien et l'Atlantique tropical, donc la totalité des 17 provinces récifales du globe (94).

En définitive, les phénomènes d'El Niño survenus en 1982-1983 puis en 1997-1998 représentent les deux plus colossales anomalies climatiques observées au cours du XXe siècle en zone intertropicale et furent marqués soit par des sécheresses extrêmes soit par des pluies diluviennes.

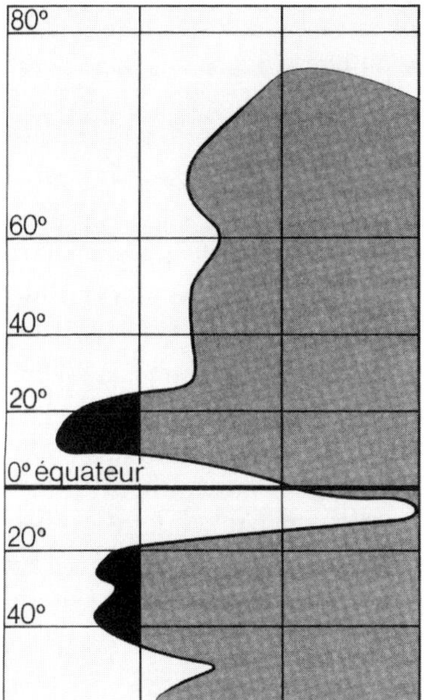

Figure 4.5 Anomalies des précipitations observées à la surface du globe au cours de la période 1970-1972, regroupées pour chaque degré de latitude.

On remarque bien sur ce diagramme le fort déficit de pluviométrie observé au cours de ces années aux latitudes correspondant à la zone sahélienne et entre les 20 et 40° S ainsi qu'à l'opposé le surplus de précipitations aux plus hautes latitudes (entre 10° et 20° Nord). (D'après Lamb *in* Rognon, *op. cit.*, p. 1357.)

En 1982-1983, les sécheresses furent aussi calamiteuses dans le Nord-Est du Brésil, déjà affecté par une aridité croissante depuis 1978, mais aussi dans le Sud de ce pays, dans le Nord de l'Argentine et au Paraguay. En Afrique du Sud, elles furent telles que les récoltes présentèrent une baisse de rendement de 70 à 80 %, et la mortalité infantile doubla au Botswana.

En définitive, les épisodes de sécheresses qui sévirent pendant les dernières décennies n'ont jamais été localisés à une fraction de continent mais furent au contraire plus ou moins marqués sur l'ensemble du globe, accompagnés par d'autres désordres climatiques.

Ainsi, la première grande sécheresse du Sahel qui sévit de 1968 à 1972 et qui s'étendit aux diverses régions tropicales du monde fut à l'opposé accompagnée par un excès de précipitations, par rapport à la normale, aux autres latitudes (figure 4.5, page précédente).

d) Accroissement de la fréquence des grandes sécheresses

On a pu observer à la fin du XXe siècle une augmentation incontestable de la fréquence et de l'intensité des sécheresses exceptionnelles. Ces épisodes ont concerné non seulement des zones tropicales et subtropicales du globe, qui en pâtissent de façon périodique depuis des temps immémoriaux, mais aussi des régions tempérées telles l'Europe occidentale, la Chine du Nord et ailleurs sur les autres continents.

La mortalité dans les populations humaines victimes de sécheresse, qui était estimée en moyenne à un millier par an dans les années 1960, excédait 20 000 par an au cours des années 1970, et 50 000 par an dans les années 1980. Depuis le début des années 1990, il est difficile de donner une estimation, car outre les victimes de nombreuses disettes, voire famines dues à ces sécheresses, ces dernières résultent aussi dans les pays concernés des troubles politiques et des guerres qui sévissent en Afrique subsahélienne. Un exemple actuel est celui du Soudan où il est difficile au Darfour de faire la part entre les victimes de la sécheresse et celles dues à la guerre. À cela s'ajoute – à une échelle certes moins préoccupante – les cas du Zimbabwe, du Malawi et de quelques autres pays d'Afrique australe où les déficits de précipitations ont accentué le marasme de la production agricole causé par des désordres. En définitive, il serait vraisemblable que le nombre des victimes des sécheresses approche les 100 000 par an depuis les débuts de la présente décennie surtout par suite de la mortalité infantile.

Il convient néanmoins de souligner qu'en dépit des fluctuations climatiques naturelles observées pendant les quarante dernières années, l'action de l'homme, avant tout à cause de la dégradation de la végétation steppique et de la déforestation, est intervenue de façon incontestable et croissante dans l'importance de ce phénomène.

4.1.2 Principales sécheresses observées au cours des dernières décennies dans le monde

Le tableau 4.1 résume les principales sécheresses observées entre la fin des années 1960 et 2005 dans le monde. Il est très remarquable de constater que la tendance à l'aridification observée ne concerne pas seulement les zones tropicales mais aussi divers pays tempérés voire septentrionaux !

TABLEAU 4.1 PRINCIPALES SÉCHERESSES CATASTROPHIQUES OBSERVÉES ENTRE 1968 ET 2005.

Année	Région du monde ou pays affecté	Caractère et impact humain
1968-1974	Zone soudano-sahélienne	Sécheresse très sévère, famine
1970	Australie	Une des pires sécheresses ayant affecté ce continent au cours du XXe siècle
1972	Partie européenne de l'ex-URSS	Sévère sécheresse
1975	Partie européenne de l'ex-URSS, Kazakhstan S-O de la Sibérie	Sécheresse séculaire, baisse de moitié du rendement des récoltes ayant nécessité l'importation de plusieurs dizaines de millions de tonnes de céréales surtout des États-Unis
1975-1976	Europe occidentale et centrale, Scandinavie, NE du Brésil, Afrique de l'Est	Sécheresse séculaire en de nombreuses régions affectées, quasi-absence de pluies pendant six mois
1977	Ouest des États-Unis	Sévère sécheresse, restriction de l 'irrigation au quart de la normale en Californie
1979	Indes	Absence de mousson !
1980	Centre et Sud des États-Unis	Sévère vague de chaleur et de sécheresse
1981-1983	Indes, Asie du Sud-Est Australie, Amérique du Sud, Afrique australe	Sécheresses catastrophiques, les pires du XXe siècle en Indonésie et Australie, résultant de l'un des plus importants El Niño jamais observés, famines éparses

TABLEAU 4.1 PRINCIPALES SÉCHERESSES CATASTROPHIQUES OBSERVÉES ENTRE 1968 ET 2005. (SUITE)

Année	Région du monde ou pays affecté	Caractère et impact humain
1983-1984	Afrique soudano-sahélienne, Éthiopie, Afrique australe	24 États africains affectés, nombreuses disettes et famines. Événements climatiques désastreux dans l'ensemble des zones tropicales et tempérées chaudes du monde
1988	Ouest des États-Unis	Très sévère sécheresse, retour du phénomène des « *dust bowl* » jamais observé depuis les années 1930
1997-1998	Asie du Sud-Est, Indes, Afrique australe, États-Unis, Amérique tropicale	Sécheresse sévère, dépérissement des récifs coralliens, disettes, dues au plus formidable El Niño jamais observé au cours du xxe siècle
2004-2005	Niger, Tchad, Soudan, corne de l'Afrique	Sévère sécheresse, disettes éparses accentuées par des invasions de criquets migrateurs et les désordres politiques, en particulier au Darfour

Toutefois, il apparaît incontestablement que l'Afrique représente de tous les continents celui qui est le plus exposé aux phases d'aridification. Ces sécheresses ont en premier lieu affecté les franges de déserts en particulier dans la zone sahélienne qui est aux confins du plus vaste d'entre eux, le Sahara, et en bordure du Kalahari qui est le symétrique du précédent au niveau du tropique du Capricorne. Cependant au cours de la même période, outre l'Éthiopie déjà citée, de nombreux autres pays dont la totalité de ceux d'Afrique de l'Est équatoriale, l'Angola, etc. eurent à souffrir de graves sécheresses.

a) Grandes sécheresses du Sahel

Par leur intensité, leur fréquence et leur durée, les sécheresses qui ont ravagé le Sahel dépassent de loin toutes celles qui furent observées au cours des dernières décennies et en font la région du monde la plus affectée par ces désastres. Il est en réalité possible d'affirmer que cette région souffre depuis une cinquantaine d'années de déficits pluviométriques récurrents voire même quasi permanents lors de certaines décennies (figure 4.6).

Le Sahel couvre une surface considérable en Afrique boréale entre le Sud du Sahara et la limite Nord des savanes guinéennes. Il s'étend sur

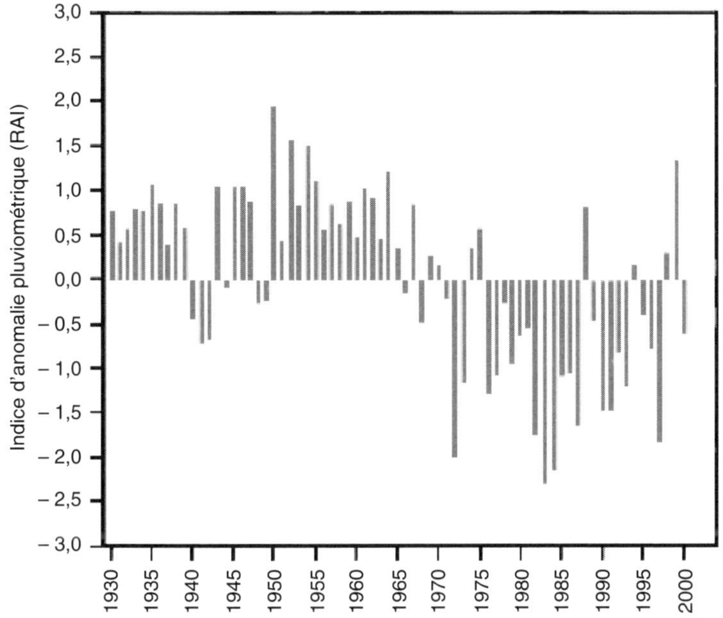

Figure 4.6 Fluctuation des précipitations au Sahel au cours du XXe siècle (entre 1930 et 2000).

L'excès ou le déficit des pluies est exprimé par le *Relative Anomaly Index* (RAI) exprimé en déviation par rapport à la moyenne de 1930-2000. (D'après Anyamba et Tucker, *op. cit.*, 2005, p. 607.)

une longueur proche de 6 000 km avec une largeur moyenne de 500 km, correspondant en première approximation à la zone comprise entre les isohyètes de 200 mm et 500 mm. La zone comprise entre les isohyètes de 100 et 200 mm dénommée sahélo-saharienne fait la transition entre le Sahel, zone semi-aride et le désert proprement dit (figure 4.7). Néanmoins, depuis plusieurs années, les experts prennent comme limite du Sahara l'isohyète de 200 mm, car cette dernière est parfaitement décelable dans les études satellitaires par les détecteurs AVHRR de satellites Landsat et Spot qui repèrent la limite de la végétation permettant d'établir un indice de différence de couverture végétale normalisé (NDVI = *Normalized Difference Vegetation Index*) (116).

Au plan biogéographique, il correspond à trois types d'écosystèmes disposés en bandes parallèles approximativement orientées est-ouest. La limite Nord, dite sahélo-saharienne, correspond à des écosystèmes constitués par des steppes semi-arides. Au Sud lui succède une région sahélienne, zone de savanes où le tapis graminéen présente de façon

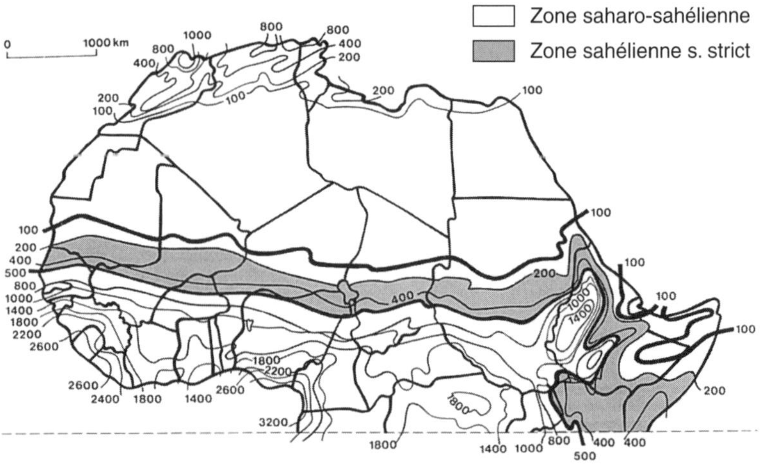

Figure 4.7 Carte montrant la localisation en Afrique de la zone sahélienne au sens strict et saharo-sahélienne qui fait la transition avec ce désert.

Comprises entre les isohyètes de 500 et 100 mm, elles sont dans l'ensemble situées entre le 10° et 20° de latitude Nord à l'exception de la corne de l'Afrique où les zones recevant cette hauteur de pluie descendent jusqu'à l'équateur au niveau du Kenya. (D'après Ramade, *op. cit.*, 1987, p. 149 mais modifié.)

éparse des végétaux ligneux dont quelques espèces arborescentes xérophiles, en particulier *Commiphora africana*, *Balanites aegyptica* et *Acacia senegal*. Enfin, la limite méridionale du Sahel est marquée par des savanes dites soudaniennes qui exigent des précipitations plus abondantes, dans lesquelles la végétation arborescente devient plus importante et diversifiée.

Depuis le début du XXe siècle, le Sahel a connu trois grandes périodes de sécheresse. Celle de 1968-1973, aurait provoqué la mort de cent à cent cinquante mille personnes dans les seuls États francophones de cette région (Tchad, Niger, Mali, Burkina-Fasso, Sénégal et Mauritanie) du fait de la grande famine qui en résulta.

En 1983-1984, tous les pays depuis les îles du Cap vert jusqu'à l'océan Indien, furent affectés par une sécheresse séculaire qui se fit sentir bien au-delà de la zone sahélienne, sinistrant aussi l'Afrique australe même au-delà du tropique du Capricorne (135). Au total quelque 24 pays africains[1] furent victimes de ce désastre dit naturel et la

1. En 1983 et 1984, les pluies furent quasi absentes dans certains pays comme la Mauritanie, le Niger et le Tchad ainsi qu'au Nord du Mali et du Burkina-Faso et dans l'Ouest du Soudan.

FAO estimait qu'en 1984, quelque 150 millions de personnes souffraient peu ou prou d'une disette…

À l'extérieur de la région sahélienne, plusieurs provinces du Nord de l'Éthiopie dont le Wollo, le Tigré et le Gonder, furent par suite affectées par une épouvantable famine consécutive à l'absence de récolte. Celle-ci concerna plus de cinq millions de personnes et fit probablement 500 000 victimes (*in* 158).

En Afrique australe, où la situation était encore difficile en 1985 par suite de mauvaises récoltes, le Mozambique souffrit d'une sécheresse persistante. Cette période d'aridité fut telle qu'en 1984, le lit de la plupart des cours d'eau fut entièrement desséché ! Quelque 750 000 personnes eurent besoin d'aide alimentaire et plusieurs dizaines de milliers d'entre elles périrent de faim.

L'impact écologique de la sécheresse, tant au Sahel que dans les autres régions d'Afrique affectées, a été tout aussi catastrophique que celui qu'il exerça sur les populations humaines.

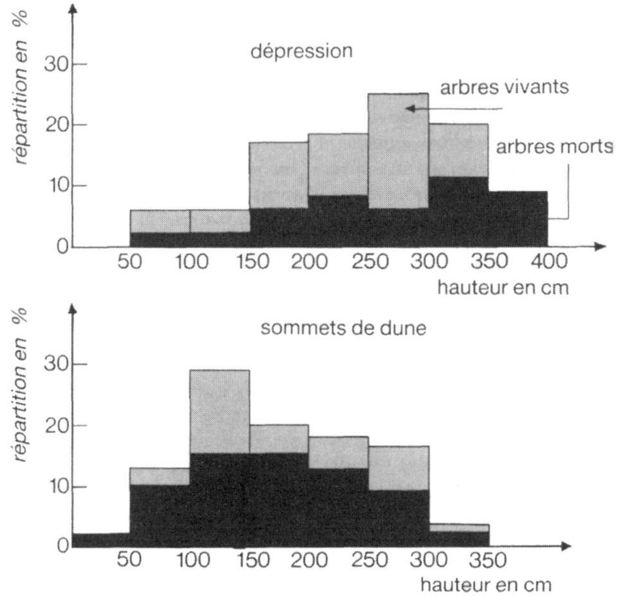

Figure 4.8 Influence de la sécheresse de 1970-1972 sur la mortalité des arbres des savanes sahéliennes.

On constate qu'au sommet des dunes, la plupart des arbres et tous les jeunes sujets ont péri tandis que la survie a été supérieure parmi les sujets situés dans des dépressions. (D'après Poupon & Bille, *op. cit.*, p. ??.)

Une proportion considérable des végétaux arbustifs et arborescents, parfois même la totalité d'entre eux, périrent du manque d'eau au Sénégal pendant la sécheresse sahélienne de 1970-1972. Des recherches montrèrent que plus de 75 % des arbres croissant dans les parties les plus élevées de cette dernière périrent du manque d'eau (156).

Au cours de celle associée à l'El Niño de 1983-1984, la faune sauvage à l'intérieur et hors des aires protégées subit une véritable hécatombe en Afrique australe, des points d'eau ayant même dû être créés d'urgence dans certains parcs nationaux pour éviter aux éléphants de périr de soif (34).

Un nouvel épisode de sécheresse affectant plusieurs millions de personnes est apparu en 2004-2005, et a été plus particulièrement marqué au Niger, au Tchad et au Soudan.

b) Sécheresses et famines dans les autres régions tropicales

À un degré moindre, l'Amérique latine et l'Asie du Sud ont été aussi affectées par des sécheresses récurrentes au cours des trois dernières décennies.

➤ Sécheresses en Amérique latine

Au Brésil, le Nord-Est du pays, territoire où les précipitations sont naturellement déficitaires, a connu une période d'aridité exceptionnelle qui dura de 1978 à 1985. Des quelque dix-sept épisodes de sécheresse endurés par le *Nordeste* depuis le début du XXe siècle jusqu'au milieu des années 1980, cette dernière fut la plus catastrophique car elle affecta quelque 20 millions de personnes[1]. Au début de 1984, la situation était analogue à celle qui sévissait alors en Afrique subsaharienne à la même époque avec quelque 25 millions d'habitants sinistrés par la sécheresse sur les 30 millions que comptait cette région. Parmi ces derniers, plus de 25 000 périrent dans le seul état de Pernabouc.

Conséquence de l'El Niño de 1998, le Brésil a connu à nouveau dans le *Nordeste* cette année-là la pire des sécheresses depuis 1985, quelque 10 millions de personnes ayant souffert de la disette. Cette même année, les États d'Amérique centrale et le Mexique furent sévèrement affectés, la conjonction de l'aridité et des fortes chaleurs provoquant de nombreux incendies de forêts tandis que la désertification s'accroissait au Mexique, accompagnée d'une pénurie alimentaire due au déficit des récoltes dans plusieurs provinces (140).

1. Comme 90 % des récoltes de cette année-là furent détruites, les paysans les plus démunis durent, pour survivre, consommer des lézards et des cactus !

Sécheresses aux Indes

Le sous-continent indien figure parmi les régions du monde ayant été les plus affectées par des sécheresses épisodiques au cours du dernier millénaire. Même les grandes plaines du Nord peuvent présenter de façon récurrente des déficits pluviométriques importants. En réalité, plus des trois quarts du sous-continent sont susceptibles d'être occasionnellement victimes d'une insuffisance de pluies.

Ces sécheresses récurrentes peuvent même affecter des zones bénéficiant en règle générale d'abondantes précipitations. Ainsi, dans la région des Nilgiri Hills (Tamil Nadu), qui reçoivent en moyenne 1 350 $mm \cdot an^{-1}$ (moyenne séculaire), on note une forte irrégularité du régime des pluies et une tendance à l'aridification de toute évidence liée à un déboisement de plus en plus désastreux observé depuis le milieu du dernier siècle (voir Chapitre 3, p. 97) (134).

Dans l'ensemble du sous-continent indien, une douzaine de grandes famines a été dénombrée au cours du dernier millénaire dont quatre au cours du XXe siècle. La plus catastrophique d'entre elles, celle de 1943 au Bengale, fit plus de trois millions de morts (60).

En moyenne, les Indes ont subi une grande sécheresse tous les vingt ans et tous les cinq ans un défaut de précipitations plus localisé affectant «seulement» quelques États. En pratique, des conditions de pluviométrie favorables à l'agriculture ne se rencontrent qu'une année sur deux ! Enfin dans certains États comme dans le Pendjab au Pakistan, ou au Rajahstan en Inde, l'aridification s'accroît de façon insidieuse mais continue. Le grand désert de Thar, commun à ces deux nations, qui couvre plus de 200 000 km^2, s'étend peu à peu vers le Nord-Est de la péninsule indienne se rapprochant de l'Uttar Pradesh où se situe la capitale, Delhi. Il s'est accru au rythme de 11 500 $km^2 \cdot an^{-1}$ au cours du dernier demi-siècle.

c) Sécheresses dans les zones tempérées

Les zones tempérées d'Amérique du Nord, d'Europe et d'Asie, et de l'hémisphère austral ont été aussi affectées par la fréquence croissante des sécheresses au cours du dernier demi-siècle. Ces dernières ont pris à plusieurs reprises des dimensions catastrophiques aux États-Unis par suite de leur impact humain considérable.

La mise en culture du Centre-Ouest américain, entre le 100e degré de longitude et le piémont oriental des Rocheuses, zones où les précipitations sont inférieures à 300 $mm \cdot an^{-1}$ a eu pour conséquence d'amorcer un redoutable processus de désertification. Celui-ci a été accentué à partir des années 1930 par la récurrence de périodes de sécheresse dans ces zones naturellement couvertes sur d'immenses surfaces par des steppes semi-arides qui constituaient la partie occidentale de la « prairie ».

Ces épisodes d'aridification se sont traduits par la formation de « *dust-bowl* », propres à divers États de l'« Old West » (figure 4.9), type paroxystique d'érosion éolienne déclenchée par l'apparition de vastes étendues dépourvues de toute végétation[1]. Ils se sont manifestés à nouveau, quoiqu'à une moindre échelle, lors des sécheresses de la fin des années 1980.

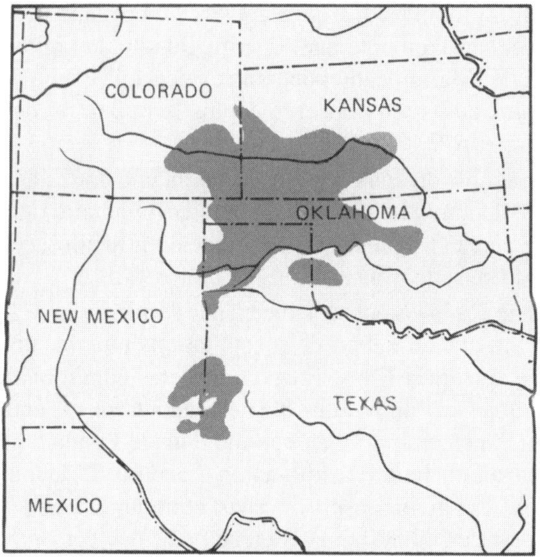

Figure 4.9 Localisation aux États-Unis des principales zones de *dust-bowl* dans les grandes plaines de l'Ouest. (D'après Dassmann *in* Ramade *op. cit.*, 2005, p. 548.)

En Europe occidentale, plusieurs périodes de sécheresse ont affecté au cours des trois dernières décennies la péninsule ibérique, les pays méditerranéens, le Sud-Est de la France, mais aussi sa façade atlantique et de façon plus générale l'Europe occidentale.

1. Pendant les années 1930, à l'apogée des épisodes de sécheresse dans l'*Old west* américain, de gigantesques tourbillons de poussières prenant naissance sur une surface de 450 000 km^2 à cheval sur les États du Colorado, du Kansas, du Nouveau-Mexique et de l'Oklahoma pouvaient entraîner en quelques heures des millions de tonnes de sol dans l'atmosphère laissant parfois la roche à nu ! Ils déclenchèrent en particulier l'exode des agriculteurs de l'Oklahoma vers la Californie, que J. Steinbeck décrivit dans son célèbre roman « Les raisins de la colère ».

Outre l'année 1976, où le manque de pluie fut catastrophique dans toute l'Europe occidentale et centrale (sauf bizarrement dans sa partie méditerranéenne), on notera les déficits de précipitations de la fin des années 1980 et 1990. Une sécheresse calamiteuse, associée à une canicule[1] record, a de nouveau affecté l'Europe occidentale et sévit au printemps et pendant l'été 2003. Enfin, quoique moins accentuée, celle de 2005 a sinistré en France quelque 66 départements, surtout sur la moitié Ouest mais également dans la région méditerranéenne. Le déficit de précipitation annuelle (surtout printanier) a atteint plus de 25 % en Provence et a dépassé 50 % dans certaines régions de la façade atlantique, la sécheresse en saison végétative dans la région Poitou-Charentes ayant été la pire connue depuis 1959.

4.2 EXTENSION CROISSANTE DES DÉSERTS

À la différence des sécheresses épisodiques, l'aridification, quand elle s'installe, conduit à la désertification. Elle concerne de nos jours une soixantaine de pays répartis sur tous les continents habités et son extension a pris des dimensions dramatiques au cours des dernières décennies. Elle menace des surfaces couvrant des dizaines de millions de km^2 dans lesquelles vivent plus d'un milliard d'habitants (figure 4.10) ! De tous les milieux concernés, les plus vulnérables sont les steppes et les savanes semi-arides que l'homme peut rapidement désertifier en dégradant de façon excessive le couvert végétal.

Au début de la dernière décennie, les Nations unies estimaient à 51,7 millions de km^2 la surface totale déjà désertifiée ou pouvant être affectée par la désertification soit le tiers des terres émergées (tableau 4.2). Cette dernière comprenait quelque 36 millions de km^2 de steppes et de savanes semi-arides ou désertiques utilisées par des peuples de pasteurs en élevage extensif, environ 2,1 millions de km^2 de cultures pluviales, c'est-à-dire arrosées par les seuls apports des précipitations naturelles, enfin 430 000 km^2 correspondaient à des terres irriguées dont les sols ont déjà été dégradés ou présentent un risque d'altérations pédologiques irréversibles du fait de l'aridité du climat[2].

1. À la Réserve Naturelle Nationale de Camargue où les données météorologiques sont relevées en permanence depuis 1940, la température moyenne de l'année 2003 a été supérieure de près de 1 °C à la moyenne mobile des 60 dernières années!
2. On estimait déjà au début des années 1980 à 60 000 km^2 la surface annuellement transformée en déserts dans le monde et à plus de 60 millions le nombre d'hommes vivant dans des zones en voie de désertification avancée, envahies peu à peu par des dunes de sable. À l'heure actuelle, cet effectif excède 120 millions.

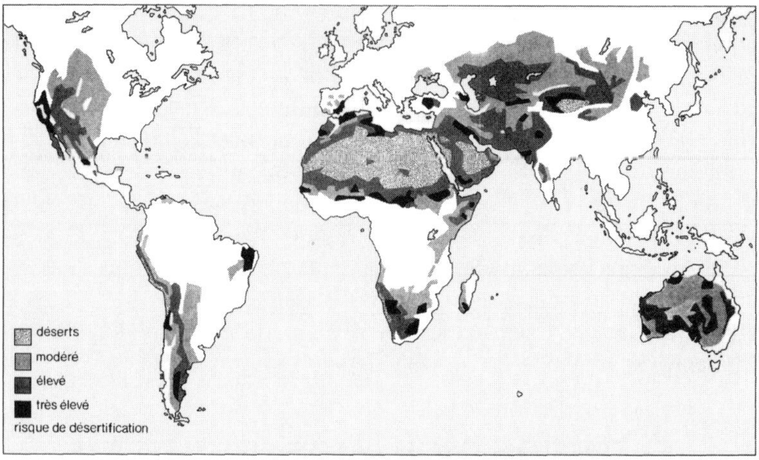

Figure 4.10 Carte du risque de désertification dans le monde. Fait paradoxal en apparence, ce risque est moins élevé dans les semi-déserts que dans des zones semi-arides exposées à des épisodes récurrents de sécheresse dont la pluviométrie moyenne est pourtant nettement supérieure à celle relevée dans les semi-déserts. On constate donc que les zones les plus menacées ne sont pas bien évidemment celles déjà désertifiées mais celles qui subissent une extension de l'aridification. (D'après UICN mais modifié *in* Ramade F. *op. cit.*, 1987, p. 156.)

À ces surfaces doit être ajoutée celle des déserts hyperarides dont l'existence tient à des phénomènes climatiques naturels indépendants de l'action humaine.

Au début de la présente décennie, la situation ne s'est pas foncièrement améliorée, bien qu'un épisode de pluviométrie plus favorable de 1994 à 2003 au Sahel, ait ralenti le phénomène. On peut néanmoins estimer à l'heure actuelle que 75 % de la surface totale des zones arides est en risque de désertification.

L'extension actuelle du Sahara, mais aussi celle du désert de Gobi, ou encore des déserts de l'hémisphère austral témoigne de nos jours de façon spectaculaire de cette progression de la désertification.

En Afrique, il a été estimé que quelque 650 000 km^2 de pâturages et de terres cultivées avaient déjà été entièrement désertifiés dans la région sahélienne où le désert s'étendait à une vitesse moyenne évaluée à plus de 2 km par an dans la période 1950-1970 (210). C'est au cours des années 1980 qu'à la suite des grandes sécheresses au Sahel, le Sahara a connu sa plus grande extension, passant de 8 633 000 km^2 en 1980 à

TABLEAU 4.2 ÉTAT DE LA DÉSERTIFICATION À L'ÉCHELLE GLOBALE : SURFACE DÉJÀ DÉSERTIFIÉE OU EN RISQUE DE DÉSERTIFICATION. (D'APRÈS PNUE *IN* TOULMIN, 1994.)

Type d'écosystème	Surfaces* (en 10^6 hectares)	% par rapport à la surface globale des zones arides
1 - Cultures dégradées par l'irrigation	43	0,8
2 - Cultures pluviales dégradées	216	4,1
3 - Pâturages extensifs dégradés (dégradation du couvert végétal et des sols)	757	14,6
4 - Sous-total des dégradations des sols dues à l'homme (1 + 2 + 3)	1 016	19,5
5 - Surfaces surpâturées (sans altération des sols)	2 576	50,0
6 - Sous-total des surfaces dégradées (4 + 5)	3 592	69,5
7 - Zones arides non dégradées	1 580	30,5
8 - Surface totale des zones arides (déserts hyperarides exclus)	5 172	100

* Les surfaces ici figurées correspondent en grande majorité à des biotopes en risque de désertification ou affectés par cette dernière mais non encore désertifiés. Seule une fraction de la surface indiquée au sous-total 4 correspond à des surfaces déjà désertifiées.

9 982 000 km^2 en 1984, soit un accroissement de 15 % de sa surface. En 1990, sa limite avec la zone sahélienne se trouvait 130 km plus au sud qu'en 1980 de sorte qu'au cours de cette décennie, la vitesse d'extension du Sahara vers le sud a été de 13 km par an (202).

Au Soudan, entre 1968 et 1975, lors de la sécheresse séculaire du Sahel, le Sahara a gagné vers le sud sur une distance allant jusqu'à 50 km par an. Cette avancée a couvert en 17 ans (entre 1967 et 1984 c'est-à-dire en incluant la sécheresse des années 1980), une surface égale aux deux tiers de celle de la France, la vitesse moyenne d'avancée pendant cette période a été de 5,5 km · an^{-1} (116) ! Il ne s'est pas agi d'une avancée spectaculaire d'un front de dune mais d'un mitage progressif de pâturages steppiques dans lesquels s'étendent pernicieusement des enclaves de sol dénudé.

On considère à l'heure actuelle que la totalité de la zone sahélienne, qui s'étend depuis les rives de l'Atlantique jusqu'à celles de la mer Rouge, représente la région du monde la plus affectée par la désertification tant par l'intensification du phénomène au cours des cinquante dernières années et que par l'étendue des surfaces concernées (4,17 millions de km^2).

La désertification se traduit, partout où elle sévit, par une diminution du potentiel de production biologique végétale et animale des divers habitats qui en sont affectés. Cette baisse de productivité résulte de la déforestation et de la destruction de la végétation ligneuse et de la diminution du débit et de la qualité des eaux superficielles et des aquifères qu'elle provoque et de la dégradation des sols exploités en cultures pluviales et de ceux en pâturages naturels, les uns et les autres étant ravagés par l'érosion éolienne (figure 4.11).

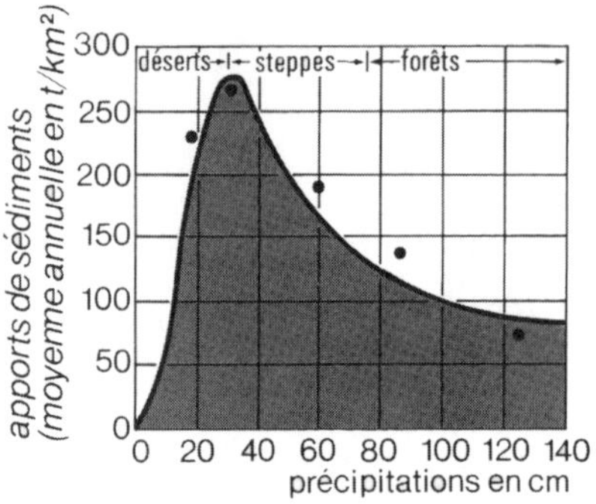

Figure 4.11 Intensité de l'érosion des sols (en t · km^2 · an^{-1}) en fonction des précipitations annuelles et du type d'écosystème. (D'après Langbein *in* Judson, *op. cit.*, p. 362.)

De façon générale, la désertification est dite modérée quand la baisse de productivité biologique des écosystèmes affectés est inférieure à 30 %. Au-delà, on parle de désertification sévère.

En fait, les pertes réelles provoquées par la désertification dépassent largement les seules surfaces converties chaque année en dunes de sable. Si l'on tient compte de la superficie totale des terres agricoles où l'aridification a provoqué une baisse rédhibitoire des rendements, on a pu estimer être de l'ordre de 200 000 km^2 · an^{-1} les surfaces perdues dans le monde lors des sécheresses des années 1980[1] !

1. Alors que la moyenne annuelle de ces pertes a été estimée à 60 000 km^2 · an^{-1} dans la période 1960-1980 par le PNUE (96).

Fait méconnu, la désertification provoque aussi une perte de biodiversité qui présente des conséquences immédiates et préoccupantes pour les populations locales, mais aussi parfois bien au-delà. Ainsi, la raréfaction voire la disparition de plantes d'intérêt alimentaire ou pharmaceutique et d'espèces animales vivant dans les habitats semi-arides, représente une des plus désastreuses conséquences écologiques de la désertification car elle se traduit par une disparition de ressources naturelles irremplaçables. À la suite de la sécheresse du Sahel du début des années 1970, il fut estimé en Mauritanie qu'une soixantaine d'espèces végétales d'usage alimentaire ou médicinal s'étaient considérablement raréfiées voire étaient menacés d'extinction – ou avaient même déjà disparu de nombreuses localités où elles étaient autrefois communes (79).

D'autre part, la pression de chasse s'est tellement accrue sous l'effet conjugué des disettes engendrées par les sécheresses récurrentes et de la croissance démographique dans la région saharo-sahélienne que les populations d'ongulés sauvages (gazelles et antilopes) se sont littéralement effondrées au cours des trois dernières décennies.

Deux espèces particulièrement intéressantes pour l'élevage dans des habitats semi-arides et désertiques du Sahara, qui faisaient au grès des migrations une partie de leur cycle vital en zone sahélienne, l'*Addax nasomaculatus* et l'*Oryx dammah*, sont actuellement en voie de disparition dans l'ensemble de leur aire de distribution géographique[1].

4.3 MÉCANISMES DE LA DÉSERTIFICATION

L'analyse des causes de la désertification est à la fois complexe et sujette à polémique par suite de multiples paramètres abiotiques ou d'origine anthropique qui interviennent dans la genèse de ce phénomène.

4.3.1 Rôle des facteurs climatiques naturels dans la désertification

L'occurrence d'épisodes de sécheresse ou *a fortiori* de périodes d'aridification croissante dépend en premier lieu de processus climatiques naturels qui interviennent dans la genèse de ces phénomènes.

1. L'*Oryx dammah* qui était aux franges de l'extinction a pu être sauvé dans les années 1980 par d'importantes mesures de conservation *ex situ* (élevage dans des enclos). Il a depuis été réintroduit dans ses aires d'origine bien que ses effectifs demeurent encore réduits dans la nature. À l'opposé, l'*Addax* demeure en danger immédiat de disparition car sa population mondiale compterait moins de trois cents individus.

La perturbation des mécanismes météorologiques « normaux » à l'origine des périodes de sécheresse telles que celles que l'on a connues dans le monde au cours des trois dernières décennies, a été avant tout liée à des modifications des échanges thermiques océan-atmosphère. Parmi ces dernières, l'El Niño en constitue la forme la plus spectaculaire avec des impacts climatiques se manifestant à l'échelle globale, quoique des recherches récentes aient mis en évidence une influence beaucoup plus étendue de la NAO qu'elle ne l'avait été jusqu'à présent estimée, cette dernière intervenant même sur le développement de la végétation en Asie (82).

4.3.2 Rôle de l'homme dans la désertification

Les recherches climatologiques ont démontré le rôle des facteurs naturels dans les sécheresses qui ont sévi au cours des quatre dernières décennies et prévoient un maintien de cette tendance dans le futur en particulier aux latitudes moyennes.

Toutefois, bien que l'homme n'ait pu provoquer jusqu'à présent par sa seule action une aridification du climat, il n'empêche que son action a joué un rôle de premier plan dans la désertification au cours de la période historique et a contribué à l'aggravation des épisodes actuels de sécheresse.

Le rôle déterminant de l'homme dans la désertification résulte en premier lieu dans la destruction de la couverture herbacée due à une charge pastorale excessive dans des zones déjà naturellement semi-arides. En outre s'observe depuis quelques décennies la mise en culture de zones steppiques, qui laisse les sols dénudés une bonne partie de l'année, augmentant l'albédo de la surface terrestre, donc l'aridification, et favorisant l'érosion des sols.

L'impact croissant de ces facteurs de désertification s'observe partout ailleurs dans le monde là où l'irrégularité des précipitations et leur insuffisance certaines années font entrer la région concernée dans la catégorie des zones semi-arides.

On a pu estimer que 51,72 millions de km^2 de la surface des terres émergées entrent dans la catégorie des zones arides. Sur ce total, une dizaine de millions de km^2 soit 19,5 % de superficie ont déjà été désertifiés par l'homme.

Ces zones couvrent en définitive d'immenses surfaces, supérieures par exemple à celle du Brésil, initialement couvertes de savanes ou de steppes semi-arides, voire de boisements ouverts que l'homme a dégradés par la déforestation, le surpâturage, l'incendie et des pratiques agricoles mal adaptées.

La désertification au Sahel

L'histoire du Sahel apporte à cet égard de nombreux enseignements. Naturellement semi-aride, le Sahel a connu par le passé des épisodes récurrents de sécheresse d'intensité comparable à ceux des dernières décennies du XXe siècle. Pendant la « petite période glaciaire » qui sévit entre 1450 et 1850, il a été plus aride encore que pendant les dernières décennies. En dépit de cela, les populations qui y vivaient ne souffrirent en aucun cas par le passé de famines épisodiques à l'opposé de ce qu'il est advenu au cours du dernier siècle (Sinclair et Fryxell, 1985).

En réalité, toute l'écologie des populations tant humaines qu'animales du Sahel a été caractérisée par l'existence de migrations qui permettaient autrefois aux pasteurs nomades de pouvoir utiliser l'importante production fourragère du tapis végétal graminéen pendant la brève saison des pluies, puis de se déplacer vers les régions bien arrosées situées au Sud quand arrivait la saison sèche.

Malheureusement, cet équilibre dû au nomadisme a été rompu depuis le milieu du XXe siècle par suite de la croissance démographique insensée qu'a connu le Sahel depuis 1900, à l'image de tout le reste de l'Afrique subsaharienne, les diverses populations qui y vivent ayant quadruplé leurs effectifs dans le dernier demi-siècle.

La pression humaine exagérée sur le couvert végétal de la zone sahélienne constitue en définitive le facteur essentiel de désertification. L'augmentation numérique des troupeaux qu'implique celle des hommes, et le surpâturage qui en résulte, la demande croissante en bois de chauffe, y ont exercé une action catastrophique sur la végétation herbacée et ligneuse. De plus, l'extension de l'agriculture vers le Nord introduit dans cette zone un redoutable facteur d'érosion des sols, encore plus dangereux que le surpâturage.

Le rôle de l'homme dans l'extension actuelle des déserts paraît en définitive tout aussi important que celui des déficits pluviométriques épisodiques.

La désertification a été dans la plupart des cas exacerbée dans l'ensemble du monde par les effets néfastes d'une démographie galopante sur des écosystèmes steppiques surexploités, parfois aggravés par les effets calamiteux de projets d'aide au développement mal conçus tels l'installation intempestive de forages là où la capacité fourragère des pâturages est trop faible.

En conséquence, l'aridification est devenue une tendance permanente au cours des trois dernières décennies, favorisée par une rétroaction entre les facteurs locaux d'origine humaine liés à la dégradation de la végétation et ceux de nature climatique.

a) Désertification résultant de la destruction du couvert végétal

➤ Influence sur le bilan radiatif de la surface terrestre

La sévérité et la persistance des sécheresses que l'on observe au Sahel et dans les autres zones du monde soumises à la désertification résultent selon toute vraisemblance d'une interaction de la dégradation considérable du couvert végétal – et de la surface des sols – avec les mécanismes climatologiques régissant les échanges énergétiques entre le sol et l'atmosphère (108).

Les bilans énergétiques d'une région dont le tapis végétal est dénudé, et à l'opposé d'une autre où la végétation constitue une couverture continue, sont très différents. Dans un premier cas, le sol nu d'une zone désertifiée est clair et réfléchit (albédo) une bonne part de l'énergie solaire incidente – jusqu'à 45 % ! Le sol étant sec, il ne peut perdre de la chaleur par évaporation. Chaud, il émet dans l'infrarouge plus d'énergie qu'il n'en absorbe du flux solaire. Ce déficit du bilan énergétique est comblé par la chaleur des masses d'air venues d'ailleurs, par déplacement advectif horizontal et qui finissent par descendre (subsidence) sans apporter de la pluie (figure 4.12 A).

À l'opposé, dans les régions couvertes par un tapis végétal dense et continu (figure 4.10 B), la surface du sol, plus sombre, présente un albédo beaucoup plus faible, de l'ordre de 15 %, et absorbe une plus grande part du flux solaire. L'évaporation de l'eau édaphique disponible permet le transfert vers l'atmosphère de l'énergie absorbée. La surface du sol garde une température modérée, le bilan de chaleur reste positif, il n'y a pas d'appel d'énergie provenant de l'extérieur. Contrairement au cas précédent, les mouvements de convection permettent l'élévation des masses d'air chargées d'humidité aux altitudes où la condensation se produit et où s'amorcent les précipitations.

Les processus ici décrits sont interactifs, c'est-à-dire que la dégradation du couvert végétal par les activités humaines amplifie les désordres bioclimatologiques du cycle de l'eau provoquant de moindres précipitations qui à leur tour ralentissent ou interdisent la régénération de la végétation à la nouvelle saison des pluies et le cycle se poursuit, auto-entretenu.

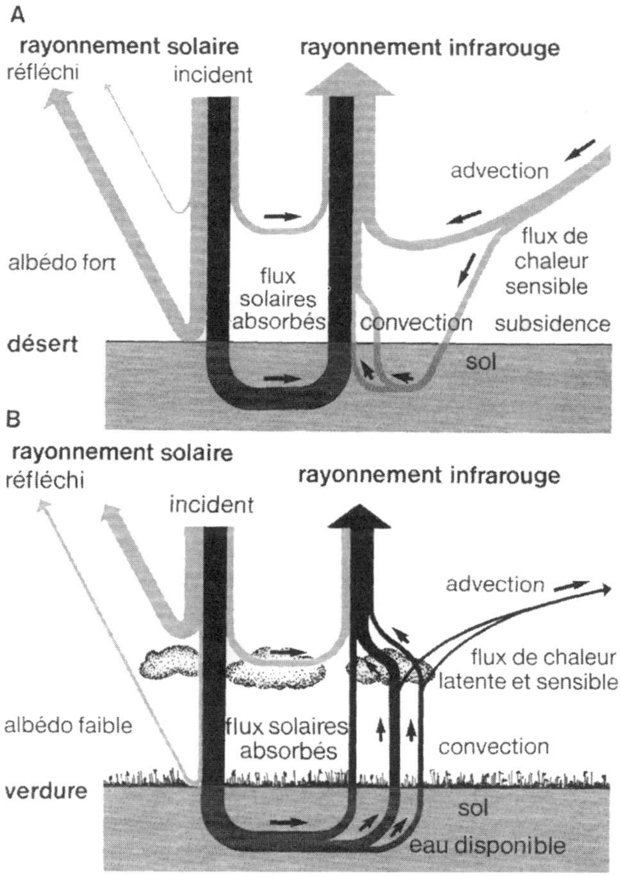

Figure 4.12 Comparaison du bilan énergétique de la surface du sol en milieu désertique (A) et dans une zone couverte de végétation (B). (D'après Kandel et Courrel, *op. cit.*, p. 1154.)

➤ Rôle des perturbations anthropiques du cycle de l'eau

L'intervention régulatrice de la végétation dans le cycle de l'eau constitue un facteur déterminant qui se superpose aux mécanismes purement physiques et radiatifs évoqués ci-dessus pour réguler les précipitations atmosphériques et accroître leur abondance.

La dégradation de la végétation par l'homme contribue directement à l'aridification selon plusieurs modalités. Tout d'abord, elle réduit de façon drastique l'évapotranspiration dont le rôle est essentiel dans la genèse des pluies secondaires par un « recyclage » de l'eau évaporée (voir Chapitre 3, p. 110). À l'opposé, la dégradation de la végétation, *a fortiori* sa destruction, vont augmenter de façon phénoménale le ruissellement – et l'érosion des sols – au détriment de l'infiltration qui va devenir négligeable...

Par ailleurs, la capacité de rétention de l'eau par les sols est fortement atténuée lorsque la végétation est réduite, en particulier dans les zones où existe une saison sèche prolongée. La diminution de l'épaisseur de la litière et du taux de matières organiques des sols due à la baisse de production primaire, réduit le potentiel de rétention hydrique des sols, et conduit à leur squelettisation. En outre, les sols dénudés s'échauffent considérablement pendant la journée ce qui accélère beaucoup l'oxydation et la dégradation des matières organiques résiduelles, et amplifie d'autant leur déstructuration. Il s'ensuit une chute spectaculaire de leur capacité de rétention de l'eau, conjuguant ses effets à une considérable augmentation des pertes par ruissellement au moment des précipitations.

Les exemples précédents montrent que l'aridification – sinon la désertification – peut non seulement affecter les régions naturellement exposées à un déficit pluviométrique annuel mais même des milieux abondamment arrosés.

b) Désertification d'origine anthropique due à l'irrigation des terres

Un autre facteur de désertification, entièrement lié à l'action humaine, est associé à la mise en œuvre intempestive de grands projets d'irrigation dans des zones naturellement arides. Ils résultent dans les parties situées en aval des détournements de fleuves d'une diminution de l'eau déversée et de modifications de l'hygrométrie atmosphérique dans les zones lacustres qui recevaient autrefois les eaux des fleuves ainsi détournés.

L'assèchement de la mer d'Aral donne une illustration remarquable de ce phénomène. Cette mer intérieure sibérienne, située en Asie centrale dans le territoire de l'Ouzbékistan, a été le site d'une véritable catastrophe écologique qui s'est manifestée progressivement au cours des quatre dernières décennies.

D'une surface initiale d'environ 60 000 km^2, cette « mer » qui était en fait par sa superficie le troisième lac d'eau douce du monde a perdu depuis le début des années 1960 quelque 70 % de sa surface et 75 % de son volume (figure 4.13). Corrélativement, elle s'est enrichie en sels. Ce désastre écologique a résulté de la dérivation, aux temps de l'ex-URSS, d'une partie importante des eaux de l'Amou Daria et du Syr Daria, les

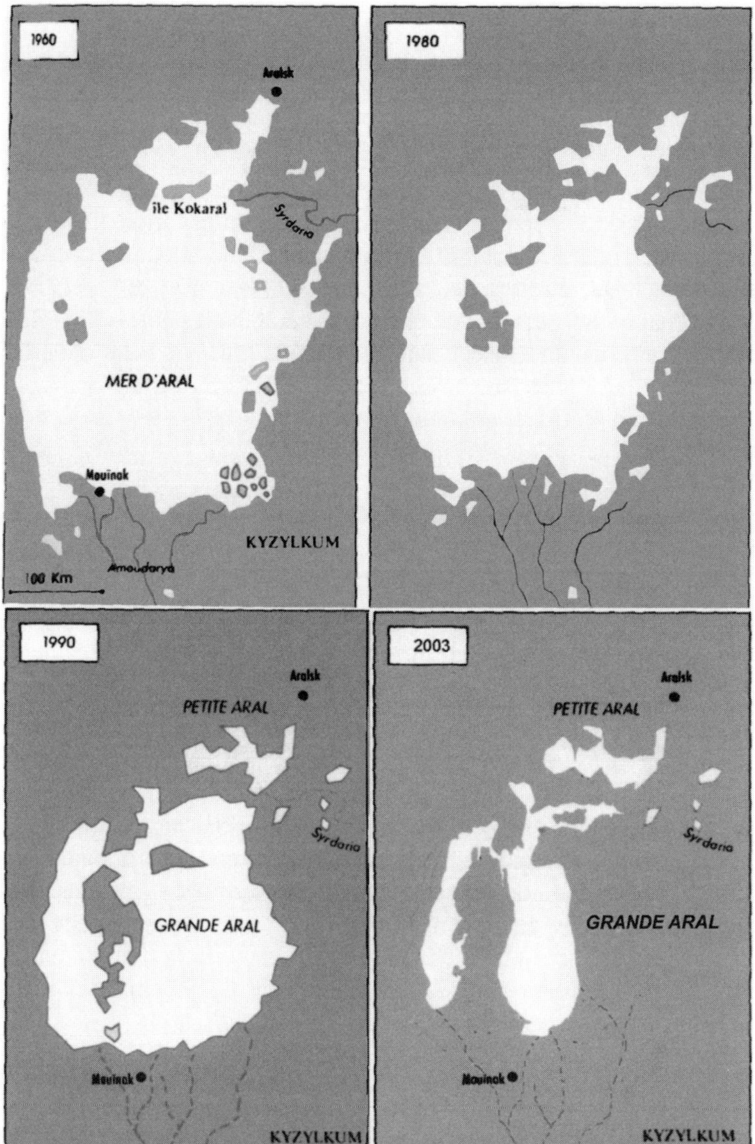

Figure 4.13 Carte de la mer d'Aral dans ses limites naturelles en 1950 (A), en 1980 (B), en 1990 (C) et 2003 (D) avant que des mesures ne commencent à être prises pour tenter de mettre un terme à son assèchement progressif. On note que cette étendue d'eau s'est subdivisée en deux parties. (D'après Cliché Ria-Novosti *in* Varfolomeeva, *op. cit.*, p. 28, 2004.)

deux grands fleuves qui s'y déversent, afin d'irriguer les cultures de coton dans la partie amont de leur bassin versant, en Ouzbékistan. À l'heure actuelle, l'assèchement a provoqué la division en deux parties de l'ancien bassin de cette mer avec un petit Aral au Nord et un grand Aral au Sud (212).

Par suite de l'évaporation intense dans ces zones irriguées due à l'aridité naturelle, le déficit d'apport d'eau à la mer d'Aral est devenu très rapidement gigantesque, atteignant dès les années 1970 plus de 50 km^3 par an, soit la totalité du débit d'écoulement stable des fleuves qui l'alimentent. En conséquence, les apports d'eaux à cette « mer », située au fond d'une cuvette sans exutoire[1] se sont taris provoquant une réduction spectaculaire de sa surface.

L'assèchement progressif de la mer d'Aral a provoqué une immense catastrophe écologique. Par suite de l'augmentation de salinité due à l'évaporation, la faune d'eau douce a disparu dont les 24 espèces de poissons endémiques qui y vivaient. En conséquence, les 11 000 pêcheurs que comptait le port de Muyniak, aujourd'hui situé à plus de 70 km des rives actuelles de cette mer, ont dû cesser toute activité par suite de la disparition des pêcheries !

Des dunes aux sables enrichis en sel se sont formées là où la mer s'est retirée. En outre, les terres riveraines du lac ont connu une intense désertification. Les tempêtes de sable, de plus en plus fréquentes ont augmenté la prévalence des maladies respiratoires tandis que les chaleurs excédant 38 °C sont devenues usuelles pendant les mois d'été. Ces altérations climatiques considérables affectent non seulement les 25 000 km^2 de fond de lac asséché mais des territoires riverains bien plus vastes, situés pourtant à des altitudes supérieures à celle des anciennes rives. Ces effets climatiques résultent de la diminution de l'hygrométrie atmosphérique due à la perte de volume des eaux lacustres[2].

1. On dénomme de ce fait endorhéiques de telles cuvettes et les bassins fluviaux continentaux qu'elles renferment (Voir à ce sujet *in* F. Ramade, « *Dictionnaire Encyclopédique des Sciences de l'Eau* », Ediscience International, 1998, p. 202).
2. Des phénomènes analogues, quoique de moindre ampleur, ont été observés dans d'autres régions du monde situées en aval de retenues construites dans de grands bassins fluviaux en particulier en Chine, en Asie du Sud mais aussi en Amérique du Nord.

4.4 CAUSES ET MODALITÉS DE LA DÉGRADATION DE LA VÉGÉTATION

La dégradation de la végétation des steppes et des savanes constitue un facteur majeur de désertification. L'élimination du couvert végétal résulte essentiellement du surpâturage, de la surexploitation des végétaux ligneux comme source de combustibles, enfin parfois même de la mise en culture intempestive de sols inaptes à l'utilisation agricole, ce qui élimine la végétation spontanée et dénude la surface des terres cultivées.

4.4.1 Surpâturage

Il constitue un facteur important des processus de désertification car il représente la cause prédominante de dégradation du couvert végétal dans les steppes des zones arides et les savanes sahéliennes[1].

De nos jours, la plupart des écosystèmes où prédomine le tapis végétal herbacé présentent des signes évidents de surpâturage partout dans le monde.

a) Causes du surpâturage

Au cours des dernières décennies, les populations de pasteurs ont présenté dans le monde des taux de croissance démographique allant de 2,5 à 3,5 % par an selon les pays.

Cette démentielle inflation démographique s'est accompagnée d'une augmentation encore plus considérable des effectifs du cheptel d'animaux domestiques afin de répondre aux besoins alimentaires des populations concernées. Compte tenu de la faible productivité secondaire de l'élevage dans ces savanes et/ou de ces steppes faiblement arrosées, il faut compter 30 à 40 moutons ou chèvres ou trois à quatre têtes de gros bétail pour nourrir un adulte.

On estimait déjà dans les années 1970 qu'environ 55 % du cheptel vivaient en Afrique dans des zones en proie à la désertification ou déjà désertifiées.

➤ Définition du surpâturage

Il existe une capacité limite – nombre maximum d'animaux supporté sans dégradation par un pâturage naturel utilisé pour l'élevage extensif. Au-delà d'une densité optimale des animaux domestiques et de façon

1. Prises ici au sens écologique et non géographique. Ce terme désigne des savanes herbacées qui croissent dans les régions tropicales à climat semi-aride.

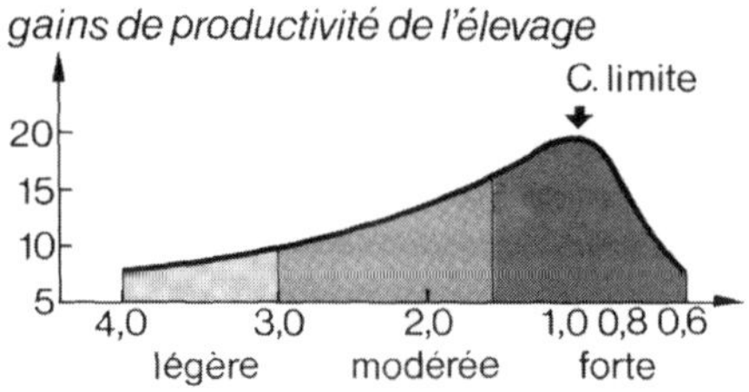

Figure 4.14 Corrélation entre la charge pastorale et la productivité des pâturages.

On remarque qu'au-delà de la capacité limite de ces derniers, la productivité de l'élevage s'effondre. (D'après Costin, *in* Ramade *op. cit.*, 1984, p. 281.)

générale des herbivores qu'il peut supporter sans risque de dégradation, les effets négatifs du surpâturage apparaissent et la productivité s'effondre (figure 4.14).

Cette capacité limite s'exprime en unité mouton par hectare. Une équivalence a été établie entre espèces d'herbivores domestiques : 1 bovin = 1 cheval = 5 moutons ou chèvres. Elle s'exprime avec plus de précision en biomasse maximale d'herbivore que peut nourrir un écosystème donné de formation herbacée. Elle sera alors calculée en $kg \cdot ha^{-1}$ ou en $t \cdot km^{-2}$ de biomasse animale (mesurée en poids frais).

La capacité limite varie beaucoup selon la productivité primaire des pâturages naturels. Elle peut être très faible dans des steppes ou des savanes semi-arides. Ainsi, on relève en Arabie Saoudite dans des formations steppiques semi-désertiques une capacité limite à peine égale à $8\ kg \cdot ha^{-1}$ d'ongulés domestiques et celle-ci atteint $15\ kg \cdot ha^{-1}$ dans une steppe aride tempérée de l'Oregon aux États-Unis.

Des écarts considérables, d'un facteur 100 voire au-delà, existent entre les écosystèmes de formations herbacées les plus productifs et les plus arides, dont la productivité est dérisoire. Ainsi, une prairie naturelle de Normandie peut supporter sans dommage une charge pastorale excédant la $t \cdot ha^{-1}$ de bovins, soit une capacité limite de 2 bovins par ha soit encore 11 unités moutons (175) alors qu'elle est inférieure à $10\ kg \cdot ha^{-1}$ dans des terrains de parcours arides.

Malheureusement, la capacité limite des pâturages a été et demeure quasi systématiquement dépassée dans les régions du monde les plus exposées à la désertification, même dans des pays développés[1].

1. Aux États-Unis par exemple, dans la partie du territoire fédéral située à l'Ouest du Mississipi, on dénombrait dans les années 1930 plus 80 millions d'unités mouton alors que la capacité limite des pâturages naturels atteignait à cette époque à peine 54 millions d'unités mouton soit moins de la moitié de cette valeur initiale au début de la colonisation, conséquence directe de la dégradation de ces pâturages résultant de la surcharge en animaux domestiques qu'ils ont subie pendant des siècles.

Le *Bureau of Lands Management* américain (BLM) estimait dans les années 1970 que 20 millions d'hectares des terres fédérales qu'il gérait étaient déjà devenus quasi inutilisables car ils présentaient un tapis herbacé réduit à l'extrême par le broutage qui laissait par place le sol dénudé. En outre le surpâturage les avait tellement dégradés qu'ils étaient livrés à une catastrophique érosion des sols (57).

La situation est encore plus grave dans de nombreux pays d'Afrique et d'Asie, où les terrains de parcours dans les steppes et/ou les savanes de ces contrées supportent une charge en ongulés domestiques largement supérieure à leur capacité limite.

Le surpâturage a dégradé à un tel point certains pays d'Afrique qu'il en est résulté un véritable désastre écologique. Ce dernier se caractérise par une détérioration progressive et souvent irréversible de l'environnement consécutive à l'érosion de sols et à la désertification.

Ainsi, dans les provinces éthiopiennes du Wollo, du Tigré et du Gonder, pourtant très affectées lors de la terrible famine de 1983-1984, l'effectif des populations humaines et de leurs troupeaux a plus que doublé au cours des trois dernières décennies. En fait, ces provinces sont exposées à une surexploitation de leurs ressources biologiques depuis plus d'un siècle. Le déboisement systématique, la mise en culture de sols fragiles, et un surpâturage effréné y ont provoqué un immense désastre écologique. Les famines meurtrières qui les ont affectées sont la conséquence de ces dégradations et non des périodes récurrentes de sécheresse qu'elles ont pu connaître.

Au premier plan des causes d'aridification de ces provinces figure en effet l'insensée destruction (nous devrions même dire éradication) de leurs forêts. Celles-ci couvraient encore 70 % de la surface de ces provinces au début du XXe siècle contre seulement 3 % à la fin de ce dernier ! En sus du facteur considérable d'aridification que représente un tel taux de déforestation, il s'en est suivi une intense érosion hydrique par ruissellement sur les pentes dénudées, qui de nos jours enlève chaque année aux plateaux éthiopiens plus d'un milliard de tonnes de sol (195).

Un autre facteur majeur de dégradation de la végétation a résulté des forages de puits qui se sont révélés calamiteux dans toute la zone soudano-sahélienne, car ils constituent à terme une cause essentielle de désertification. Par suite d'une croissance démographique galopante[1], le pâturage, favorisé par la création de ces puits artificiels, se pratique même à l'apogée de la saison sèche dans des zones où le couvert végétal

1. À titre d'exemple, le Niger avec en 2005 un taux d'accroissement de 3,5 % par an de sa population figure dans le peloton de tête mondial pour sa croissance démographique.

est extrêmement fragile. Au Niger, au Tchad, au Soudan, ou encore au Rhajastan en Inde, un même puits peut abreuver des dizaines de milliers d'animaux domestiques qui s'y succèdent jour et nuit sans aucune interruption. Comme le bétail ne peut guère s'éloigner d'un point d'eau en saison sèche, le piétinement aux environs du puits et le surpâturage des terrains limitrophes détruisent rapidement toute végétation sur des centaines de km^2 alentour, dénudant les sols. La désertification s'installe autour du point d'eau et s'étend peu à peu en taches d'huile avec apparition progressive de dunes mobiles (215).

b) Mécanismes de la dégradation du couvert végétal

Les modalités par lesquelles les charges excessives en animaux domestiques détruisent la végétation et participent aux processus de désertification procèdent de multiples causes. À la différence des ongulés sauvages, les herbivores domestiques, au lieu de se disperser dans leurs habitats restent groupés sur leurs terrains de parcours. Ils amplifient de la sorte l'importance relative des prélèvements effectués sur la strate herbacée qu'ils dégradent localement. Par ailleurs, ce comportement grégaire accroît les effets du piétinement qui saccage la végétation et en compromet la reprise ultérieure, ouvrant la voie à la désertification.

De plus, les effets conjugués du piétinement et du surpâturage conduisent à dénuder les sols dans les corrals. À partir de ces zones – et comme les animaux suivent toujours les mêmes sentiers – s'installe un ravinement catastrophique qui gagne peu à peu les terrains avoisinants et favorise l'érosion hydrique.

L'action des animaux domestiques sur le couvert végétal ne s'exerce pas de façon identique et homogène selon l'espèce considérée. Quand ils sont trop nombreux, les ovins et les caprins se montrent particulièrement redoutables car ils arrachent les touffes d'herbes avec leurs racines. En outre, au fur et à mesure que les pâturages se dégradent sous l'effet d'une charge pastorale excessive, les bovins sont remplacés par les moutons et les chèvres. Ces dernières détruisent les végétaux herbacés délaissés par les autres herbivores, les arbustes et même s'attaquent aux arbres sur lesquels elles arrivent à grimper afin d'en brouter le feuillage !

À l'opposé, comme les animaux domestiques dédaignent certaines espèces végétales, on constate que diverses plantes non pâturées dégradent peu à peu les pâturages naturels. Il s'agit souvent de végétaux épineux ou renfermant des principes toxiques, ou encore de thérophytes à brève période végétative. Ces espèces sont généralement peu communes dans les phytocœnoses naturelles tant que la compétition interspécifique n'est pas biaisée par le broutage.

Au Moyen-Orient, par exemple, le surpâturage ayant fait disparaître les grandes espèces de Graminées caractéristiques des steppes semi-arides de cette région comme les *Stipa*, les *Aristida*, et diverses Andropogonacées, les biotopes steppiques sont envahis par *Carex stenophyla* et par *Poa bulbosa*, espèces dépourvues de toute valeur fourragère.

Dans la région méditerranéenne, les pelouses xériques où paissent les ovins et les caprins sont peu à peu envahies par diverses Astéracées épineuses, des *Eryngium*, des Asphodèles et quelques autres espèces dédaignées par les troupeaux.

De même, dans les steppes semi-arides du Nord-Ouest et du Centre-Ouest des États-Unis (Idaho, Oregon, Utah, Nevada, etc.), près de 100 millions d'hectares de pâturages extensifs sont actuellement envahis par une plante ligneuse buissonnante, *Artemisia tridentata*, (*Sage brush*), sans aucun intérêt fourrager pour le cheptel domestique.

À plus long terme, le surpâturage provoque un effondrement de la productivité primaire, diminuant de façon catastrophique les potentialités zootechniques des écosystèmes des herbacées qui en sont victimes (tableau 4.3).

Des expériences de mise en défends, ou encore la comparaison entre des pâturages peu pâturés ou surpâturés ont permis de déterminer la productivité primaire potentielle des steppes méditerranéennes et la diminution de leur capacité fourragère par l'excès de charge pastorale (119).

TABLEAU 4.3A EFFETS DU SURPÂTURAGE SUR LA BIOMASSE ET LA PRODUCTIVITÉ PRIMAIRE DE STEPPES MÉDITERRANÉENNES SEMI-ARIDES D'AFRIQUE DU NORD.*

A – Steppes du Hodna, Algérie (*Salsola* et *Anabasis* dominantes)			
Mise en défends		Pâturage modéré	
Recouvrement végétal (en %)	Biomasse aérienne (en $kg \cdot ha^{-1}$ de m.s.)	Recouvrement végétal (en %)	Biomasse aérienne (en $kg \cdot ha^{-1}$ de m.s.)
25	2 088	5	850

Surpâturage	
Recouvrement végétal (en %)	Biomasse aérienne (en $kg \cdot ha^{-1}$ de m.s.)
3	515

TABLEAU 4.3B EFFETS DU SURPÂTURAGE SUR LA BIOMASSE ET LA PRODUCTIVITÉ PRIMAIRE DE STEPPES MÉDITERRANÉENNES SEMI-ARIDES D'AFRIQUE DU NORD.*

B – Steppe de Sud tunisien (*Stipa lagascae* et *Rhanterium suevolens* dominants)			
	Pâturage modéré à faible charge et en bon état	**Pâturage médiocre Charge moyenne**	**Zone surpâturée Forte charge**
Recouvrement (en %)	25	8	4
Productivité primaire (en kg de ms** $ha^{-1} \cdot an^{-1}$)	1 069	614	415
Productivité consommable (en kg de ms $ha^{-1} \cdot an^{-1}$)	820	493	293
Idem par mm de précipitation (en kg de ms $ha^{-1} \cdot an^{-1}$)	2,61	1,57	0,78

* (D'après Le Houérou, *op. cit.*, p. 341). ** ms = matières sèches

Dans le Sud tunisien, les steppes à alfa (*Stipa taenacissima*), si hautes au début du XXe siècle qu'elles pouvaient dissimuler un homme à cheval ne sont plus qu'un souvenir, remplacées par une végétation rampante laissant le sol à nu.

Ainsi, des recherches faites dans cette région à Nefta, à la fin des années 1970, ont mis en évidence que, dans une zone mise en défends depuis une soixantaine d'années grâce à une clôture infranchissable par les animaux domestiques, le taux de recouvrement de la végétation est égal à 85 % alors que celui-ci n'atteint que 5 % dans une aire voisine de cette zone protégée du pâturage.

Ces recherches ont aussi mis en évidence une tendance inéluctable à la réduction du couvert et de la productivité végétale de cette steppe si les pratiques actuelles devaient se maintenir au cours des prochaines décennies.

On conçoit l'impact considérable que revêtent un tel degré de dénudation du sol et le facteur d'aridification qu'il représente ! (71).

La diminution progressive du potentiel de production primaire des zones surpâturées représente un processus qui conduit peu à peu à l'apparition de formations végétales à physionomie déserticole. Une telle évolution régressive s'observe bien évidemment dans les zones semi-arides, mais elle s'est aussi produite dans des régions bénéficiant au départ d'un apport hydrique sinon pluviométrique excédentaire. Ainsi, dans le Nord de l'Ouganda, le surpâturage a peu à peu transformé une grande vallée fluviale à végétation dense et diversifiée en un milieu aride où croissent des arbustes épineux et des plantes érémophiles.

Le phénomène de décroissance de la couverture végétale est favorisé par le surpâturage. En effet, le facteur d'efficacité d'utilisation des pluies (FEP), quotient de la productivité primaire annuelle par les précipitations tombant sur la même surface, décroît quand l'aridité augmente tandis que la couverture du sol par la végétation diminue. En conséquence, il en résulte une croissance plus faible de la strate herbacée pendant la saison des pluies, donc un moindre FEP l'année suivante qui diminuera d'autant le développement de la couverture végétale, ce processus consistant en un phénomène de dégradation autoamplifié d'une année à l'autre...

4.4.2 Rôle de l'agriculture dans la désertification

La mise en culture des terres semi-arides constitue un facteur de désertification tout aussi important que le surpâturage voire supérieur à ce dernier.

Par suite de la croissance démographique s'est développée en de nombreuses régions du tiers-monde une agriculture pluviale dans des régions semi-arides voire subdésertiques où les précipitations sont comprises entre 200 et 100 mm · an^{-1} !

L'extension de la désertification au Soudan illustre les conséquences désastreuses de ce développement de l'agriculture dans des zones ne disposant que d'apports pluviométriques marginaux. Dans ce pays existait une mise en valeur traditionnelle des savanes fondée sur un équilibre agro-sylvo-pastoral très ancien. La culture de l'orge quand la saison des pluies est hivernale, ou du sorgho et du millet là où elle est estivale y alternait avec l'exploitation des acacias produisant de la gomme arabique (*Acacia senegal*) et avec les jachères où paissaient les animaux domestiques.

La forte croissance démographique a hélas rompu le cycle traditionnel et conduit les populations à pratiquer la mise en culture dans des zones plus septentrionales, là où les précipitations sont plus faibles et plus irrégulières, repoussant les pasteurs nomades plus au nord sur des pâturages subdésertiques !

La rupture de cet antique et judicieux équilibre agro-sylvo-pastoral, provoquée par le raccourcissement de la durée des jachères, a rendu ces pratiques culturales dévastatrices. La désertification s'est installée de la sorte de façon insidieuse sur des sols cultivés qui avaient été progressivement ruinés par la perte de leurs matières organiques et de nutriment ainsi que par la diminution de leur teneur en eau liée à la dénudation.

Un processus d'aridification comparable, dû à la rupture de l'équilibre agro-sylvo-pastoral sous l'effet de la pression démographique, est apparu dans le bassin arachidier du Sénégal (73).

Ici un système traditionnel des savanes est fondé sur une autre espèce d'acacia, *A. albida*, qui est l'arbre clef du développement agroforestier de cette région. Cet arbre croît dans les sols meubles dont la nappe phréatique n'est pas trop profonde, c'est-à-dire située à moins de trente mètres. Il perd ses feuilles pendant la saison des pluies, permettant au soleil d'éclairer la strate herbacée. La litière constituée par le feuillage de cet arbre riche en nitrates alimente les sols en matières organiques et en sels minéraux nutritifs. En outre, la synthèse directe de ces nitrates au niveau des nodosités radiculaires qui enferment des bactéries nitrifiantes symbiotiques participe à la fertilisation des sols. Pendant la saison végétative, le bétail des villages pâture en forêt loin des zones cultivées en céréales vivrières ou en arachide (figure 4.15 A et B).

Pendant la saison sèche, après la récolte, la situation est inversée. Les animaux domestiques viennent brouter aux alentours des villages et se nourrissent des résidus des récoltes riches en glucides. Ils consomment aussi les feuilles et les gousses des acacias que coupent les jeunes bergers pour les affourager. Leur fumier fertilise les champs laissés en jachère tandis que les forêts ouvertes qui leur servent de terrains de parcours pendant la saison des pluies sont ainsi mises en réserves forestières temporaires. Le reste de la végétation est dépourvu de feuilles à l'exception des manguiers, des argousiers et de quelques espèces d'arbres spontanées autres que les acacias pourvus d'un puissant système racinaire allant chercher l'humidité dans les profondeurs du sol (figure 4.15 B).

À l'image de l'assolement du Soudan : *Acacia senegal*, jachère, cultures de céréales, ce système a fonctionné parfaitement dans la partie occidentale de la zone soudano-sahélienne[1] jusqu'à une date récente. Il a commencé à s'effondrer à la fin de la dernière décennie. La figure 4.15 C représente la situation actuelle. La biomasse sur pied a été considérablement réduite. Les champs en jachère ont pratiquement disparu

1. Cf. pour la zonation des savanes en Afrique boréale, *Éléments d'écologie, Écologie fondamentale*, chap. 7, p. 573.

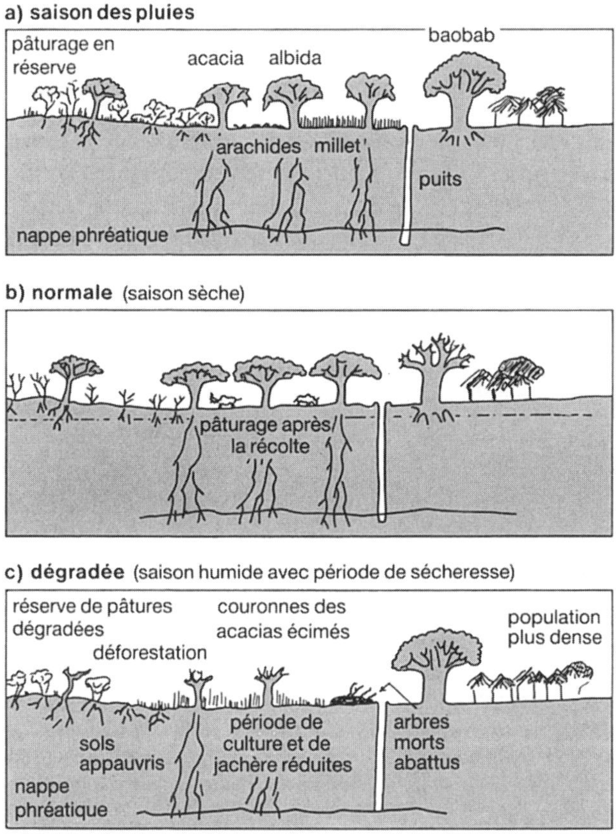

Figure 4.15 Régression des pratiques traditionnelles d'agroforesterie et dégradation de l'environnement en zone sahélienne dans le bassin arachidier du Sénégal.

En **A)** et **B)**, conservation d'un environnement productif et non dégradé par alternance de culture et de jachère et une pratique contrôlée – et limitée – du pâturage en sous-bois. En C), au contraire, l'environnement est dégradé par la surexploitation due à la croissance démographique anarchique : déforestation, écimage excessif des *A. albida* et mort de ces derniers. (D'après Freeman et Rennie, *op. cit.*, p. 24.)

dans les zones les plus densément peuplées de la région où l'on dénombre plus de cent habitants par km^2 dans la région de Bambey !

Les prélèvements excessifs de branches d'acacias ont à la fois considérablement réduit le développement de la couronne de chaque arbre, diminuant d'autant la fertilisation naturelle. L'action conjuguée de cette coupe abusive des branchages pour l'affouragement du bétail et pour le bois de chauffe excède largement la croissance annuelle.

Le déficit en bois et en fourrage conduit à faire paître les troupeaux dans les zones forestières autrefois en défends pendant la saison sèche et à faire des coupes dans ces dernières. Ici encore, les prélèvements sont devenus supérieurs à l'accroissement annuel de ces boisements. Le piétinement dû à la surcharge en animaux domestiques a compacté et érodé les sols. Les grands arbres morts, dont la sénilité a été accélérée par la sécheresse ont été abattus. Ces arbres ont eu à supporter une part croissante de la demande en fourrage et en combustible ligneux, par suite de la disparition des jachères et de la production ligneuse qui leur était propre.

Malheureusement, ce processus régressif, dû en grande partie à l'accroissement démographique, s'est amorcé à une période où le déficit hydrique consécutif à la sécheresse ralentissait voire arrêtait la croissance des arbres.

Ce qui est advenu dans le bassin arachidier du Sénégal représente non seulement une catastrophe écologique produite par une surexploitation des ressources naturelles de cette zone de savane – comme il en existe malheureusement trop d'exemples aujourd'hui dans le monde – mais aussi l'effondrement d'un système de développement fondé sur la combinaison de l'élevage et de l'agroforesterie qui avait été cité comme un modèle à une époque encore récente.

En réalité, ici comme en bien d'autres régions du monde exposées à des déficits récurrents et sévères de précipitations, le retour d'une nouvelle période d'aridité et les échecs du développement rural ont masqué le fond du problème qui est de nature écologique. Ici comme ailleurs, l'homme est entièrement responsable de cette évolution régressive dont l'ultime stade est la désertification avec pour corollaire l'érosion éolienne.

4.5 CONSÉQUENCES DE LA DÉSERTIFICATION

La dégradation et l'érosion des sols constituent selon les cas un corollaire des plus redoutables de la désertification et sont à l'origine de toutes les autres conséquences désastreuses qui en résultent.

4.5.1 Dégradation des sols

Certains pays ont laissé s'étendre l'agriculture en régime pluvial jusqu'à l'isohyète moyen annuel de 100 mm ! Comme le soulignait Long (121), « cette défriche de terres située sous climat aride s'y est faite en ayant recours à la charrue à disques sur des sols de texture sablonneuse, particulièrement vulnérables à l'érosion éolienne ». Compte tenu des rendements moyens dans les zones à pluviométrie irrégulière inférieure à 600 mm, une famille de six personnes devrait cultiver au moins une dizaine d'hectares pour satisfaire ses besoins en céréales. Les densités de population dans les zones d'Afrique sahélienne variant entre dix et cent cinquante habitants au km^2, on constate que les surfaces de terres agricoles sont déjà insuffisantes dans bien des pays concernés. En outre, la surexploitation de sols fragiles conduit à de redoutables dégradations pédologiques telles leur squelettisation et, pis encore, à une érosion éolienne massive.

a) Érosion éolienne

De nos jours, l'érosion éolienne associée à la désertification constitue un désastre en aucun point « naturel » mais entièrement imputable à l'action humaine. Elle résulte de l'aridification due à la dégradation de la végétation par le surpâturage ou la mise en culture. Les méfaits de l'érosion éolienne peuvent être tels que, dans certaines conditions, des microdunes peuvent se former *de novo* dans des champs lors de périodes de vent (figure 4.16, page V, cahier couleur).

Figure 4.16 *(voir cahier couleurs)* Vue aérienne de sols en proie à l'érosion éolienne dans le Colorado.

On remarque des bandes de couleur claire, perpendiculaires à la direction générale des vents dominants, qui correspondent à des microdunes se formant dans les champs sous l'effet du vent. (Cliché F. Ramade.)

L'érosion éolienne sévit certes dans les zones de steppes semi-arides surpâturées ou mises en cultures d'Amérique du Nord et de Russie, mais aussi dans celles d'Afrique septentrionale aux franges du Sahara, sur d'immenses surfaces d'Afrique australe, ainsi qu'en Amérique du Sud et en Asie.

En Chine, où la désertification affecte déjà 27,3 % du territoire, quelque 1,91 million de km^2 est victime de l'érosion éolienne. Les tempêtes de sable deviennent de plus en plus fréquentes dans le Nord où leur incidence annuelle est passée de 5 dans les années 1950 à 23 actuellement, affectant de plus en plus au printemps Pékin, ville dont le désert de Gobi se rapproche insidieusement.

À l'échelle mondiale, on estime au total que plus de la moitié des terres cultivables sont exposées à des degrés divers à l'érosion des sols (195).

b) Salinisation des terres cultivées

Un autre fléau qui affecte les terres cultivées dans des zones arides résulte de leur dégradation et de leur destruction pédologique par le sel.

Dans les pays où le climat présente des périodes de sécheresse prolongée, la proximité de la nappe phréatique de la surface combinée à un mauvais drainage et à la forte évapotranspiration dues à l'aridité, conduit à une accumulation de sels dans les couches superficielles des sols irrigués qui deviennent impropres à toute culture.

Les conditions climatiques arides et l'action des fortes concentrations de sel induisent peu à peu une dégradation pédologique des sols.

L'affleurement de la frange capillaire provoque dans un premier temps la formation de *solontchaks,* sols à efflorescences blanches dues à l'accumulation de plaques salines. Ultérieurement, ces derniers se transforment souvent en *solonetz* (sols à efflorescences brunes), rendus stériles par suite de ces transformations pédologiques et doivent être considérés comme irrécupérables pour toute utilisation anthropique[1].

On considère qu'en moyenne, l'irrigation sous climat aride d'une culture nécessitant 10 000 m^3 d'eau par hectare au cours de la saison végétative introduit 5 tonnes $\cdot$ $ha^{-1} \cdot an^{-1}$ de sel dans les sols (18) !

La salinisation affecte des surfaces irriguées très importantes et s'accroît de façon inquiétante à l'échelle globale. À la fin des années 1990, le tiers des surfaces irriguées dans le monde avait été altéré par

1. À ce stade, les sols perdent définitivement toute fertilité par suite de l'apparition de carbonates très alcalins. Il en résulte la destruction du complexe argilo-humique ce qui leur confère une couleur brunâtre car les produits de dissolution de l'humus restent en surface.

le sel. On estimait au début de la présente décennie, que la salinisation conduisait chaque année à l'abandon dans le monde de 100 000 km^2 de terres irriguées détruites par leur transformation en solonetz et autres sols sodiques (153).

Par suite de l'extension générale de la salinisation – et à cause du manque croissant d'eau – la surface de cultures irriguées par habitant a décru en valeur absolue au cours des dernières décennies.

4.5.2 Invasions de criquets migrateurs

Les invasions de criquets migrateurs constituent aussi un autre type de désastres réputés à tort « naturels ». En effet, la multiplication des populations de criquets ravageurs des cultures, qui figuraient à l'époque biblique parmi les sept fléaux de l'Égypte, est directement stimulée par l'aridification qui résulte de l'action de l'homme.

Ouvarov, avait expliqué au début du XXe siècle les causes de la grégarisation des criquets migrateurs et de la formation des essaims, et découvert les aires grégarigènes, zones où épisodiquement prennent naissance les essaims de ces insectes.

Ce chercheur écrivait déjà en 1928 « *les effets généraux de l'action de l'homme (dans les aires grégarigènes) ont été de détruire la structure originelle de la végétation qui est uniforme et de créer une mosaïque dans laquelle il a favorisé l'accroissement des habitats les plus arides auxquels les populations de criquets sont associées. L'importance d'une telle augmentation de l'aridité au plan écologique tient dans le fait que les explosions démographiques de criquets migrateurs sont associées à une série d'années sèches. L'action favorable de la sécheresse sur la genèse des vols de criquets sera naturellement plus forte dans un environnement spontanément aride ou qui a été rendu tel par l'homme* ».

La dégradation de la végétation par le surpâturage dans les aires grégarigènes favorise donc la formation des essaims de criquets migrateurs, la grégarisation des formes solitaires étant favorisée par la présence de touffes de végétation herbacée éparses au milieu d'étendues de sol dénudé.

Conséquence de l'impact de l'homme sur la végétation des aires grégarigènes, les sécheresses des années 1980 ont été marquées par la résurgence des invasions d'acridiens migrateurs. Une prolifération majeure du criquet pèlerin (*Schistocerca gregaria*) prit naissance en 1985-1986 dans son aire grégarigène située dans le Sud-Est de la péninsule arabique et en Érythrée (figure 4.17). Les immenses essaims qui en résultèrent ravagèrent à partir de 1986 la zone sahélienne depuis

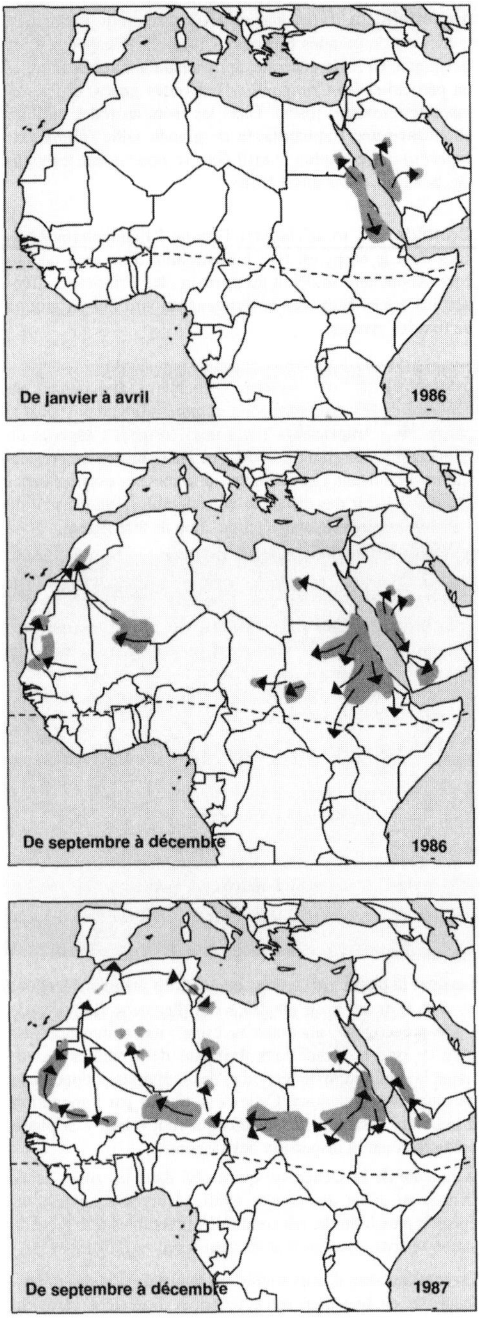

Figure 4.17 Extension des essaims de criquets pèlerins à partir de leur aire grégarigène (Sud de la péninsule arabique) et en Afrique entre 1986 et 1988, apogée de la dernière grande invasion. (D'après PRIFAS, *in* Ramade, *op. cit.,* 2002, p. 184.)

la corne de l'Afrique, jusqu'au Sénégal, ainsi que l'Afrique du Nord y causant des dommages considérables aux cultures (160).

Une nouvelle phase d'invasion massive de ces criquets a pris place dans la zone sahélienne à la fin des années 1990 et s'est poursuivie au début de la présente décennie à la faveur d'une nouvelle période de sécheresse épisodique. En début de 2003, étaient déjà signalés d'importants essaims de criquets pèlerins (*Schistocerca gregaria*) au Soudan, au Niger et en Mauritanie (97). Ces invasions se sont en particulier traduites en fin 2004 et 2005 par une destruction massive des cultures au Niger et dans les pays limitrophes contribuant à d'importantes famines qui ont sévi dans ces derniers (42). On comptait à la mi-2005 quelque 2,5 millions de personnes affectées à des degrés divers par la disette au Niger (211). En fin 2005, les conditions écologiques devenant plus sèches ont conduit les criquets à se rassembler dans les quelques zones où la biomasse végétale est encore sèche, accentuant la tendance à la formation d'essaims de ces criquets migrateurs, donc à nouveau une menace de dommages potentiels pour les cultures en 2006.

4.5.3 Désertification et crise alimentaire mondiale

La désertification et la dégradation corrélative des terres cultivables situées en zones semi-aride qu'elle entraîne, contribue de façon croissante à la crise alimentaire globale et *a fortiori* à l'occurrence épisodique de famines. Elle est la cause essentielle de la baisse des rendements de la production de céréales observée au cours des dernières décennies dans la plupart des régions à climat semi-aride du monde. Pis encore, l'aridification et la désertification ont conduit à l'abandon de la céréaliculture sur des dizaines de millions d'hectares de sols steppiques au cours des années 1990 en Chine septentrionale, en Asie centrale et dans l'Ouest des États-Unis.

Il est actuellement évident que de nombreux pays en voie de développement n'arrivent plus à produire l'alimentation nécessaire à leur population actuelle par le seul recours aux techniques agricoles traditionnelles. La majorité de ces pays sont situés dans des régions du monde où les précipitations présentent des déficits épisodiques (figure 4.18) et souffrent tous à des degrés divers de la désertification[1].

1. À l'heure actuelle, on peut estimer que dans plus de cinquante pays du tiers-monde, tous situés au moins *pro parte* en des zones où les précipitations sont déficitaires, tout homme naissant en plus de la population déjà existante est en quelque sorte de trop car l'eau nécessaire pour irriguer les cultures qu'exige cette bouche supplémentaire pour sa nourriture fait déjà défaut (Falkenmark *in* Ramade, 1998).

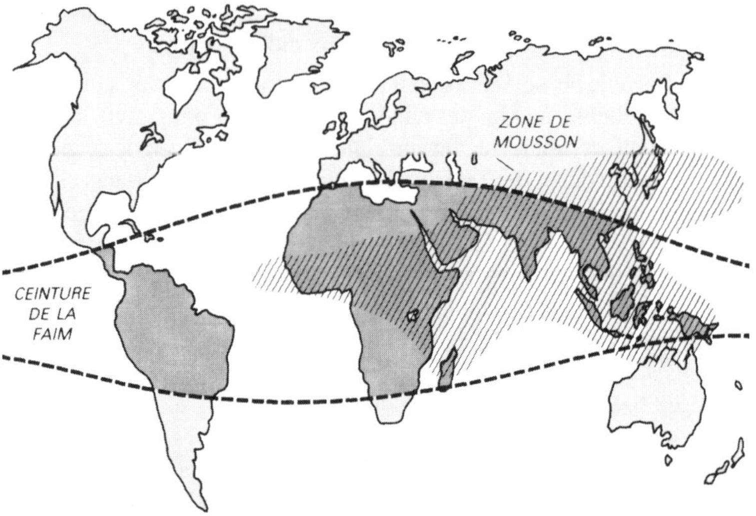

Figure 4.18 La « ceinture de la faim » : le pointillé figure la zone des moussons sujette à des déficits de précipitations épisodiques certaines années. (D'après Falkenmark, *op. cit.*, p. 152.)

Le cas de l'Afrique subsaharienne est particulièrement dramatique. C'est la seule région du monde où la production alimentaire par habitant a baissé tendanciellement de façon quasi continue depuis quatre décennies. Si les désordres politiques et les conflits qui ne cessent de ravager ces pays, conjugués à leur inflation démographique[1], ont joué un rôle significatif dans cette régression, il est par ailleurs incontestable que l'érosion des sols et la désertification ont fortement contribué à ce déclin. Ces phénomènes qui ont pris une proportion croissante créent un nombre considérable de « réfugiés de l'environnement ».

1. On ne soulignera jamais assez l'immense retard qu'ont pris les pays d'Afrique subsaharienne dans leur stabilisation démographique quand on sait que leur population est passée de 258 millions d'habitants en 1970 à 752 millions aujourd'hui, soit un triplement en 35 ans. Comment ne pas être atterré face au quasi systématique refus de la contraception, et *a fortiori* du préservatif dans des pays de plus ravagés par le SIDA ! Le problème de fond, tient dans les mentalités arriérées partout prévalentes qui interdisent toute émancipation de la femme, en particulier l'attachement atavique à la polygamie, qui constitue un puissant facteur d'incitation à la natalité et donc d'explosion démographique. Cette pratique d'un autre âge institutionnalise l'aliénation de la femme dans la société et lui interdit d'y occuper la place qui lui revient, sans laquelle aucun développement humain n'est même envisageable.

De nos jours, d'immenses territoires situés sous des climats semi-arides dont les effectifs ont parfois quadruplé au cours du dernier demi-siècle[1] et où l'impact de la désertification a atteint les dimensions d'un désastre écologique sans précédent ne peuvent plus nourrir les populations qui y vivent. On se trouve donc dès à présent confronté au formidable défi d'assurer la production alimentaire dans tous les pays sensibles à l'aridification, objectif qui ne pourra être atteint sans un arrêt rapide de la croissance démographique dans les pays concernés.

Un autre élément, qui assombrit les possibilités de répondre aux besoins alimentaires mondiaux, tient en la tendance à la baisse de la part de production exportée par suite de l'accroissement de la population des pays exportateurs nets de nourriture. Un autre défi global tient dans le fait que la Chine importe de plus en plus de nourriture par suite de l'élévation du niveau de vie de ses 1,3 milliard d'habitants et aussi parce qu'elle perd sans cesse d'importantes surfaces de ses meilleures terres agricoles qu'elle bétonne et bitume pour construire des bâtiments et des infrastructures de transport[2]. Au rythme actuel de la croissance de ses importations alimentaires, la Chine consommera à elle seule d'ici 2025 toute la production agricole excédentaire des États-Unis (25). *Quid* dans ces conditions des stocks de céréales de l'*US Aid*, nécessaires pour pallier les crises alimentaires et les famines advenant ailleurs dans le monde ?

En conclusion, quand on prend en considération les contraintes liées à l'aridification et à l'érosion concomitante des sols, celles dues aux besoins en eau et en énergie qu'implique l'intensification de l'agriculture, enfin les pertes en terres cultivables liées à l'urbanisation, on ne peut être que très sceptique sur les possibilités concrètes de nourrir de façon durable la dizaine de milliards d'hommes que devrait compter l'humanité d'ici la fin du XXIe siècle[3].

1. Le PNUE prévoit de la sorte quelque cinquante millions de réfugiés « climatiques » d'ici 2010.
2. Ce phénomène est universel. Ainsi en France, l'absence de planification dans l'aménagement de l'espace et une urbanisation quasi anarchique qui sévit depuis la fin des années 1960, sont à l'origine d'un véritable « mitage » de l'espace rural avec une perte de terres agricoles de haute fertilité estimée de l'ordre de 100 000 ha par an ! Aux États-Unis, Pimentel prévoyait qu'au rythme de l'urbanisation des années 1970 et compte tenu des prévisions de sa croissance démographique, ce pays ne serait plus un exportateur net de nourriture d'ici le milieu du présent siècle! (154)
3. Il y a fort à craindre dans un tel contexte qu'en l'absence d'une politique volontariste « à la chinoise » destinée à limiter dans les plus brefs délais leurs populations, la seule croissance que pourraient connaître les pays du tiers-monde déjà surpeuplés consistera en « une croissance des famines » selon la formule féroce mais hélas réaliste du célèbre agronome René Dumont (55).

Chapitre 5

Changements globaux et désastres « naturels »

La civilisation technologique moderne a généré, bien au-delà de modifications écologiques permanentes observables à une échelle régionale, de telles perturbations dans le fonctionnement de l'écosphère que ces dernières se manifestent de nos jours à une échelle planétaire, en particulier en ce qui concerne les climats. La menace que représentent pour les activités humaines de tels impacts, désignés sous le terme de changements globaux, a suscité depuis près de quatre décennies de multiples réunions d'experts et de nombreux programmes de recherches internationaux (222), (126), afin d'en évaluer l'impact actuel et d'en prévoir les conséquences pour les générations futures. Leur prise en compte par les organisations multilatérales – avant tout la plus importante d'entre elles, les Nations unies – a même donné lieu à plusieurs conventions internationales comme celle de Montréal, en 1987, sur la protection de l'ozone stratosphérique ou celles sur les changements globaux et sur la désertification, adoptées à Rio en 1992, afin de contrôler ces modifications écologiques dont les effets pourraient à terme compromettre la pérennité de la biosphère tout entière.

À l'opposé et de façon surprenante, certains experts et les hommes politiques qu'ils conseillent ont contesté, et continuent actuellement à le faire, la responsabilité de notre espèce dans la genèse de divers événements climatiques désastreux dont la fréquence s'accroît depuis quelques décennies[1]. Ils se fondent sur le fait que de nombreuses catastrophes climatiques qui ont affecté la biosphère au cours des temps géologiques, glaciations et épisodes d'aridification intense, ont présenté un caractère récurrent et cyclique. Toutefois, l'origine strictement naturelle au cours des périodes passées de tels phénomènes n'exclut en aucun cas une responsabilité actuelle de l'homme dans les diverses catastrophes météorologiques observées depuis quelque temps, voire même son rôle dans les récentes modifications climatiques majeures qui se sont manifestées à l'échelle planétaire. Il est devenu en effet de plus en plus évident au cours des toutes dernières décennies que les rejets technologiques croissants de gaz de serre et autres aéropolluants dans l'atmosphère ne sont pas étrangers aux changements globaux, en particulier climatiques, qui prennent des dimensions de plus en plus catastrophiques.

5.1 CATASTROPHES CLIMATIQUES DU PASSÉ ET LEURS CAUSES

La connaissance des paléoclimats et de leurs fluctuations au cours des temps géologiques constitue un préalable catégorique aux prévisions des changements climatiques futurs que pourrait induire l'action de l'homme.

En effet, on ne peut exclure *a priori* que la tendance actuelle à un important réchauffement global ne soit, au moins en partie, la conséquence de variations intrinsèques des facteurs naturels qui contrôlent la température terrestre. Si la tendance naturelle était au refroidissement, il importerait de connaître son amplitude pour estimer à l'opposé l'action modératrice et donc favorable que pourrait avoir l'impact de l'homme sur cette dernière qui permettrait de prévenir l'émergence d'un nouvel épisode glaciaire.

Il est banal de rappeler que les climats ont connu sur l'ensemble du globe, depuis le début de l'éon Protérozoïque, voici 2,5 milliards

1. Un cas notoire est celui de G. Bush qui refuse obstinément la signature du protocole de Kyoto par les États-Unis. Ce dernier motive sa position par les affirmations de ses « experts » qui nient le rôle des rejets de gaz de serre dus à l'usage massif de combustibles fossiles dans l'accroissement des températures moyennes de la surface de la Terre, attribuables selon eux à des cycles naturels… Fait assez remarquable, ces déclarations contredisent des données bien établies sur ces phénomènes, majoritairement apportées par des chercheurs travaillant dans diverses institutions scientifiques américaines !

d'années, des épisodes catastrophiques marqués par des glaciations intenses qui ont pu affecter jusqu'à la moitié de la surface planétaire, alternant avec des périodes chaudes, de durée prépondérante, durant lesquelles même les régions polaires connaissaient un climat tropical.

Les époques glaciaires se sont succédé avec une certaine régularité, survenant en moyenne tous les 250 millions d'années (155)[1].

Les prémices de la dernière glaciation, celle du Quaternaire, se sont manifestées à la fin du Tertiaire, où l'on note au Pliocène[2], à partir de 2,7 millions d'années, une avancée des glaciers. Cependant, ce n'est qu'au Quaternaire, commencé il y a 1,75 million d'années, que s'est installée une nouvelle période de glaciations, dont la multiplicité fut entrevue dès le XIXe siècle. Au cours des années 1880, les travaux d'un géologue allemand, Penck (152), avaient permis de distinguer quatre épisodes glaciaires majeurs à partir d'arguments stratigraphiques (100). Par l'observation des terrasses fluviales constituées par des dépôts morainiques le long de divers cours d'eau, il avait mis en évidence quatre grandes périodes d'avancée des glaciers. Avec son collègue Brückner, il dénomma ces périodes Günz, Mindel, Riss et Würm. Il fut plus tard démontré par d'autres chercheurs que deux autres âges glaciaires plus anciens avaient eu lieu : le Biber et le Donau (dont les noms sont ceux du Danube et de l'un de ses affluents).

Ultérieurement, il a été découvert dans les années 1970, à l'aide de la méthode des thermomètres isotopiques, que quelque 17 périodes de refroidissement et de réchauffement ont alterné depuis le début de l'époque glaciaire quaternaire, selon une période moyenne de 100 000 ans. Néanmoins, le refroidissement a été particulièrement marqué à partir du Pléistocène moyen. Depuis environ 850 000 ans, les glaciations ont largement prédominé, alternant avec de brefs réchauffements. Au cours des divers cycles glaciaires que l'on a dénombré dans les 700 000 dernières années, les périodes les plus glaciales atteignirent leur apogée il y a 560 000 ans, lors d'un cycle correspondant au Mindel et il y a 21 000 ans, au cours du Würm, où les températures ont figuré parmi lcs plus basses de toutes les glaciations Quaternaires.

1. Plass et d'autres chercheurs ont cherché à expliquer dans les années 1950, l'existence des périodes glaciaires par des fluctuations d'intensité de l'effet de serre dues à la variation la concentration du CO_2 atmosphérique. Toutefois, les recherches effectuées au cours des dernières décennies ont démontré que la cause initiale de la cyclicité des épisodes glaciaires n'était pas déterminée par le CO_2 atmosphérique.
2. Dernier étage du Tertiaire, le Pliocène a commencé il y 5,3 millions d'années et a laissé place au Quaternaire voici 1,75 million d'années.

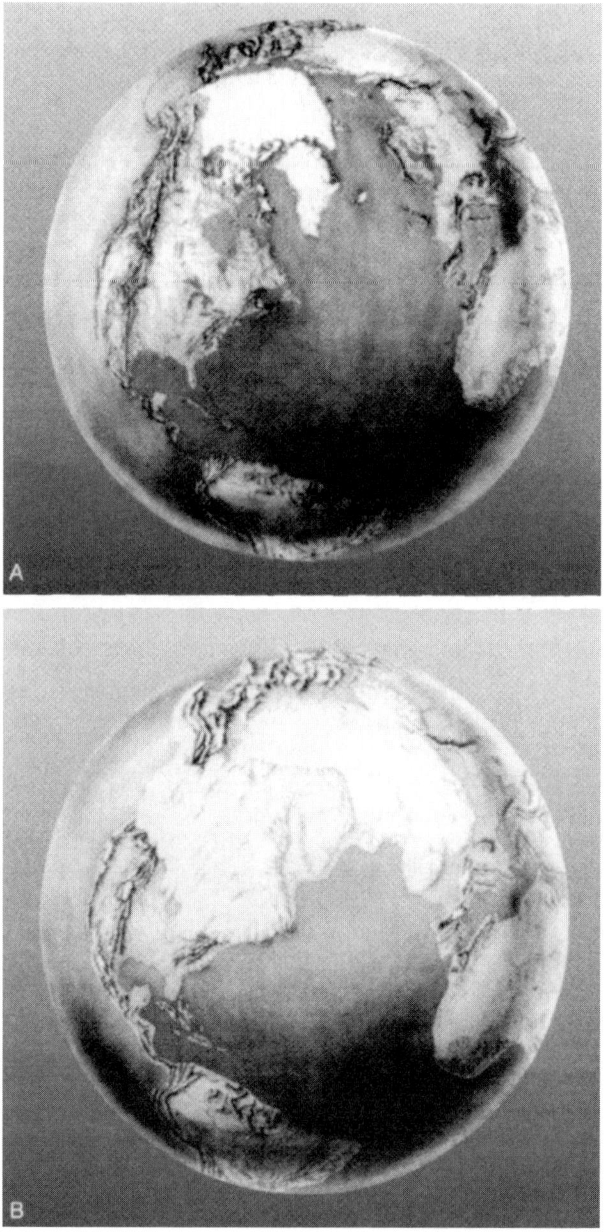

Figure 5.1 Distribution et étendue des glaces au cours de la période actuelle (A) et à l'apogée du Würm (B). (D'après CLIMAP, *in* Imbrie et Palmer-Imbrie, *op. cit.*, p. 12-13.)

À l'apogée du Würm, un immense inlandsis boréal d'une épaisseur moyenne de 4 km recouvrait le Nord de toute l'Eurasie et l'Amérique du Nord, sauf dans le Sud-Ouest de l'Alaska, le dôme de glace dépassant même 5 000 mètres d'épaisseur maximale (figure 5.1). Il couvrait 12 millions de km^2 soit l'équivalent de l'actuel Antarctique, et stockait une quantité de glace excédant 20 millions de km^3 sur un total de 43 millions de km^3, essentiellement contenus dans les calottes glaciaires des hautes latitudes[1].

Les glaciations ont constitué des épisodes climatiques catastrophiques qui ont profondément marqué l'histoire paléoécologique de la Terre, car à ces dernières ont toujours correspondu des périodes d'extinction massive des espèces vivantes. Celles du Quaternaire, quoique moins marquées que d'autres périodes les ayant précédées, en particulier au Paléozoïque, ont tout de même provoqué au cours du Pléistocène la disparition de nombreuses espèces de grands mammifères et d'oiseaux – toute action des chasseurs paléolithiques étant exclue bien qu'elle ait joué un rôle majeur dans certains cas (127 *in* 170 mais modifié).

5.1.1 Relation entre les variations orbitales de la Terre et les périodes glaciaires

Un astronome serbe, Milankovitch, avait établi dans les années 1920 que les variations de la position de la Terre sur son orbite conditionnent celles du flux solaire aux hautes latitudes. Il en avait déduit une théorie astronomique des glaciations fondée sur les variations périodiques des principaux paramètres de l'orbite terrestre. En effet, il avait constaté que les fluctuations du flux solaire à 65° de latitude au cours des 600 000 dernières années du Quaternaire correspondaient bien avec les quatre épisodes majeurs de glaciation ayant sévi dans cette période (Milankovitch, 1924, cité par 100).

L'insolation de notre planète dépend de ses caractéristiques orbitales (figure 5.2) définies par rapport au plan de l'écliptique[2].

– L'orbite terrestre est une ellipse dont la longueur du grand axe s'écarte faiblement et de façon cyclique de celle du diamètre moyen

1. En dépit du fait que l'extension des glaciers couvrant les chaînes de montagnes avait pris des proportions colossales, celle des glaciers alpins s'arrêtant par exemple aux portes de Lyon !
2. Le plan de l'écliptique est celui défini par l'orbite terrestre autour du soleil, dont la forme est une ellipse et dont les axes sont de longueurs très voisines, le Soleil en occupant l'un des foyers.

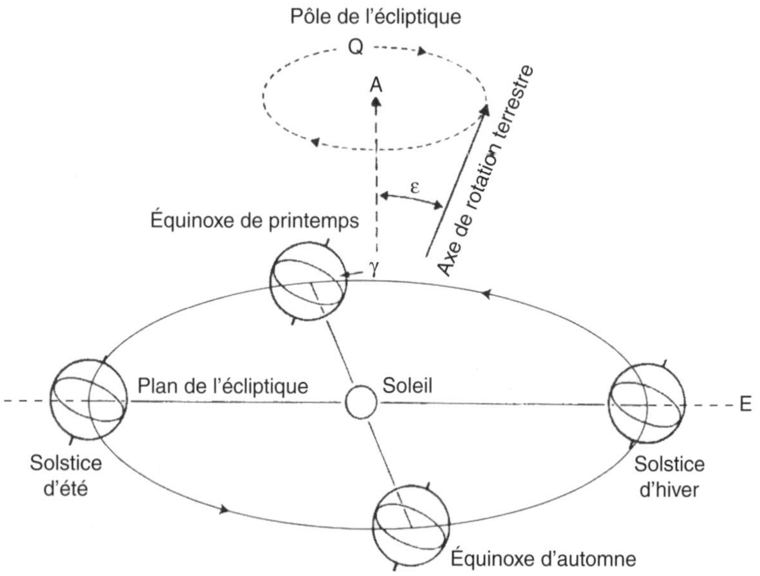

Figure 5.2 Variations des principales caractéristiques de l'orbite terrestre. A = pôle de l'écliptique, E = grand axe de l'orbite terrestre dont la variation définit l'excentricité ; ε = inclinaison de l'axe de rotation de la Terre par rapport au plan de l'écliptique (actuellement de 23° 25') ; Q = cercle de précession des pôles terrestres ; γ = point vernal, intersection de l'équateur avec l'orbite terrestre à l'équinoxe de printemps. (D'après Ramade, *op. cit.*, 2003, p. 38, mais modifié.)

du cercle circonscrit (*excentricité*)[1]. Il en résulte que la distance Terre-Soleil aux solstices n'est pas constante mais varie selon une période de 100 000 ans.

– L'inclinaison de l'axe des pôles sur le plan de l'écliptique (*oblicité*) varie de 21,5° à 24,5° selon un cycle de 41 000 ans. Elle est actuellement de 23° 25' et tend à diminuer. Les saisons seront d'autant plus marquées que cette inclinaison est plus forte.
– L'orientation de l'axe des pôles par rapport au plan de l'écliptique varie aussi de façon cyclique, générant le phénomène de *précession des équinoxes*. Ces dernières ne se produisent donc pas en un point

1. Parfois aussi dénommée ellipticité par suite du fait que selon la longueur du grand axe de l'ellipse sur laquelle s'inscrit l'orbite terrestre sa forme varie d'un cercle quasi parfait à celle d'une ellipse faiblement aplatie.

fixe de l'orbite terrestre par rapport à la position des solstices, mais fluctuent selon une périodicité de 23 000 ans.

Milankovitch a suggéré que les glaciations survenaient de façon cyclique au moment où les valeurs des paramètres orbitaux conduisaient à la plus faible intensité du flux solaire aux hautes latitudes.

La composition de ces cycles va être responsable des variations du flux solaire reçues à la surface de la biosphère. Lorsque les intensités atteintes aux hautes latitudes sont à leur minimum – jusqu'à plus de 10 % au-dessous de leur valeur moyenne – les inlandsis se forment et la Terre entre dans une période glaciaire (*in* 56).

L'utilisation d'une espèce de Radiolaire, *Cycladophora davisiana*, comme indicateur de la température des eaux superficielles océaniques a permis de montrer que les fluctuations climatiques observées au cours des 500 derniers millénaires étaient bien concentrées autour de trois pics de période respective de 23 000, 41 000 et 100 000 ans. Ces durées correspondent à celles des périodes respectives de la précession des pôles, de l'oblicité et de l'excentricité de l'orbite terrestre (88).

Néanmoins, une interrogation est restée longtemps inexpliquée : pour quelle raison les périodes glaciaires affectent-elles simultanément les deux hémisphères ? En effet, lorsque l'insolation est minimale dans les zones polaires boréales, elle est maximale dans l'Antarctique et réciproquement. La réponse à cette question est complexe et a été donnée au début des années 1980 par l'étude de la relation existant entre les échanges thermiques océan-atmosphère et la découverte du courant marin global de circulation thermohaline (voir ci-après p. 187). Ce dernier, qui relie tous les océans, n'atteint la surface que dans la partie subarctique de l'Atlantique, au niveau de l'Islande dont il réchauffe spectaculairement l'atmosphère. En conséquence, le renforcement – ou l'affaiblissement – de ce courant contrôle le climat des deux hémisphères.

5.1.2 Relations entre les fluctuations de l'orbite terrestre, la teneur en CO_2 atmosphérique et celles du climat global

De nombreux travaux ont confirmé au cours des deux dernières décennies l'existence d'une étroite relation entre les fluctuations climatiques, celles du taux de CO_2 atmosphérique et autres gaz de serre majeurs et celles de l'orbite terrestre. Ils ont aussi démontré la corrélation entre ces dernières et la périodicité des épisodes glaciaires au cours du Quaternaire. Ces recherches ont fait appel d'une part aux « thermomètres isotopiques »[1], qui permettent de connaître les températures effectives de la surface terrestre ou dans l'océan aux périodes géologiques passées, et de l'autre aux « archives glaciaires » qui ont permis de déterminer avec précision la composition chimique en gaz trace de l'atmosphère et les variations de température terrestre au cours des 650 000 dernières années du Quaternaire[2].

Ces méthodes ont par exemple montré qu'à l'apogée de la glaciation würmienne, la concentration en CO_2 dans l'atmosphère était nettement plus faible qu'à l'heure actuelle et comprise dans un intervalle de 180 à 200 ppm lors des épisodes climatiques les plus froids (142, 146).

Nous avons déjà évoqué plus haut le fait que des méthodes stratigraphiques[3] avaient démontré, dès la fin du XIXe siècle, que les glaciations quaternaires n'ont pas été continues mais qu'elles ont présenté d'importantes fluctuations thermiques, des périodes glaciaires caractérisées par de longues périodes de refroidissement alternant avec celles de réchauffement.

Ultérieurement la combinaison de l'utilisation des archives glaciaires avec des méthodes isotopiques a mis en évidence quelque 7 cycles thermiques très nets qui ont pris place au cours des derniers 700 000 ans (189) [4].

L'usage des thermomètres isotopiques a permis d'établir l'existence dans l'Antarctique d'une excellente corrélation au cours des 650 000 dernières années entre les fluctuations des températures terrestres, et celles de la teneur atmosphérique en CO_2, et en méthane (figure 5.3).

Il avait été également prouvé auparavant que ces fluctuations sont parfaitement corrélées avec celles de l'insolation aux hautes latitudes boréales, apportant une nouvelle confirmation de la théorie de Milankovitch (figure 5.4). Les variations de la concentration en CO_2 (et de

1. Ces « thermomètres » sont fondés sur la détermination du $\delta\,^{18}O$, rapport entre la concentration d'oxygène lourd ^{18}O et celle l'oxygène léger ^{16}O, ou encore du δ D, rapport entre la concentration du deutérium et celle de l'hydrogène dans les glaces polaires.
2. Cette méthode consiste en l'analyse de l'air emprisonné dans les bulles contenues dans les carottes de glaces de l'inlandsis groenlandais et antarctique. Ces échantillons constituent en quelque sorte de véritables « archives glaciaires » car elles témoignent de la composition en gaz – et en particules – de l'atmosphère à l'époque où les neiges qui leur ont donné naissance se sont déposées à la surface des calottes polaires, emprisonnant des bulles d'air dans les lacunes de leur réseau cristallin.
3. Voir p. 177.
4. On est donc loin des cinq épisodes glaciaires majeurs du Quaternaire, identifiés par des méthodes stratigraphiques.

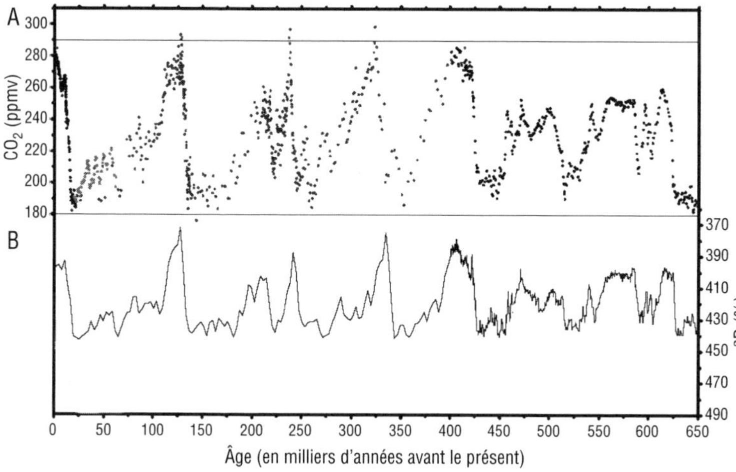

Figure 5.3 Fluctuations de la teneur en CO_2 atmosphérique **(A)** et de la température **(B)** déterminée au cours des 650 000 dernières années à partir de carottages de glace effectués à la base de Vostock (0 à – 400 000 ans) puis sur le dôme C de l'Antarctique (de – 400 000 à – 650 000 ans). (D'après Siegenthaler *et al., op. cit.*, p. 1316.)

méthane) dans les archives glaciaires antarctiques fluctuent en phase avec celles des maxima et minima thermiques estimés par le $\Delta^{18}O$ des glaces, selon un cycle de 100 000, 41 000 et 23 000 ans, c'est-à-dire en fonction des variations de l'insolation aux hautes latitudes.

Les carottages de glace effectués en Antarctique et au Groenland ont aussi apporté la preuve de la simultanéité dans les deux hémisphères des périodes glaciaires et de celles de réchauffements interglaciaires.

Enfin il a aussi pu être mis en évidence que les périodes glaciaires et les épisodes de réchauffement ont alterné au cours du Quaternaire non de façon graduelle et progressive mais au contraire brutalement. Ainsi, la fin du Würm – marquée par une hausse de 10 °C des températures moyennes dans l'Antarctique – s'est effectuée non pas en un millénaire, mais en un siècle voire à peine en quelques décennies (21). D'autres épisodes de changements de température brutaux, à une échelle séculaire, ont aussi été mis en évidence au cours de l'interglaciaire Riss-Würm, à l'Eemien, qui a duré de – 128 000 à – 118 000 ans (37).

L'étude des fluctuations climatiques observées depuis le début du Riss jusqu'à l'époque actuelle a donc confirmé la validité de la théorie

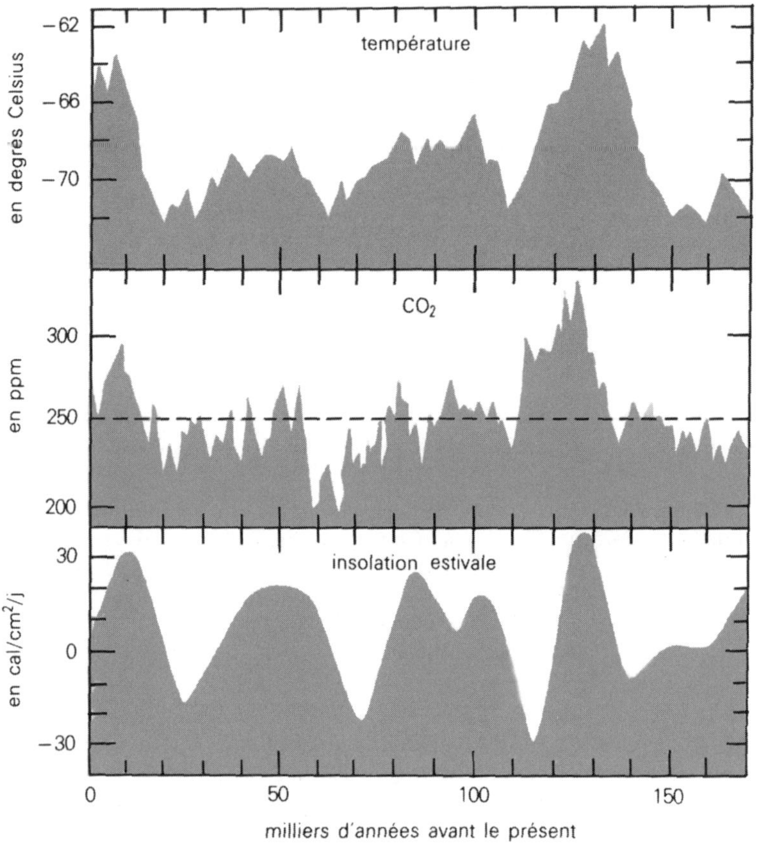

Figure 5.4 Corrélation entre les variations de l'insolation aux hautes latitudes, de la concentration en CO_2 atmosphérique, et de celles des températures au cours des derniers 150 000 ans, déterminées à partir des archives glaciaires. (D'après Neftel *et al.*, *op. cit.*, p. 45.)

de Milankovitch et permis de prévoir la tendance naturelle de l'évolution de la température globale pour les millénaires à venir (figure 5.5).

Cette figure montre que nous serions dans une phase transitoire où les températures auraient naturellement tendance à une baisse modérée mais que le prochain épisode glaciaire ne surviendrait pas avant 50 000 ans.

Il est par ailleurs démontré que la concentration en CO_2 atmosphérique et le climat terrestre sont étroitement dépendants. Ceci est encore plus évident quand on se place à l'échelle des ères géologiques. Ainsi, l'usage des thermomètres isotopiques a permis de montrer que la

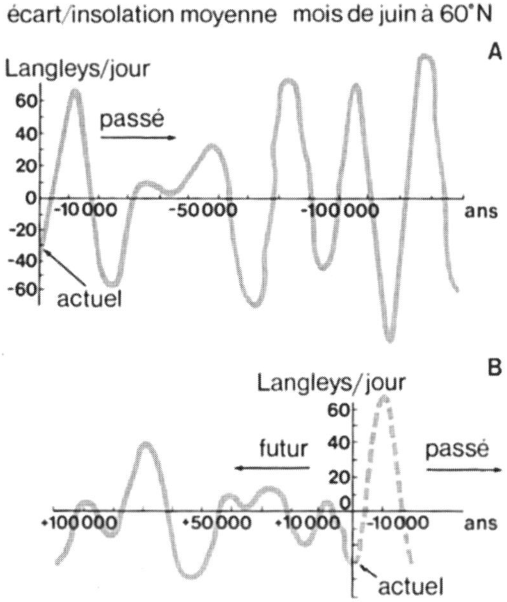

Figure 5.5 Application de la théorie de Milankovitch à l'estimation des fluctuations des températures globales au cours des 160 000 dernières années du Quaternaire et à celle de la tendance naturelle d'évolution de la température globale pour les millénaires à venir.

Ici est figuré l'écart à l'insolation moyenne pour 60° de latitude Nord, calculé en tenant compte des diverses fluctuations propres à l'orbite terrestre. En **A**, sont figurés les écarts ayant eu lieu au cours des 150 000 dernières années ; en **B**, ceux prévus pour les prochains 100 000 ans. (*In* J. Labeyrie, *op. cit.*, p. 196.)

température moyenne terrestre avait manifesté une baisse tendancielle et un considérable refroidissement depuis le milieu du Crétacé. Estimée plus de 20 °C il y a 100 millions d'années (187), cette température moyenne est donc avec une valeur actuelle de l'ordre de 15 °C, inférieure d'au moins 5 °C à celle de l'époque des Dinosaures.

5.1.3 Effet synergique du CO_2 et des autres facteurs contrôlant la température superficielle du globe

Les causes des fluctuations de la concentration en CO_2 atmosphérique et leur relation avec les autres facteurs interférant avec le climat global demeurent aujourd'hui encore partiellement inexpliquées.

En sus de l'activité de la biomasse végétale et phytoplanctonique dont le rôle – *via* la constitution des dépôts de carbone fossiles – a été déterminant dans la baisse de la concentration de CO_2 atmosphérique à l'échelle des temps géologiques, d'autres facteurs, de nature géophysique et géochimique, sont intervenus de façon concomitante pour provoquer le refroidissement constaté.

Les recherches effectuées au cours des dernières décennies suggèrent qu'il existe un effet de *feed-back* entre les variations orbitales de la Terre qui provoquent la diminution de température aux hautes latitudes et celle de la teneur en CO_2 qui à son tour diminue l'effet de serre et amplifie la baisse de la température moyenne terrestre[1].

En réalité, seul un *feed-back* positif entre ces facteurs permet d'expliquer les chutes de température qui se sont effectivement produites, et ce d'autant plus que d'autres facteurs de « forçage » des températures interviennent dans ce *feed-back*. En effet, le refroidissement induit une extension des calottes glaciaires continentales et marines avec en conséquence un accroissement de l'albédo, ce qui à son tour diminue la quantité d'énergie reçue. L'extension des glaces polaires va donc, en augmentant l'albédo de la surface terrestre, contribuer à son tour à amplifier la baisse des températures. En tenant compte de ce facteur, Hansen *et al.* (84) étaient déjà arrivés à un coefficient de *feed-back* de 7 donc très fortement positif.

Enfin, un dernier facteur, géophysique, qui tient dans les échanges thermiques océan-atmosphère, permet de comprendre les processus qui déclenchent un épisode glaciaire et à l'opposé une période de réchauffement et pourquoi c'est la baisse d'insolation aux hautes latitudes boréales qui intervient dans ce phénomène.

La découverte du courant global de circulation thermohaline (figure 5.6), au début des années 1980, a apporté une explication aux causes, jusqu'alors énigmatiques, de l'origine des glaciations (Broecker, 1982).

Ce courant profond, au travers d'échanges entre les océans Pacifique, Indien et Atlantique, amène les eaux chaudes et sursalées tropicales vers les hautes latitudes de l'Atlantique Nord et n'atteint la surface qu'en une seule région de l'océan mondial consistant en une « fenêtre »

1. En effet, les divers paramètres qui contrôlent la température superficielle du globe, pris isolément, ne permettent pas d'expliquer l'installation d'une période glaciaire. Ainsi, on a pu calculer qu'au cours du Würm, la diminution d'insolation aux hautes latitudes boréales due à la variation orbitale n'aurait provoqué qu'une baisse de 0,2 °C de la température moyenne et le passage de 300 ppm(v) à 200 ppm(v) de CO_2 abaisserait de « seulement » 1,2 °C cette température.

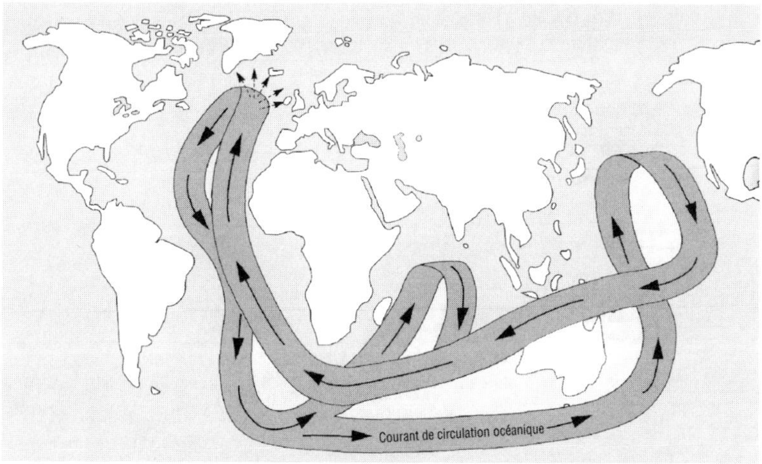

Figure 5.6 Schéma général du courant global de circulation thermohaline.

d'environ 100 000 km^2 située aux alentours de l'Islande. Dans cette zone se dégagent pendant la période hivernale de colossales quantités de chaleur qui correspondent à 30 % du total de l'énergie solaire reçue par toute la surface de l'Atlantique Nord et accumulées pendant le passage des eaux aux latitudes tropicales et tempérées de l'Atlantique ! Cet échauffement de l'atmosphère dans cette zone se traduit par un fort réchauffement de l'air froid en provenance du Canada, phénomène qui est à l'origine des températures anormalement élevées de toute l'Europe, compte tenu de sa latitude, et cela jusque dans les zones subpolaires du Spitzberg (figure 5.7) !

À l'opposé, dans l'océan Pacifique, les eaux tièdes de surface se dirigent vers l'équateur tandis que les eaux froides remontent vers les hautes latitudes de l'hémisphère boréal (figure 5.6). En conséquence, le courant global de circulation thermohaline, le plus gigantesque des courants océaniques, réchauffe exclusivement les façades des continents situées autour de l'Atlantique Nord !

Les eaux qui ont été refroidies coulent ensuite et alimentent un courant de retour qui va redescendre vers le sud, circulant à une profondeur jamais inférieure à 800 m et généralement de l'ordre de 2 000 à 3 000 m. Au niveau des hautes latitudes de l'Atlantique boréal, ce courant d'eaux froides et sursalées de profondeur est renforcé par l'apport de sel rejeté par la formation de la glace en mer de Norvège, et dans quelques autres régions – essentiellement mer du Labrador et mer du Groenland – lorsque gèlent les eaux de surface. Il en résulte que ces

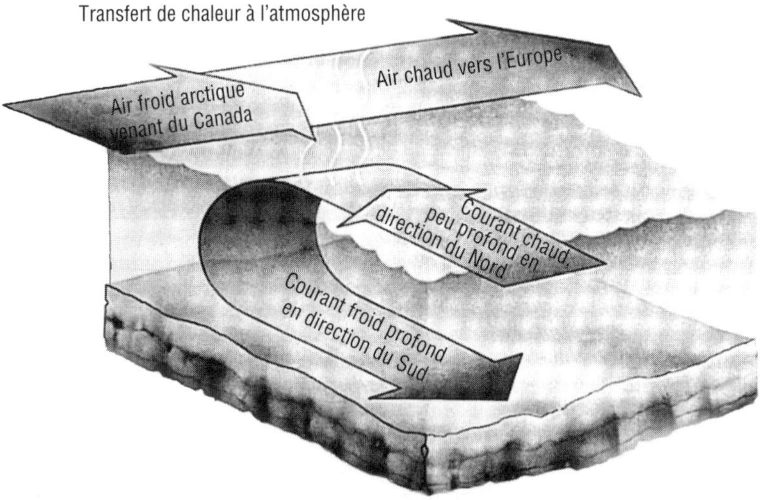

Figure 5.7 Transfert de chaleur dans l'Atlantique du Nord-Est entre le courant global de circulation thermohaline et l'atmosphère. (D'après Broecker, *op. cit.*, 1989, p. 17, mais modifié.)

eaux dont la température est comprise entre 0 et 2 °C et dont la densité est élevée par suite de leur basse température et du fait qu'elles sont sursalées vont plonger en profondeur et s'écouler vers les basses latitudes de l'Atlantique puis finiront par passer dans l'océan Indien. Ce courant profond sera renforcé dans l'océan austral par le même phénomène, lié à la formation de la glace de mer au niveau de l'Antarctique, en particulier en mer de Weddell.

Il traverse ensuite l'océan Indien et Pacifique. Dans le Nord du Pacifique, les eaux remontent en surface et se dirigent vers le sud devenant plus chaudes et plus salées aux basses latitudes par suite de l'évaporation. Ce courant de surface va ensuite traverser l'océan Indien au niveau des latitudes intertropicales puis descendre dans l'océan austral doublant la pointe de l'Afrique au niveau des 40° Sud pour ensuite retourner dans l'Atlantique[1]. Dans la partie boréale de cet océan, le transport des

1. Remarque : on pourrait s'interroger sur la raison qui fait que les eaux chaudes et sursalées proches de la surface se dirigent de l'océan Pacifique puis Indien vers l'Atlantique. Cela résulte de ce que le bilan entre les apports par les précipitations et le déversement des fleuves et les pertes par évaporation est négatif sur le Pacifique qui reçoit plus d'eau que ne lui en ôte l'évaporation, alors que c'est exactement l'inverse dans l'Atlantique où l'évaporation prédomine sur les précipitations et le ruissellement des continents, de sorte que la compensation se fait par transfert d'eau du Pacifique vers l'Atlantique.

Figure 5.8 Schéma général de la circulation thermohaline dans l'Atlantique Nord. (Schiermeyer, *op. cit.*, p. 257.)

eaux profondes vers le sud est compensé par des courants superficiels qui amènent des eaux chaudes vers les hautes latitudes (figure 5.8) : gulf stream et branche supérieure du courant de circulation thermohaline constituée par des eaux chaudes sursalées se déplaçant au niveau de la thermocline.

L'apparition d'une période glaciaire résulte de la baisse d'insolation aux hautes latitudes de l'hémisphère boréal qui induit un refroidissement. Ce refroidissement affaiblit le courant global de circulation thermohaline et de façon générale les courants d'eaux chaudes de faible profondeur dans le Nord de l'Atlantique, en particulier le Gulf Stream et favorise l'extension des glaces polaires ainsi qu'une modification du budget de salinité de l'hydrosphère. Il en résulte un refroidissement de l'atmosphère à ces latitudes d'où résulte un refroidissement des eaux marines qui modifie à son tour les échanges de CO_2 entre l'atmosphère et l'océan (20, 21)[1]. L'augmentation du stockage du CO_2 dans le réservoir

1. La découverte du rôle majeur joué par l'affaiblissement des courants chauds du Nord de l'Atlantique dans l'apparition d'une période glaciaire a été récemment à l'origine d'un film de science-fiction : « *The day after to-morrow* ». Ce scénario est fondé sur le constat qu'à la fin de la dernière glaciation, il y a environ 13 000 ans, le déversement dans l'Atlantique du Nord-Ouest par le Saint-Laurent d'un volume colossal d'eaux froides dessalées dû à la fusion de l'inlandsis qui recouvrait tout l'arctique, le Canada et le Nord des États-Unis, a provoqué un épisode récurrent de

océanique diminue à son tour l'effet de serre accélérant la réabsorption du CO_2 par suite de la baisse de température *via* les autres paramètres. On aurait là encore une autre boucle de *feed-back* positif expliquant la rapidité à laquelle s'installent les périodes glaciaires et à l'opposé celle des réchauffements observés.

5.2 EFFETS DE LA POLLUTION ATMOSPHÉRIQUE SUR LE CLIMAT GLOBAL

La température moyenne superficielle terrestre dépend, avant tout autre facteur, de la quantité d'énergie reçue par unité de surface au niveau du sol.

On démontre que l'intensité du flux solaire accédant au sol dépend de l'absorption du rayonnement solaire par l'ensemble des gaz présents dans l'atmosphère, de la réflexion des radiations solaires par ces gaz et de la turbidité atmosphérique qui rend compte de l'absorption et de la réflexion de ces radiations par les particules présentes dans l'air.

5.2.1 Effet de serre

Toutes choses égales par ailleurs, la température de la troposphère au voisinage de la surface va être conditionnée par l'effet de serre qui résulte de l'aptitude de certains gaz présents dans l'atmosphère à absorber le rayonnement calorifique réémis par la surface.

a) Notion de gaz de serre

La plupart des gaz atmosphériques sont transparents aux radiations solaires et ne présentent donc aucune absorption de ces dernières. Toutefois, certaines molécules absorbent à l'état gazeux une partie

glaciation, le Dryas, qui a duré un millénaire. Cela a résulté d'un blocage du Gulf Stream qui restait cantonné aux zones tropicales et subtropicales de l'Atlantique Nord. Des experts ont évoqué la possibilité actuelle d'un tel scénario arguant de la fusion des glaces polaires due au réchauffement actuel. Ils se fondent sur le fait que le Gulf Stream a présenté une atténuation de 30 % de son intensité au cours des cinquante dernières années. Deux arguments pourraient être opposés à ce type de considération. Le premier tient en ce que malgré la baisse effective de 30 % du débit du Gulf Stream, on n'a pas assisté à un refroidissement, tant s'en faut, dans l'est des États-Unis et en Europe atlantique. Par ailleurs il importe de souligner que la masse de glaces susceptible de fondre aux hautes latitudes boréales par suite du réchauffement actuel est mille fois plus faible que le monstrueux débit qu'a reçu l'Atlantique du Nord-Ouest à la fin du Würm. Des experts glaciologues tels Jouzel sont d'ailleurs très sceptiques sur la probabilité du scénario de *Day after tomorrow*.

importante du flux solaire, en particulier les radiations infrarouges, qui transportent une grande énergie thermique. On dénomme *gaz de serre* les substances qui présentent de telles propriétés : essentiellement la vapeur d'eau, le CO_2 et dans une moindre mesure, compte tenu de leur plus faible teneur dans l'air, le méthane, le protoxyde d'azote et l'ozone.

En réalité, la vapeur d'eau, de loin le principal gaz de serre, joue un rôle prépondérant dans la réabsorption du flux calorifique réémis par la surface terrestre[1]. Malgré sa forte dilution dans l'air, le CO_2 constitue un remarquable absorbeur des rayonnements infrarouges. Au taux actuel auquel il se rencontre dans l'atmosphère (379 ppm (v) en 2005), il retient toute l'énergie correspondant à la bande de rayonnements comprise entre 14 µ et 16,5 µ et une fraction de ceux situés en deçà et au-delà. Fait important, il absorbe aussi l'infrarouge dans la « fenêtre » de 9 µ à 15 µ, celle où précisément la vapeur d'eau est entièrement transparente à ces radiations (figure 5.9).

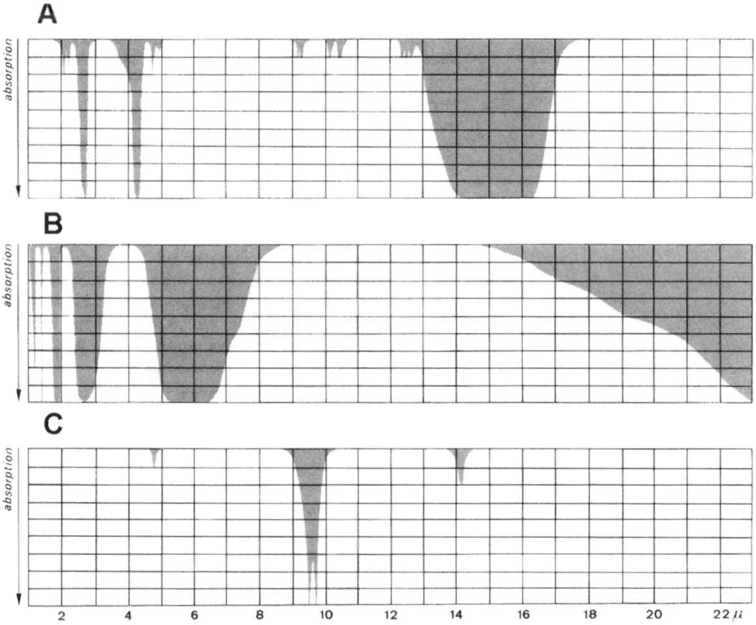

Figure 5.9 Spectre d'absorption dans l'infrarouge de gaz de serre majeurs. **A)** Vapeur d'eau, **B)** CO_2, **C)** Ozone. (*In* Ramade, *op. cit.*, 2000, p. 179.)

1. Cela résulte de sa très large bande d'absorption dans l'infrarouge et de sa forte concentration dans l'atmosphère où elle est selon la latitude de trois à trente fois plus abondante que le CO_2.

Parmi les autres gaz de serre naturellement présents dans l'atmosphère, il convient de citer le méthane, dont le pouvoir d'absorption des infrarouges est 25 fois supérieur à celui du CO_2 et le N_2O (protoxyde d'azote), dont le coefficient d'absorption, très élevé, est de 300 fois supérieur à celui du CO_2. Enfin l'ozone, bien qu'il n'absorbe que dans une étroite bande (entre 9 μ et 10 μ), est situé de façon opportune, au niveau de la fenêtre où la vapeur d'eau est transparente aux IR, comblant de ce fait une partie du spectre IR à laquelle l'atmosphère serait transparente.

En outre, la chimie de synthèse a mis au point des substances artificielles, constituants de redoutables polluants atmosphériques car ils sont de puissants gaz de serre : surtout les CFC et divers autres composés organohalogénés, par ailleurs agents de la destruction de l'ozone stratosphérique !

Ces divers composés gazeux possèdent la propriété fondamentale d'absorber les rayons infrarouges réémis par la surface du sol et des océans – qui s'échauffent pendant la journée sous l'effet du rayonnement solaire incident. Ces divers gaz produisent donc un *effet de serre*, car ils agissent en quelque sorte comme le vitrage d'une serre qui piège les radiations calorifiques à l'intérieur de celle-ci et élèvent de la sorte la température de la basse troposphère (figure 5.10).

b) Effets des gaz de serre sur les températures globales

L'opacité de l'atmosphère aux radiations infrarouges réémises ou réfléchies par la surface des continents et des océans engendre donc l'effet de serre, qui contribue à maintenir les températures de la basse troposphère à une valeur supérieure à celle qui serait la sienne en son absence.

La température moyenne globale à la surface terrestre T_s est actuellement de 15 °C soit 288 K. On peut considérer que le système sol-océan-atmosphère est en équilibre radiatif avec le soleil (figure 5.9) c'est-à-dire qu'il existe une exacte compensation entre l'énergie apportée par le flux solaire incident et celle réémise vers l'espace.

Il est possible de calculer la température T_e qu'aurait la surface terrestre si l'atmosphère était dépourvue de gaz de serre donc parfaitement transparente aux radiations solaires et se comporterait comme un corps noir (encadré ci-après).

Le calcul montre que T_e est voisin de – 18 °C soit 255 K, valeur corroborée par les mesures satellitaires de l'albédo.

On appelle coefficient de serre le rapport T_s/T_e qui, pour le système surface terrestre-atmosphère, est égal à l'heure actuelle à 288/255 soit 1,13. Cette valeur fait saisir l'importance de cet effet de serre pour l'évolution

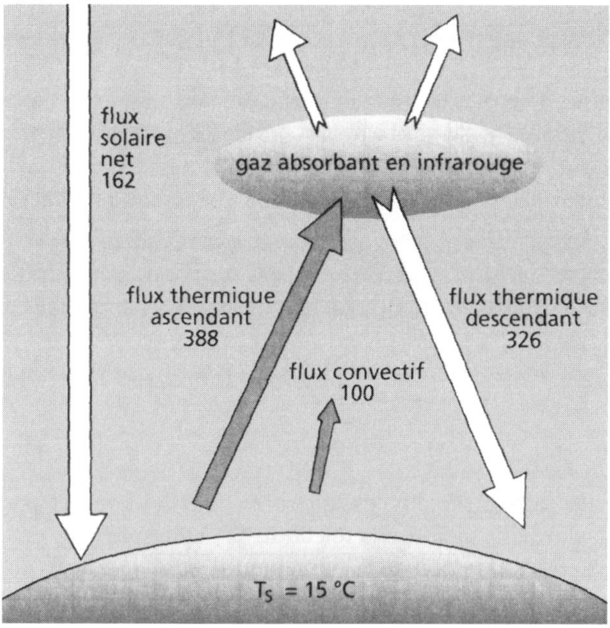

Figure 5.10 Schéma expliquant le mécanisme de l'effet de serre.

Le rayonnement solaire incident accédant à la surface terrestre (flux solaire net) est réémis vers l'espace sous forme de radiations infrarouge (flux thermique ascendant). Ces radiations sont absorbées par les basses couches de l'atmosphère, opaques aux longueurs d'onde comprises entre 700 mμ et 30 μ et donc réémises vers la surface (flux thermique descendant), ce qui élève la température de l'atmosphère au voisinage du sol. Les pertes d'énergie par la surface terrestre sont dues au flux ascendant réémis vers l'espace et au flux convectif qui fait monter dans les hautes couches de la troposphère les masses d'air chauffées au voisinage du sol. L'effet de serre résulte de la différence entre la somme flux ascendant plus flux convectif et le flux descendant. Il sera d'autant plus important que cette différence est faible (les flux sont figurés en watt . m^{-2}). Ts = Température superficielle moyenne de la Terre. (D'après Courtin *et al.*, *op. cit.*, p. 545.).

biologique. Si l'atmosphère était dépourvue de gaz de serre, la surface terrestre, avec une température moyenne de – 18 °C, serait impropre à toute forme de vie.

La production d'énergie artificielle par usage des combustibles fossiles constitue une cause potentiellement importante de bouleversements climatiques. À cela s'ajoutent les rejets de méthane et de protoxyde

La température d'émission de la surface terrestre

Si l'atmosphère terrestre était parfaitement transparente à toutes les radiations incidentes ou réémises vers l'espace (absence d'effet de serre), la surface terrestre se comporterait comme un corps noir théorique dont on peut calculer la température d'émission.

Cette température T_e peut se calculer à partir de la valeur S_0 du flux solaire incident, de A, l'albédo de la surface planétaire ($A \cong 0{,}3$), et de σ, la constante de Boltzman, qui sont liés par la relation :

$$T_e = \left[\frac{[S_0(1-A)]}{4\sigma}\right]^{\frac{1}{4}}$$

d'azote par certaines activités agricoles, par l'élevage et par divers polluants d'origine industrielle rejetés dans l'atmosphère : ozone troposphérique et certains polluants organiques persistants tels les CFC. Dans un premier temps, les combustibles fossiles, au travers des rejets de CO_2 et ceux des autres gaz opaques à l'infrarouge sont susceptibles d'augmenter l'effet de serre.

À plus long terme, le rejet de quantités importantes de chaleur artificielle dans le milieu ambiant serait susceptible de modifier l'équilibre thermique de la biosphère à partir du moment où elle atteindrait une importance significative par rapport au rayonnement solaire incident (voir p. 208).

L'accroissement de la teneur en CO_2 et autres gaz de serre dû à l'action de l'homme constitue depuis le début de l'ère industrielle moderne un facteur perturbateur du climat global d'importance croissante et aux conséquences déjà considérables. En effet, cet enrichissement renforce l'effet de serre résultant de la présence naturelle de ces gaz dans l'atmosphère et ce d'autant plus que les quantités rejetées atteignent l'ordre de grandeur des concentrations préexistantes de ces gaz dans l'air.

5.2.2 Rejets de CO_2 et perturbation du cycle du carbone

Les masses colossales de CO_2 rejetées dans l'atmosphère par la combustion du charbon, du gaz naturel et de divers carburants dérivés du pétrole perturbent de façon croissante le cycle biogéochimique du carbone, de l'azote et plus encore celui du soufre.

De nos jours, il a été estimé que l'injection de CO_2 d'origine industrielle dans l'atmosphère, toutes sources confondues, excède 25 milliards de tonnes par an, soit 6,7 milliards de tonnes d'équivalent carbone[1].

Enfin, il faut ajouter à ce flux technologique les rejets, longtemps négligés, provenant de la déforestation, surtout des forêts tropicales (2). Ils ont été estimés compris entre 1,4 et 3 milliards de tonnes par an d'équivalent carbone (225, 226). Bien qu'aujourd'hui encore mal évaluées, ces valeurs excèdent vraisemblablement 2 milliards de tonnes.

Ces diverses sources cumulées de pollution atmosphérique par le CO_2 dépassent donc 9 milliards de tonnes d'équivalent carbone par an ! Elles ne sont plus compensées par les processus homéostasiques naturels régulant le cycle du carbone qui réabsorbe ce dernier dans des puits continentaux et/ou océaniques : réincorporation dans la biomasse par la photosynthèse et dissolution du CO_2 atmosphérique en excès dans les eaux océaniques profondes.

Cela résulte de ce que la somme des rejets de CO_2 dus à l'homme atteint de nos jours un ordre de grandeur analogue à celui des flux introduits dans l'atmosphère par les processus biogéochimiques naturels (tableau 5.1).

TABLEAU 5.1 CIRCULATION DU CO_2 DANS LA BIOSPHÈRE.

Processus naturel ou émissions anthropogènes	**Stock (en t de CO_2) ou flux en $t \cdot an^{-1}$**	**Taux de renouvellement en années (rapport contenu atmosphérique / flux à l'atmosphère)**
Contenu atmosphérique	$2{,}75 \cdot 10^{12}$ t	
Photosynthèse	$2{,}34 \cdot 10^{11}$	8,5
Respiration + fermentations	$2{,}34 \cdot 10^{11}$	8,5
Combustions	$2{,}5 \cdot 10^{10}$	110
Cimenteries	$> 0{,}8 \cdot 10^{9}$	< 3200
Déforestation	$> 6 \cdot 10^{9}$	< 430
Fossilisation	10^{7} ?	$28 \cdot 10^{5}$?

(D'après divers auteurs *in* Ramade, *op. cit.*, 2005, p.178.)

1. Les cimenteries représentent une autre source technologique de CO_2 dans l'atmosphère, estimée à plus de $500 \cdot 10^6\ t \cdot an^{-1}$ d'équivalent carbone, car la production de ciment, qui est du silicate de calcium, se fait par réaction du carbonate de calcium sur de la silice, avec rejet de CO_2.

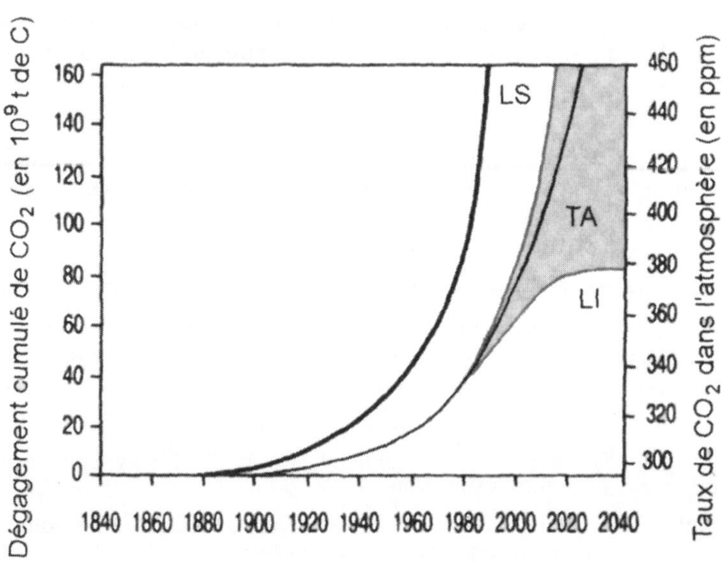

Figure 5.11 Croissance du taux de CO_2 atmosphérique depuis 1860 à nos jours et prospectives selon diverses hypothèses de croissance de la consommation d'énergie au cours du prochain demi-siècle.

LS = limite supérieure de l'accroissement dans le scénario de croissance maximale de l'usage des combustibles fossiles selon l'AIE de Vienne, TA = extrapolation de la tendance actuelle, LI = limite inférieure de l'accroissement dans le scénario utopique, bien plus contraignant que le protocole de Kyoto, où l'ensemble de la population mondiale aurait mis en œuvre des mesures de plafonnement d'ici 2010 de sa consommation de combustibles fossiles. La courbe la plus à gauche figure l'évolution de la concentration en CO_2 atmosphérique si toutes les quantités rejetées par l'homme étaient restées dans l'atmosphère. (D'après divers auteurs dont Bolin *et al.*, *op. cit.*, mais modifié et actualisé *in* Ramade, *op. cit.*, p. 178, 2005.)

La lecture de ce tableau montre que l'ordre de grandeur des quantités de CO_2 d'origine industrielle introduites dans l'atmosphère est de la même magnitude (écart inférieur à un facteur 10) que celui mis en œuvre par la respiration et les fermentations propres à l'ensemble des êtres vivants qui peuplent la biosphère.

Le *monitoring* de la teneur en CO_2 atmosphérique débuta en 1958 avec l'année géophysique internationale. Il a vite révélé que cette concentration ne restait pas constante mais s'accroissait de façon continue avec le temps (figure 5.11). Il est donc rapidement apparu que les facteurs homéostasiques naturels qui régulaient la teneur en CO_2 de l'atmosphère n'arrivaient plus à contrôler les quantités de ce gaz que l'homme moderne déverse dans l'air.

La perturbation de ces processus homéostasiques a eu pour conséquence l'accroissement continu de la teneur en gaz carbonique de l'atmosphère. Estimée à 0,8 ppm(v) par an dans les années 1960, cette croissance s'effectue de nos jours à un rythme moyen de 1,84 ppm(v) calculé sur la période 1992-2002 (111)[1] (figure 5.12).

En dépit de ces oscillations annuelles dues à la présence d'une saison végétative estivale dans l'hémisphère boréal, on constate que la valeur moyenne du taux de CO_2 dans l'air est passé de 312 ppm(v) en 1958 à 379 en 2005.

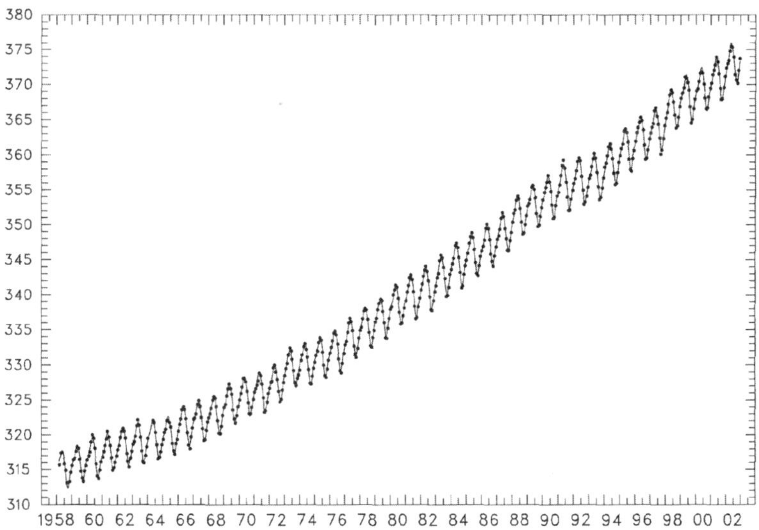

Figure 5.12 Croissance de la concentration de CO_2 atmosphérique – provoquée par l'usage des combustibles fossiles et par la déforestation – mise en évidence à l'observatoire de Mauna Loa à Hawaï. (D'après Keeling *et al., op. cit.*, 2004.)

1. L'évolution de la concentration du CO_2 atmosphérique est relevée en permanence à l'observatoire de Mauna Loa aux îles Hawaï par Keeling et ses collaborateurs dans le cadre d'un programme de recherche de surveillance permanente de l'environnement qui fut lancé lors de l'Année Géophysique Internationale en 1958. Les fluctuations annuelles régulières observées résultent des variations saisonnières de l'intensité de la photosynthèse contrôlées par la belle saison dans l'hémisphère nord où se trouve la majorité de la biomasse végétale.

a) Prévision sur l'évolution de la teneur en CO_2 atmosphérique au cours du XXIe siècle

Le maintien du taux de croissance actuel du CO_2 atmosphérique conduirait au doublement de sa teneur atmosphérique[1] d'ici la fin du XXIe siècle soit à une valeur supérieure à 600 ppm(v). Compte tenu de l'accroissement prévisible de l'effet de serre, le réchauffement global qui en résulterait conduirait à un bouleversement climatique catastrophique.

Afin de prémunir les générations futures d'un tel désastre, des groupes d'experts internationaux en particulier ceux l'IPCC et du WRE[2] ont proposé divers scénarios impliquant une réduction planifiée et importante de l'usage des combustibles fossiles (figure 5.13) afin d'atteindre un plafonnement des émissions de CO_2 d'ici la fin du présent siècle (70).

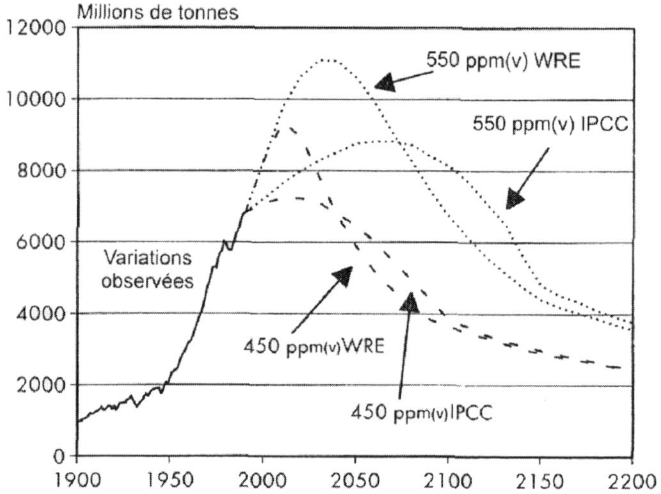

Figure 5.13 Prévision de la réduction puis de l'arrêt de la croissance de l'usage de combustibles fossiles par l'humanité dans des scénarios conduisant à stabiliser la teneur en CO_2 de l'atmosphère à 550 et à 450 ppm. (*In* Flavin et Tunali, *op. cit.*, p. 45.)

Ces experts ont établi que 550 ppm(v) représenteraient un maximum envisageable (mais déjà non écologiquement tolérable) de la

1. Ainsi que de celui des autres gaz de serre.
2. Piloté par T. Wigley, de l'*US National Center for Atmospheric Research.*

concentration atmosphérique de CO_2 d'ici la fin du XXIe siècle et que 450 ppm(v) constitueraient la valeur maximale si l'on souhaite limiter le réchauffement terrestre à 0,1 °C par décennie. Cette augmentation de température est en effet considérée comme l'extrême limite supportable par les populations humaines et l'économie mondiale[1].

Selon les scénarios adoptés, la concentration de 550 ppm serait atteinte au début du XXIIe siècle et celle de 450 ppm aux environs de 2060 (figure 5.14).

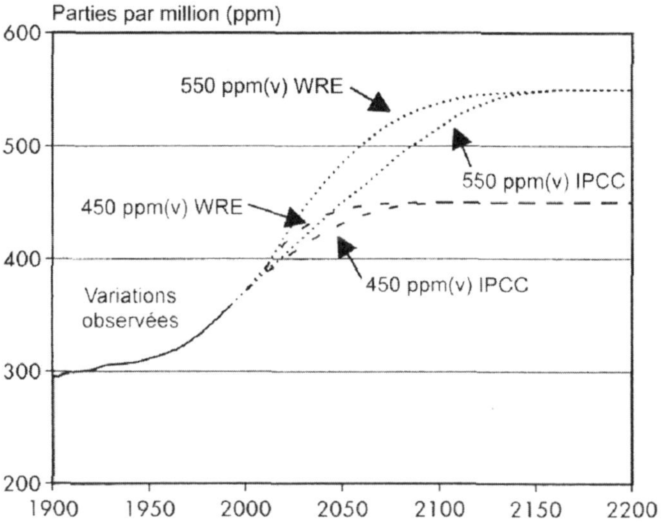

Figure 5.14 Variations futures de la teneur en CO_2 atmosphérique exprimées en partie par million en volume ppm(v) selon des scénarios qui planifient la stabilisation de cette teneur aux niveaux de 550 ppm et à celui de 450 ppm. (D'après Wigley *et al.*, *op. cit.*, p. 246, mais modifié.)

b) Quantification du cycle du carbone et de ses perturbations par l'homme

Un schéma général quantifiant les divers flux et stocks propres au cycle du carbone dans la biosphère a été initialement proposé par Bolin (12, 13, 14). De nombreux autres chercheurs ont ultérieurement contribué à améliorer la connaissance des principaux flux et stocks en particulier celle des perturbations quantitatives de ce cycle de nature anthropogénique (figure 5.15).

1. Et au plan écologique par les écosystèmes terrestres et marins.

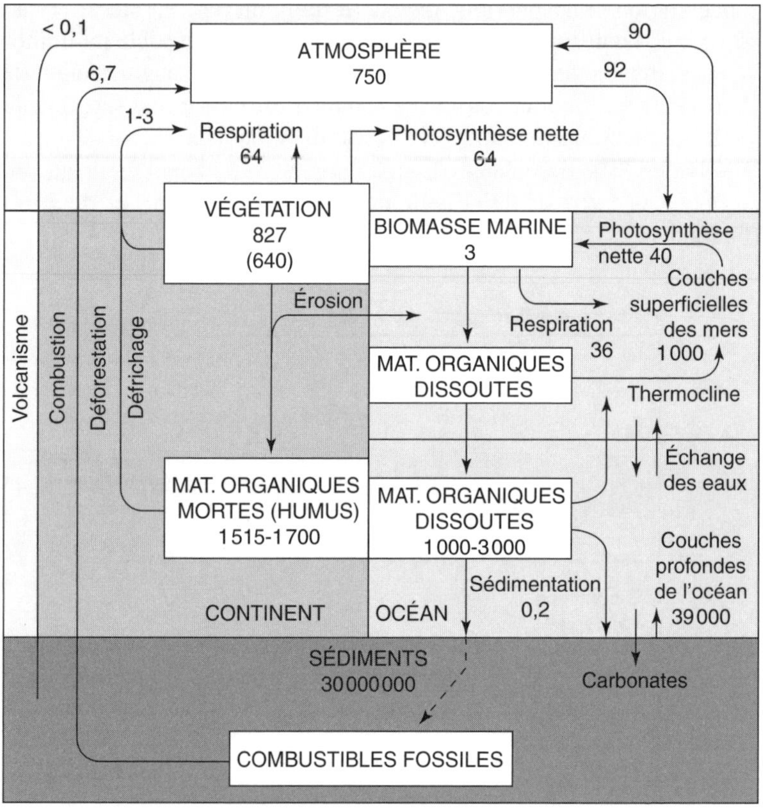

Figure 5.15 Le cycle du carbone et sa perturbation par les activités humaines. Les nombres figurent les stocks (en 10^9 t d'équivalent carbone) et les flux en 10^9 t d'équivalent C . an^{-1}). (D'après Bolin *et al. op. cit.*, Woodwell *et al. op. cit.*, ainsi que divers auteurs *in* Robert et Saugier, *op. cit.*, 2003, p. 579.)

On constate qu'il existe un net découplage entre le cycle du carbone en milieu océanique et à la surface des continents. Alors que la quantité totale de carbone stockée dans l'océan est bien plus considérable qu'en milieu terrestre, le flux de carbone circulant dans les biocœnoses océaniques est plus faible. Ainsi, la photosynthèse nette est estimée y fixer $40 \cdot 10^9$ t par an de carbone organique, alors qu'elle s'élève en milieu terrestre à $64 \cdot 10^9$ t d'équivalent carbone.

De même la biomasse marine totale ne renferme que 3 milliards de tonnes de carbone alors que la biomasse terrestre actuelle en renferme $640 \cdot 10^9$ t (tableau 5.2) ! À l'opposé, le stock de carbone organique fixé dans les matières organiques mortes dans l'humus s'élève lui à

$1\ 500 \cdot 10^9$ t, ce qui est bien moindre que son équivalent en milieu océanique.

En milieu terrestre, photosynthèse et respiration sont équilibrées, les organismes autotrophes (animaux, champignons, bactéries) rejetant par respiration (et fermentation des matières organiques mortes) $64 \cdot 10^9$ t d'équivalent carbone par an.

TABLEAU 5.2 MASSES DE CARBONE ORGANIQUE STOCKÉES DANS LA BIOSPHÈRE (EN 10^9 t)

Réservoirs (et « puits »)	Quantités de carbone organique stockées (en 10^9 t d'équivalent carbone)		Production primaire annuelle (en 10^9 t d'équivalent carbone par an)
	Biomasse	Humus	
Biomes terrestres			
Forêts	575	270	24
Steppes et toundras	11	813	6,2
Déserts et savanes	37	343	15
Zones humides	9	26	5
Agroécosystèmes	8	62	13,8
Total écosystèmes terrestres	640 (827)*	1 515 (1 700)*	64
Océan	3		40
		Quantités de carbone inorganique stockées (en 10^9 t d'équivalent carbone)	
CO_2 atmosphérique		750	
Océan Eaux de surface Eaux profondes		 1000 38 000	

(D'après divers auteurs *in* Robert et Saugier, *op. cit.*, mais modifié)

* La première valeur correspond aux stocks actuels, celles entre parenthèses aux masses de carbone initialement existantes antérieurement à l'action de l'homme sur la végétation terrestre.

En milieu océanique, le phytoplancton assimile le CO_2 dissous dans les eaux et libère de l'oxygène dissous qui passe en solution. À l'opposé, le zooplancton et le necton (poissons, Mollusques Céphalopodes pélagiques, Cétacés, etc.) consomment le carbone fixé sous forme organique par les autotrophes et utilisent l'oxygène dissous pour la respiration.

Enfin, une faible partie de la matière organique, estimée à $0{,}2 \cdot 10^9$ t se sédimenterait chaque année au fond des fosses océaniques. On voit donc que la consommation des combustibles fossiles s'effectue de nos jours à une vitesse qui est plusieurs milliers de fois supérieure à celle à laquelle le carbone se fossiliserait à l'heure actuelle.

Le CO_2 océanique n'est cependant pas indépendant de celui contenu dans l'air, car des échanges existent entre l'océan et l'atmosphère. L'étude de la vitesse à laquelle s'effectue le passage dans les eaux marines du $^{14}CO_2$ introduit dans l'air par les expérimentations nucléaires des années 1950 et d'autres données isotopiques ont permis d'évaluer à plus de $2 \cdot 10^9$ t d'équivalent carbone par an le bilan net des quantités de CO_2 réabsorbées par l'océan.

c) Devenir de l'excès de CO_2 rejeté dans l'atmosphère par l'homme

Si l'on tient compte des volumes totaux de CO_2 rejetés par les seules combustions dans l'atmosphère dans la période 1991-2002, on peut calculer que l'élévation de sa concentration dans l'air aurait dû être proche de 9 ppm(v) par an. En réalité, elle n'a été que de 0,5 à 4 ppm(v) par an selon la latitude avec une valeur moyenne globale de 1,8 ppm(v).

Cela confirme le rôle des facteurs homéostasiques naturels dont l'intervention réduit de plus de moitié la masse de dioxyde de carbone restant dans l'atmosphère. En effet, le cycle du carbone est conditionné par un ensemble de facteurs antagonistes : respiration, fermentation et volcanisme qui rejettent du CO_2 dans l'atmosphère et à l'opposé photosynthèse, dissolution dans les eaux océaniques et sédimentation qui tendent à l'en extraire.

Où va le carbone produit par les combustions et la déforestation qui ne séjourne pas dans l'atmosphère et quels sont donc les réservoirs (= « puits») biosphériques susceptibles d'extraire de l'atmosphère cette importante fraction de CO_2 qui y est injectée par l'homme ?

Le rôle de l'océan apparaît essentiel dans la résorption du CO_2 d'origine anthropique.

Un autre « puits » de carbone dont l'importance est aujourd'hui encore sujette à controverse est constitué par la biomasse végétale. Celle-ci peut intervenir comme facteur favorable puisque la photosynthèse augmente quand la concentration de ce gaz s'élève dans l'air. Elle exercerait donc un *feed-back* négatif régulant la concentration de CO_2 dans l'air en stockant cet élément sous forme de carbone organique. Malheureusement, il a été démontré que les rejets technologiques actuels sont d'un ordre de grandeur supérieur d'un facteur 100 à la réabsorption par la photosynthèse !

Remarque : cela montre l'inanité des actions de firmes industrielles proposant de reboiser des surfaces de toute façon dérisoires quant à leur capacité de stockage du CO_2 par rapport à l'ampleur des rejets de la civilisation technologique contemporaine. En outre, il a été montré que dans le moyen terme, la capacité de stockage du carbone est plus limitée qu'on ne l'avait présumée car, au bout de quelques décennies, l'absorption de CO_2 par ces plantations est compensée par la respiration des arbres et de la communauté tout entière (en particulier champignons et bactéries aérobies des sols).

Bien au contraire, l'action de l'homme, surtout par suite de la déforestation des zones tropicales, tend à remettre en circulation sous forme de CO_2 des quantités colossales de carbone stockées dans la biomasse et la matière organique morte des sols forestiers (225, 226). Cette autre action perturbatrice de l'homme sur le cycle du carbone est d'autant plus considérable que le pool de carbone organique en milieu terrestre est d'une masse deux fois supérieure à celle contenue dans l'atmosphère sous forme de CO_2 (tableau 5.2).

Deux questions fondamentales se posent, dont la réponse conditionne l'évaluation de l'impact de la civilisation industrielle sur le cycle du carbone au cours des prochaines décennies :

- Quelle est l'importance relative des « puits » de carbone dont l'action régule le CO_2 atmosphérique c'est-à-dire de l'océan et de la biomasse ?
- Quel est le volume du réservoir océanique réellement accessible à moyen terme – à l'échelle de quelques décennies – pour le CO_2 produit par l'homme, compte tenu de l'importance actuelle de la vitesse à laquelle il est injecté dans l'atmosphère par la civilisation contemporaine ?

Il existe une limite à la vitesse à laquelle le CO_2 en excès dans l'atmosphère peut être réabsorbé par le « puits » océanique. Les premiers 100 m de l'océan ne retiennent que les 10 % de l'excès de CO_2 injecté dans l'atmosphère, le reste passe lentement dans les couches profondes, ce processus nécessitant plusieurs années. La lenteur de diffusion du CO_2 dans l'océan et le fait que la biomasse n'absorbe qu'une fraction minoritaire des rejets par l'homme dans l'atmosphère expliquent l'accroissement de sa teneur dans l'air.

L'aptitude du réservoir océanique à réguler le cycle du carbone dépend donc de la vitesse effective à laquelle le CO_2 produit par les combustions et la déforestation est transféré vers les couches profondes de l'hydrosphère. En ce sens les résultats de recherches effectuées voici une décennie sont très préoccupants : seulement 49 % du CO_2 produit depuis 1950 aurait été absorbé par les couches profondes océaniques[1].

5.2.3 Autres facteurs atmosphériques contrôlant le climat au sol

En réalité, le problème de l'ajustement du climat terrestre est beaucoup plus complexe qu'il n'apparaît au premier abord car les effets relatifs des différents gaz de serre doivent être calculés en prenant en considération l'équilibre thermique et les transferts radiatifs, non seulement au niveau du sol mais dans l'ensemble de l'atmosphère.

a) Nébulosité

L'action de la couverture nuageuse sur l'intensité des radiations incidentes, donc sur la température de l'air, est très complexe. On estime que la couverture nuageuse du globe est en moyenne de 52 % avec des variations comprises entre 50 et 54 %. Si les nuages renvoient vers la surface le rayonnement calorifique, ils réémettent vers l'espace une partie des radiations incidentes, induisant de la sorte une augmentation de l'albédo terrestre qui diminue le flux au sol. L'influence de la couverture nuageuse doit donc être prise en considération.

Enfin, les changements dans la température, le taux de vapeur d'eau atmosphérique et la nébulosité peuvent affecter l'étendue des régions enneigées, donc modifier fortement la valeur de l'albédo terrestre puisque la neige réfléchit vers l'espace 90 % des radiations solaires incidentes.

b) Turbidité atmosphérique

L'intensité du flux solaire au sol est aussi conditionnée par la densité des particules dans l'air (turbidité). L'action des poussières atmosphériques sur la quantité d'énergie reçue est difficile à préciser. Cela dépend en grande partie de la nature de ces « aérosols ». Si leur coefficient de réflexion moyen est plus grand dans l'infrarouge que dans le visible, les températures au sol s'élèveront. Elles décroîtront dans l'hypothèse inverse.

Mais l'absorption intervient aussi car les particules captent une partie de l'énergie reçue. Dans le cas des particules situées dans la stratosphère, l'absorption provoquera un réchauffement à ce niveau et un refroidisse-

1. Un éventuel emballement du cycle du carbone n'est donc pas à exclure d'ici la fin de ce siècle. Au plan climatique, on peut affirmer que l'accélération de l'élévation du taux de CO_2 qui en résulterait nous rapprocherait de la valeur de 3°C de la hausse de température moyenne terrestre dont on peut dès à présent affirmer qu'elle engendrerait une catastrophe écologique planétaire.

ment au sol. Ces considérations furent confirmées par l'étude de l'éruption du mont Agung à Bali en 1963, qui introduisit au moins 15 millions de tonnes de particules volcaniques dans la stratosphère. Les températures stratosphériques entre 16 et 20 km d'altitude restèrent dans une bande de ± 15 degrés de latitude de 2 à 3 °C supérieure à sa valeur moyenne pendant plusieurs années après l'éruption tandis qu'à basse altitude fut observée une diminution de l'ordre de 0,5 °C en moyenne annuelle dans l'ensemble des régions intertropicales du globe.

En réalité, de nombreuses recherches effectuées depuis le milieu du dernier siècle ont confirmé l'impact du volcanisme sur le climat planétaire. Nous avons déjà décrit (voir Chapitre 2, p. 57 et suiv.) les caractéristiques des deux plus grandes éruptions des derniers siècles, celles du Krakatoa et du Tambora et leur incidence sur le climat global.

Plus près de nous l'éruption du Pinatubo, aux Philippines en 1990 et 1991, qui s'acheva par l'explosion de ce volcan, injecta dans la stratosphère 25 millions de tonnes d'« aérosols » sulfuriques. Il fut alors démontré que la nette baisse des températures hivernales – qui fut sensible au début des années 1990 dans l'ensemble des moyennes latitudes de l'hémisphère Nord – fut causée par l'absorption accrue par le flux solaire de ces « aérosols .

c) Variations de l'activité solaire

Un dernier facteur susceptible de provoquer des modifications climatiques globales, facteur indépendant de toute action anthropique, tient aux variations d'activité solaire. Ce flux n'est pas parfaitement constant ainsi qu'en atteste la plus ou moins grande abondance des taches. Il a été établi par l'étude des variations du taux de production de carbone 14 (*in* 58), qu'au cours des cinq derniers millénaires les températures terrestres avaient présenté une excellente corrélation avec les fluctuations d'activité solaire. Comme le flux de ^{14}C dépend de l'activité solaire, il est possible d'évaluer son intensité par mesure de la concentration du ^{14}C dans les cernes d'accroissement d'arbres d'âge millénaire. Le minimum d'activité solaire (marqué aussi par la rareté voire l'absence de taches sur cet astre) s'est avéré correspondre parfaitement avec la sévérité des hivers et avec les périodes d'avancée des glaciers, donc avec les épisodes froids. À l'opposé, ceux d'intense activité solaire coïncident avec les épisodes de climat chaud. Il apparaît donc évident que toute prévision sur les variations futures du climat global devrait aussi tenir compte des paramètres majeurs de variabilité naturelle que constituent les fluctuations d'activité solaire et du volcanisme, ce qui est *a priori* loin d'être évident…

5.3 PRINCIPALES AUTRES PERTURBATIONS ANTHROPOGÉNIQUES SUSCEPTIBLES D'AGIR SUR LES CLIMATS

5.3.1 Rejets dans l'atmosphère de particules accroissant l'absorption du rayonnement incident

Certaines actions de l'homme moderne, à l'opposé de l'injection dans l'atmosphère de gaz de serre, favorisent une baisse de température. Tel est le cas de l'introduction dans l'air des quantités croissantes de particules par ses activités industrielles et de l'augmentation de l'érosion éolienne dans les zones semi-arides. Enfin, l'homme injecte dans la haute troposphère et la basse stratosphère de la vapeur d'eau par suite des traînées de condensation des avions de ligne volant en haute altitude qui diminuent le flux solaire en surface.

Si l'injection dans les basses couches de l'atmosphère de vapeur d'eau d'origine artificielle est actuellement négligeable, étant donné les quantités colossales naturellement présentes, il n'en est plus de même au niveau de la tropopause et *a fortiori* de la stratosphère, où ces quantités sont beaucoup plus faibles. Aussi, le vol des aéronefs dans ces couches atmosphériques, qui rejettent des quantités importantes de vapeur d'eau peut modifier localement leur hygrométrie donc la nébulosité à ces altitudes, ce qui diminue l'ensoleillement à la surface terrestre. Les conditions d'apparition des traînées de condensation de la vapeur d'eau à la sortie des réacteurs (*contrails*) sont réunies dans la haute troposphère où règnent de très faibles températures et une forte hygrométrie relative (figure 5.16, page V, cahier couleur). Tous ces facteurs favorisent une modification artificielle de la nébulosité au-dessus des régions empruntées par les lignes aériennes intercontinentales avec formation d'importants voiles de cirro-stratus en haute altitude et ce d'autant plus que la vapeur d'eau y séjourne longtemps.

Les recherches effectuées au cours des dernières années sur le rôle des avions à réaction dans les changements de nébulosités observés dans les zones à fort trafic aérien ont conclu à une influence incontestable du rôle des *contrails*. Cet accroissement de la nébulosité, très important depuis plusieurs décennies dans les régions voisines des grands aéroports, est maintenant décelable sur de très vastes surfaces au-dessus de l'Atlantique dans les zones empruntées par les vols commerciaux (17).

Figure 5.16 *(voir cahier couleurs)* Traînées de condensation formées par la circulation des avions aux environs de l'aéroport d'Orly.

On remarque que les traînées de condensation initialement très étroites se sont progressivement étalées sous l'effet des vents d'altitude et finissent par donner un voile de cirro-stratus très étendu. (Cliché F. Ramade.)

5.3.2 Action sur l'albédo

Cependant l'homme modifie aussi par d'autres modalités l'intensité des radiations réfléchies sur la surface terrestre (albédo) : l'urbanisation croissante, la mise en culture de sols initialement boisés, la création d'immenses lacs de barrage artificiels agissent sur l'albédo des espaces ainsi artificialisés. Bien que ces facteurs soient d'importance moindre dans leur impact climatique que ceux précédemment cités, ils peuvent néanmoins bouleverser les conditions climatologiques à une échelle spatiale déjà très étendue.

5.3.3 Pollution thermique de la biosphère

Un dernier point par lequel l'homme interfère avec les climats tient au réchauffement de l'ambiance qui accompagne de façon inéluctable les divers processus de production d'énergie. La pollution thermique de l'environnement résulte de la libération de chaleur dégradée (entropie) due à l'usage des combustibles fossiles ou encore de l'énergie nucléaire. Cette pollution représente un autre facteur par lequel la civilisation contemporaine peut modifier le climat au voisinage du sol.

La loi de Stephan[1] permet de calculer l'élévation de la température superficielle terrestre consécutive à l'ajout d'une quantité donnée d'énergie artificielle s'ajoutant au flux solaire.

Ainsi il a été montré que l'élévation de température due actuellement à la pollution thermique est encore très faible à l'échelle globale, car les quantités d'énergie fossile utilisées par l'homme sont quasi négligeables par rapport aux quantités apportées par le flux solaire, et même inférieure à celle des marées (énergie dite gravitationnelle). Toutefois, elle pourrait dépasser 5 % de ce flux au début du prochain siècle si la consommation d'énergie fossile continuait à s'accroître au rythme actuel, ce qui serait susceptible d'induire une hausse de température comparable à celle qu'a connue la Terre depuis la fin du Pléistocène… et qui viendrait s'ajouter à celle résultant de l'accroissement de l'effet de serre !

5.3.4 Prévisions des modifications climatiques provoquées par l'action de l'homme

Compte tenu de l'important accroissement prévisible de l'effet de serre dans les décennies à venir, il apparaît donc de la plus grande importance d'améliorer les connaissances des conditions climatiques futures afin de pouvoir planifier l'adéquation des termes du trinôme : population-ressources-environnement dont dépend l'avenir du développement de l'humanité tout entière.

En réalité, depuis plus d'un siècle, des scientifiques isolés puis des équipes de chercheurs de plus en plus nombreuses ont cherché à déterminer l'importance du réchauffement provoqué par l'enrichissement de l'atmosphère avec des gaz de serre résultant de l'activité humaine et les conséquences climatiques qui en découleraient.

Dès 1896, le célèbre savant suédois Svante Arrhenius calculait qu'un triplement de la teneur de CO_2 de l'atmosphère provoquerait une élévation de 9 °C de la température au sol.

Plass (1959) a utilisé pour la première fois un ordinateur pour déterminer les conséquences d'une hausse de la teneur de l'air en CO_2. Il a trouvé qu'un doublement de cette dernière provoquerait une élévation de 3,6 °C de la température moyenne superficielle du globe et à l'opposé

1. Pour plus de détail sur cette question, voir notre ouvrage *Éléments d'Écologie. Écologie appliquée*, Dunod, 5e ed., 2005, p. 152.

qu'une diminution de 50 % de cette teneur abaisserait de 3,79 °C cette température[1]. Il soulignait que, dans un cas comme dans l'autre, de telles variations thermiques provoqueraient de véritables bouleversements climatiques.

Une augmentation de 3,8 °C de la température moyenne terrestre nous ramènerait aux conditions qui prévalaient à l'Éocène, au début du Tertiaire, voici 45 millions d'années, époque où les bananiers poussaient en Alaska et les arbres à pain dans le Nord du Groenland ! À l'opposé, une baisse de 3,8 °C s'accompagnerait d'une nouvelle période de glaciations.

Les nombreux travaux de modélisation des changements climatiques entrepris au cours des dernières décennies ont pris en compte non seulement le CO_2 mais les autres gaz de serre. En effet, bien que le CO_2 soit le plus important des gaz de serre, il a été montré que la contribution de ces autres gaz à la hausse des températures, qu'ils soient naturels (CH_4, N_2O, ozone) ou strictement technologiques (CFC par exemple) était très significative. En outre, ces travaux ont pris en considération les facteurs de *feed-back* négatif dus à l'accroissement de la nébulosité et aux particules d'origine anthropogène dont la teneur atmosphérique tend à s'accroître.

Il est évident que, par suite à la fois de la valeur différente de leur concentration relative dans l'air et de celle de leur coefficient d'absorption des rayons infrarouges, les divers gaz considérés ci-dessus n'interviennent pas de façon égale dans l'effet de serre. Hors vapeur d'eau, le CO_2 représente actuellement à lui seul 64 % de l'effet total, le méthane 19 %, le protoxyde d'azote 6 %, et parmi les polluants de synthèse, les CFC, 12,6 % et les autres composés organohalogénés 5 % (figure 5.17).

a) Principaux modèles climatiques

De nombreux modèles mathématiques de climat, de complexité croissante, ont été mis au point pour étudier les effets de l'accroissement de la teneur de l'atmosphère en gaz de serre et autres dégradations environnementales dues à l'homme sur les climats terrestres.

À l'heure actuelle, les modèles tridimensionnels prennent en compte d'une façon de plus en plus élaborée, outre la totalité des émissions anthropogènes, la circulation océanique et les phénomènes d'échanges thermiques océan-atmosphère car leur étude a montré l'importance

1. Il est assez remarquable que les modèles climatiques actuels, incomparablement plus perfectionnés et faisant appel à des moyens informatiques hyperpuissants conduisent à une estimation moyenne de 3,2 °C pour un doublement de la teneur atmosphérique en gaz de serre, dont 2,8 °C pour le seul CO_2 !

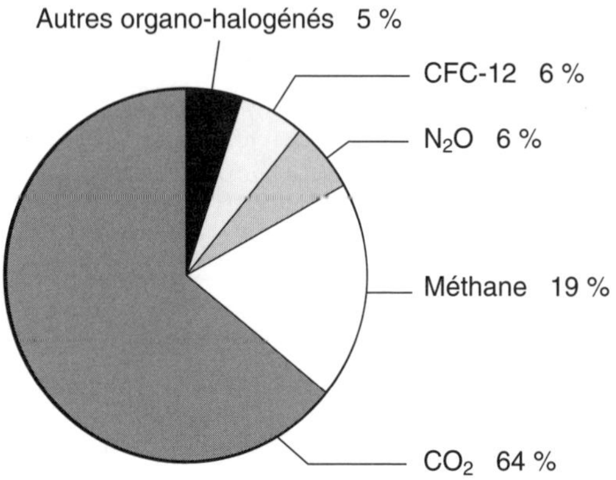

Figure 5.17 Contribution relative des divers polluants atmosphériques d'origine naturelle ou artificielle à la hausse de la température moyenne superficielle de la Terre due à l'effet de serre. (D'après Houghton *et al., op. cit.,* 1996, p. 25.)

considérable de ces derniers dans l'ajustement des climats terrestres, et les variations d'albédo de la surface terrestre[1].

Par ailleurs, les modèles doivent aussi tenir compte d'autres facteurs susceptibles d'introduire des variations dans l'intensité du flux solaire incident: fluctuations intrinsèques de l'activité solaire, influence des particules volcaniques qui engendrent un refroidissement par l'injection d'« aérosols » volcaniques (*feed-back* négatif des aérosols sulfatés présents dans la stratosphère où, en sus du volcanisme, ils sont injectés par les combustions).

b) Modifications climatiques prévisibles pour le XXIe siècle d'après les modèles climatiques

À l'heure actuelle, l'application d'une approche multimodèle de prévisions climatiques, qui « moyenne » les résultats obtenus par simulation de modèles de climat couplés, a été prise comme référence par l'IPCC[2] pour prévoir l'ampleur du réchauffement climatique d'ici 2100. L'IPCC a

1. Cette prise de conscience a été suscitée au cours des deux dernières décennies par l'analyse des anomalies thermiques associées à divers épisodes de sécheresse aux moyennes latitudes et aussi à celles du phénomène de l'ENSO qui se traduit par la récurrence des épisodes d'El Niño.
2. IPCC = *International Panel on Climatic Change.* Cette organisation internationale réunit plusieurs milliers de spécialistes des climats et des prévisions climatologiques.

établi un ensemble de scénarios de référence dénommés SRES (*Special report on Emission Scenarios*) qui diffèrent par la plus ou moins grande importance de l'émission de gaz de serre au cours du XXIe siècle. Ils se fondent pour cela sur diverses hypothèses d'évolution démographique et socio-économiques pour l'ensemble du monde conduisant à une plus ou moins grande utilisation des combustibles fossiles pour la production d'énergie[1].

En réalité, la prévision du réchauffement dû à l'injection de gaz de serre dans l'atmosphère est tout d'abord dépendante de celle sur les quantités qui seront rejetées par les activités humaines au cours des décennies futures (voir scénarios ci-dessus). Elle dépend donc de la façon dont évoluera dans le futur la consommation de combustibles fossiles... et du rythme de la déforestation.

Cette approche multimodèle, adoptée par les experts de l'IPCC, permet l'estimation la plus précise possible du forçage de la température moyenne terrestre en référence à un doublement de concentration de gaz de serre dans l'atmosphère.

Il a été estimé que dans ces conditions, dans le cas d'un scénario « moyen » d'utilisation des diverses sources d'énergie au cours du présent siècle (scénario A1B), la température moyenne terrestre s'accroîtrait d'une valeur de l'ordre de 3 °C.

Il convient par ailleurs de noter que dans les modèles de climat retenus par l'IPCC a été pris en considération un autre facteur anthropogène, l'injection par l'homme d'« aérosols » sulfuriques dans la stratosphère, qui présente un effet opposé à celui des gaz de serre provoquant un refroidissement au voisinage du sol. Cela a conduit voici une décennie à modifier les modèles de simulation des effets sur la température moyenne superficielle du globe induits par un doublement de la teneur en gaz de serre. Ces « aérosols » sulfuriques combinent leur action à celle des particules insédimentables d'origine volcanique, mais qui présente

1. Ces scénarios soit continuent de faire appel de façon importante aux combustibles fossiles dans un contexte de croissance économique forte (A1), soit à l'autre extrême se fondent sur un « meilleur des mondes » énergétique où, dans le cadre d'une démographie stabilisée puis décroissant ensuite, l'économie est orientée vers un développement durable avec limitation de l'usage des combustibles fossiles par recours croissant à des sources d'énergie n'émettant pas de gaz de serre (B1). Ici, les émissions de gaz de serre seront minimales. Il convient de noter que ces scénarios sont tous plutôt optimistes car ils supposent une stabilisation et généralement une diminution de la population mondiale d'ici la fin du présent siècle et ils prennent en compte, à des degrés divers, une substitution à l'usage des combustibles fossiles, plus ou moins importante selon le cas, de technologies de production d'énergie préservant l'environnement [Cubash et Mehl, *in* (98b) IPCC, 2001].

à masse égale rejetée une aptitude beaucoup plus forte à absorber le flux solaire car leur absorption des radiations solaires est bien plus durable après une éruption (voir figure 2.10, p. 68).

La figure 5.18 représente les variations de température observées de 1860 à 1990 et la hausse moyenne susceptible de se produire d'ici 2050. Cela correspond au réchauffement attendu si la tendance actuelle d'accroissement des rejets de gaz de serre par l'usage des combustibles fossiles à l'échelle mondiale et celle des surfaces de forêts annuellement détruites se maintenaient d'ici le milieu du présent siècle.

Dans cette hypothèse, la hausse observée serait de 1,6 °C. Le réchauffement serait donc le double de la valeur que l'on a observée entre 1860 et 1990. À cette augmentation de 1,6 °C de la température globale d'ici 2050 correspondent déjà des modifications climatiques écologiquement inacceptables pour les affaires humaines.

En conclusion, en l'absence de mise en œuvre de mesures encore plus strictes que celles prévues par le protocole de Kyoto – pourtant toujours pas appliqué – l'humanité connaîtra d'ici 2050 un réchauffement climatique nettement supérieur à celui qu'elle a connu depuis la période protohistorique, la température moyenne globale étant alors, en valeur absolue, supérieure au maximum atteint il y a plus de 6 000 ans durant la période dite de l'altithermal.

Selon les scénarios adoptés par l'IPCC (98b), dans l'hypothèse d'un doublement de la teneur en CO_2 et autres gaz de serre, l'élévation de la température moyenne globale serait comprise entre 1,4 et 5,8 °C à la fin du présent siècle[1]. On peut aussi hélas estimer à 3,8 °C (scénario A_2) voire à 4,5 °C (scénario A_1F_1) la hausse la plus probable de température globale de la surface terrestre d'ici 2100. En effet, le recours au charbon étant la solution énergétique la plus facile à mettre en œuvre pour pallier l'épuisement du pétrole et du gaz naturel, les plus grandes chances existent pour que la solution de facilité l'emporte. Dans l'hypothèse maximale, le réchauffement planétaire atteindrait 6 °C au début du XXIIe siècle, soit une valeur proche de celle qui prévalait il y a 100 millions d'années au Crétacé, à l'apogée de l'époque des Dinosaures[2].

Ces estimations de la valeur moyenne du réchauffement masquent d'importantes variations géographiques.

1. On pourrait remarquer que la valeur de 1,4 °C est déjà dépassée si se maintenait dans les décennies à venir le rythme actuel d'élévation des températures globales.
2. Il a été estimé que la température moyenne globale était à cette époque de l'ordre de 20 °C (Sellwood, 1994).

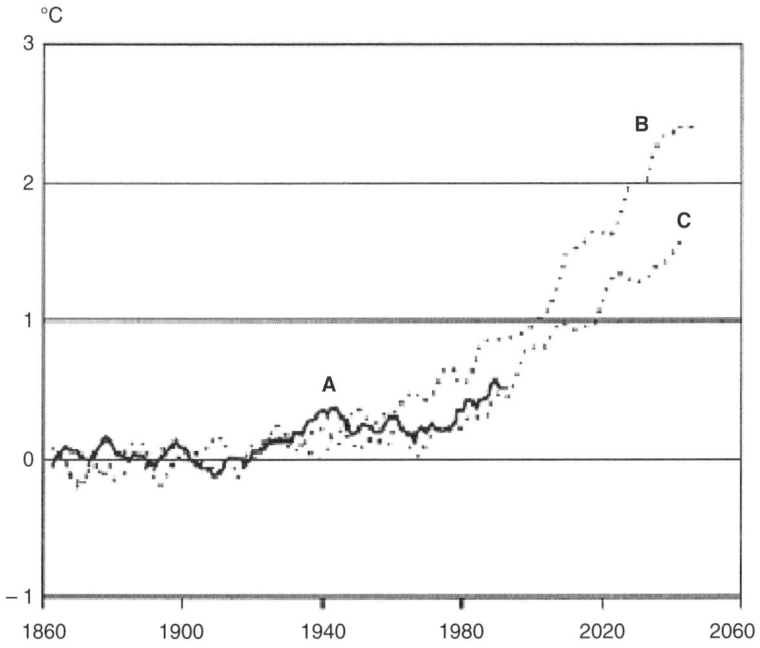

A Variations de températures moyennes observées depuis 1860
B Augmentation de température prévue
C Augmentation de température prévue en tenant compte des rejets de sulfate

Figure 5.18 Prévision à partir de modèles climatiques de l'accroissement de température moyenne superficielle terrestre d'ici 2050 en supposant une courbe de croissance de la teneur en CO_2 atmosphérique conduisant à sa stabilisation à la fin du XXIe siècle à une valeur double de celle de la fin des années 1980.

A) Variations des températures moyennes observées depuis 1860. **B)** Augmentation de température prévue. **C)** Idem en tenant compte des sulfates formés dans la haute atmosphère par suite des rejets de SO_2 d'origine technologique. On constate que les modèles rendent assez bien compte des variations de températures globales observées jusqu'à présent. Par ailleurs, même si l'on tient compte de la hausse concomitante des aérosols de sulfates qui exercent un *feed-back* négatif, on arriverait à une hausse de 1,5 °C d'ici le milieu du présent siècle ce qui est déjà très considérable (D'après Mitchell *et al. op. cit.*, p. 502.)

La figure 5.19 rapporte les résultats du scénario A2, l'un des scénarios définis par le SRES pour la calibration des émissions de gaz de serre d'origine anthropogène au cours du XXIe siècle, scénario pris en 2000 par

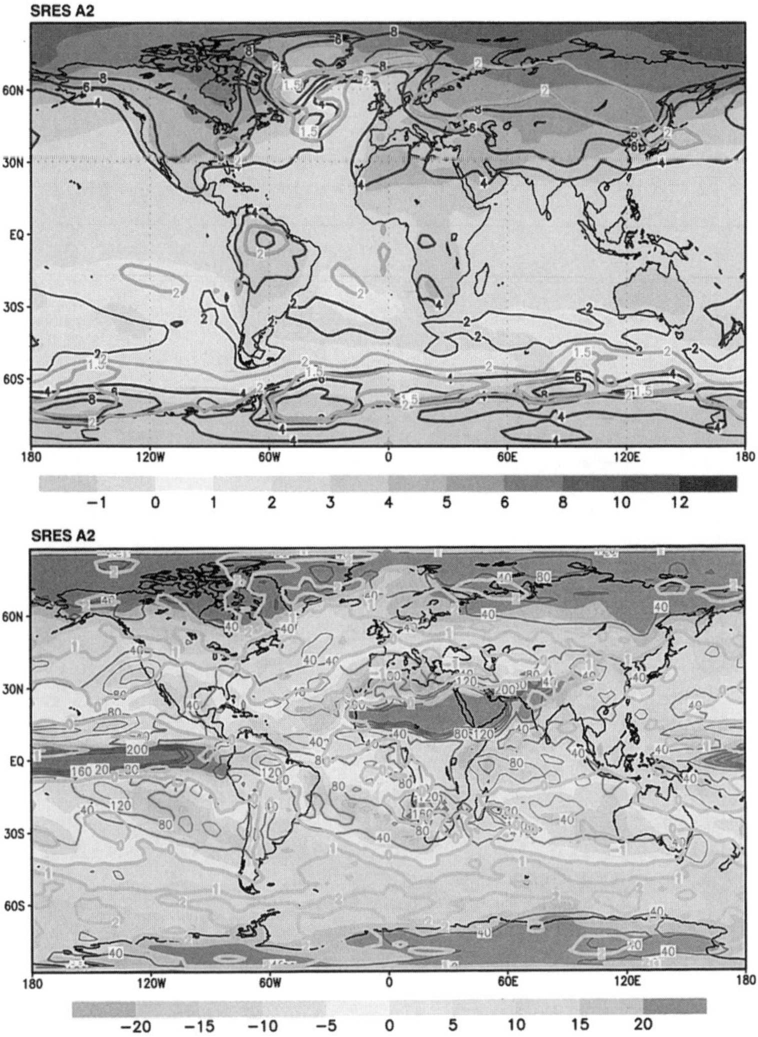

Figure 5.19 *(voir cahier couleurs)* Variations climatiques en °C calculées pour 2070-2100 par référence à la moyenne 1960-1990, par établissement d'une moyenne des résultats de simulation de modèles différents paramétrés selon le scénario de référence A2 du SRES-IPCC.

Ces derniers sont fondés sur les valeurs calculées par référence à l'augmentation de l'effet de serre consécutive à un doublement de la teneur en gaz serre de l'atmosphère d'ici la fin du XXIe siècle (800 ppm en 2100). **A)** Variations des températures moyennes superficielles terrestres (écarts en degrés Celsius). **B)** Variations de pluviométrie (en % annuel). (D'après IPPC, *op. cit.*, 2001, p. 747 et 550.)

l'IPCC comme hypothèse moyenne de référence[1]. Sur cette calibration se fondent tous les calculs de prévision des températures et précipitations futures par simulation de l'ensemble multimodèle choisi par l'IPCC.

On constate que le réchauffement, important sur tous les continents, serait néanmoins plus faible dans certaines zones intertropicales où il serait de l'ordre de 2 °C à 3 °C. À l'opposé, des hausses spectaculaires des températures s'observeraient aux hautes latitudes boréales et dans une moindre mesure australes. Elles sont mises en évidence par tous les modèles, pouvant atteindre 10 °C dans les zones arctiques !

En outre à ces variations de température seront associées des modifications de la distribution des précipitations annuelles. Ces dernières s'accroîtront à l'échelle globale, mais on observera d'importantes fluctuations dans le régime des pluies selon la région considérée avec une tendance à l'aridification aux moyennes latitudes de l'hémisphère boréal et dans les zones tropicales de l'hémisphère austral.

En date plus récente, et en se fondant sur des scénarios fixant la teneur en CO^2 atmosphérique à 550 ppm, 700 ppm et 800 ppm en 2100, l'Institut Max Planck[2] a évalué entre 2,5 °C (scénario à 550 ppm) et 4,3 °C la hausse moyenne de température prévue à cette date (figure 5.20).

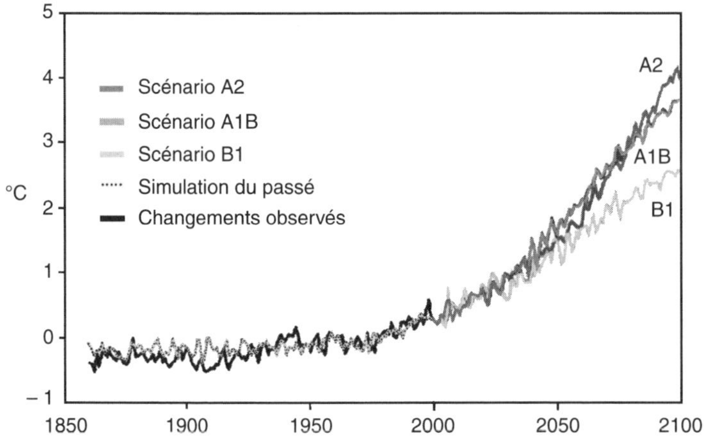

Figure 5.20 Prévision de la hausse des températures moyennes globales d'ici 2100 dans trois des principaux scénarios de l'IPCC relatifs à l'accroissement de la teneur en CO_2 atmosphérique (et autres gaz de serre) : 550 ppm, 700 ppm et 800 ppm. (*In* Schirmeyer, *op. cit.*, 2006, p. 375.)

1. Ce dernier se fonde sur un doublement de la teneur en gaz de serre atmosphérique d'ici la fin du présent siècle (800 ppm de CO_2 en 2100).
2. Cet institut figurant parmi les 15 sollicités par l'IPCC pour prévoir le réchauffement en 2100.

On voit que même dans le scénario le plus optimiste, la hausse de température globale d'ici 2100 serait tout de même 4 fois supérieure à ce qu'elle a été entre 1860 et l'an 2000, témoignant d'une accélération du réchauffement au cours du présent siècle (*in* 186).

c) Effets régionaux du changement climatique

Nous avons évoqué ci-dessus les effets sur la température moyenne globale et au niveau des vastes zones géographiques. Conséquence directe de ce réchauffement, d'importantes modifications en résulteront sur le volume et la localisation des précipitations et cela à l'échelle planétaire (figure 5.19 B, p. 214).

On assisterait à une aridification étendue dans certaines régions situées aux latitudes tempérées de l'hémisphère boréal, et dans les zones subtropicales de l'hémisphère austral. À l'opposé, les précipitations seraient plus importantes dans les régions tropicales de l'hémisphère boréal ainsi qu'au-delà du 50e degré Nord.

Ainsi, le climat deviendrait plus sec en Amérique du Nord tempérée et en Eurasie sur une vaste bande comprise entre 35 degrés et 55 degrés de latitude, très précisément celles qui pour des raisons pédologiques conviennent le mieux à la culture des céréales et où sont situées les plus vastes surfaces emblavées à l'heure actuelle. Une baisse de 10 % des précipitations est par exemple prévue par ces modèles dans la « *corn belt* » des États-Unis avec pour conséquence une diminution des rendements de 20 % pour le maïs due aux étés plus chauds et plus secs qui deviendraient la règle à ces latitudes de l'hémisphère boréal d'ici 2050.

En ce qui concerne l'Europe, qui pourrait gagner de 2,1 °C à 4,4 °C de température moyenne d'ici 2080, une baisse des surfaces des terres cultivables est prévue, pouvant atteindre 10,7 % par suite des effets combinés de la hausse des températures et des modifications pédologiques qui en résulteraient. À cela devrait être ajoutée une diminution des surfaces en prairies naturelles et herbages excédant 10 %. La partie méditerranéenne serait la plus affectée de tout le continent, le réchauffement ayant dans cette région un impact désastreux. À la hausse des températures serait associé un déficit pluviométrique accru, la péninsule ibérique devenant majoritairement semi-aride. On notera aussi une sécheresse croissante du climat tant en France qu'en Italie péninsulaire et dans le sud des Balkans. Au total près de 45 millions d'Européens pourraient en 2080 vivre en Europe du Sud dans des régions souffrant de stress hydrique alors que ces dernières bénéficient aujourd'hui d'apports d'eau suffisants.

De même, surviendrait une aridification dans une ceinture comprise entre l'équateur et 30 degrés sud affectant de vastes surfaces de l'hémisphère austral tant en Amérique du Sud qu'en Afrique, en Indonésie et en Australie. L'agriculture de nombreux pays du monde serait donc affectée. En outre, la hausse des températures moyennes diminuerait sensiblement le rendement des cultures, la chaleur étant un facteur limitant bien connu de la productivité primaire nette dans les écosystèmes tempérés. Ainsi, sous les moyennes latitudes de l'Amérique du Nord et de l'Europe, une hausse des températures moyennes de 2 °C pourraient baisser de 3 à 17 % le rendement des céréales, selon l'espèce et la zone (216).

5.4 CONSÉQUENCES DU RÉCHAUFFEMENT CLIMATIQUE DÛ À L'ACTION DE L'HOMME

Les conséquences climatiques induites par les perturbations physicochimiques de l'atmosphère dues à l'action de l'homme sont diverses et d'importance préoccupante y compris à l'échelle planétaire et soulèvent dès à présent de redoutables questions pour les populations humaines et *a fortiori* pour les générations futures.

En effet, de nombreuses décisions économiques et sociales prises aujourd'hui concernent des projets à long terme. Nous citerons par exemple la plupart des programmes relatifs à la gestion des ressources en eau, tels les schémas d'irrigation et la construction de barrages réservoir, la lutte contre la sécheresse, l'usage des terres agricoles, la planification des politiques énergétiques, l'aménagement et la gestion des zones littorales, etc. Tous ces programmes se fondent sur l'hypothèse que les conditions climatiques moyennes des décennies passées demeureront inchangées au cours du XXIe siècle et constituent donc une base fiable pour l'avenir. Ces présupposés ne peuvent plus être considérés comme valides car l'augmentation de la concentration des gaz de serre dans l'atmosphère due à l'homme « *nous fait jouer à la roulette russe avec les climats* » (21).

5.4.1 Modifications climatiques observées depuis le milieu du XIXe siècle

Nous venons d'examiner dans ce qui précède comment la pollution atmosphérique et, dans une moindre mesure, les autres perturbations environnementales provoquées par la civilisation contemporaine pourraient modifier les températures et les autres facteurs climatiques à l'échelle globale.

On en vient donc maintenant à étudier l'évolution du climat planétaire depuis le moment où la civilisation industrielle a commencé à présenter un impact décelable sur la biosphère, c'est-à-dire à partir du milieu du XIXe siècle et à tenter de déterminer dans quelle mesure ces variations sont provoquées par la pollution atmosphérique.

a) Estimation des variations climatiques depuis les débuts de l'ère industrielle moderne

Depuis 1860, date qui marque le début de l'ère du pétrole, on constate que les températures moyennes ont marqué une tendance significative à la hausse (figure 5.21).

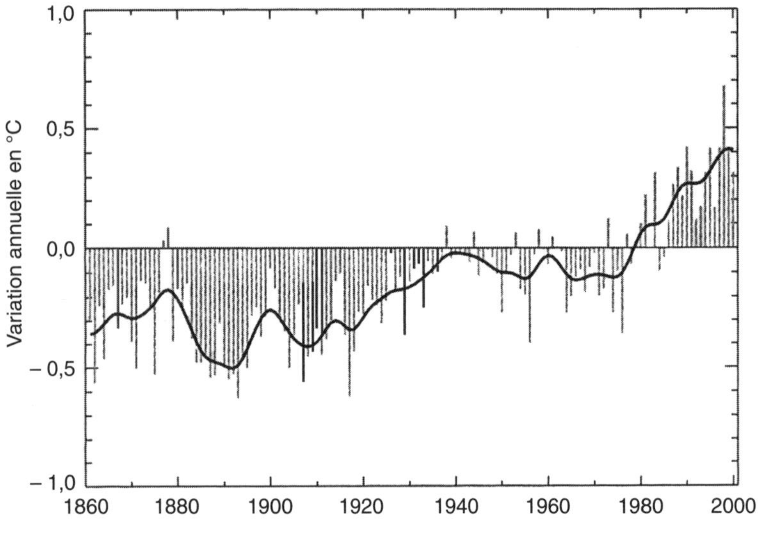

Figure 5.21 Variation de la température moyenne annuelle de la surface du globe entre 1860 et 2000.

Les histogrammes représentent les écarts de températures moyennes annuelles effectivement observés par rapport à la moyenne pour la période 1960-1990 (ordonnée 0,0), la courbe lissée correspond à leur ajustement gaussien calculé par référence à la moyenne mobile des dix années précédentes. (*In* Houghton *et al.*, *op. cit.*, 2001, p. 107.)

L'amplitude de la hausse de ces températures, mesurée en moyenne mobile décennale entre 1860 et 2000, a été de 0,8 °C.

De nombreuses recherches ont mis en évidence l'excellente corrélation existant entre la hausse de la teneur atmosphérique en gaz de serre et celle que l'on a observée pour les températures moyennes terrestres entre 1860 et 1995 (*in* 109).

Depuis les années 1980, cette hausse s'est considérablement accélérée. Ainsi la température moyenne annuelle de la Terre dans les années 1980 a été à cinq reprises la plus élevée depuis que l'on en fait la mesure (109) et sept fois au cours des années 1990. Ce record a été à nouveau battu en 2003. En date plus récente, on a pu noter que le mois de septembre 2005 a été le plus chaud relevé depuis 1880 avec une valeur supérieure de 0,63 °C à la moyenne globale des 125 dernières années et battant le record de septembre 2003, lequel avait dépassé de 0,57 °C la moyenne globale (144) !

b) Preuves géophysiques et écologiques du réchauffement planétaire

De nombreux indices témoignent du réchauffement généralisé qu'a connu la Terre depuis la fin du XIXe siècle et surtout au cours du XXe, en particulier le recul des glaciers propres aux hautes montagnes tempérées et tropicales et l'érosion des franges des calottes polaires arctiques et antarctiques.

Ainsi, dans les Alpes, le recul de la Mer de Glace ou du glacier du Rhône en Suisse a été spectaculaire. La première s'arrêtait à quelques centaines de mètres du village de Chamonix vers 1850 alors qu'il faut maintenant remonter dans la vallée blanche à plus de 2 000 m d'altitude pour trouver le front de ce glacier. Ce recul a en réalité affecté tous les glaciers alpins sans exception et a été également marqué par une remontée spectaculaire en altitude de la limite inférieure de la zone nivale en période estivale (figure 5.22, page VII, cahier couleur).

Le phénomène est encore plus net dans les hautes montagnes tropicales d'Amérique et d'Afrique. Ainsi, dans le Kilimandjaro, les glaciers du versant Nord-Ouest sont remontés de plusieurs centaines de mètres. Sur les cinq glaciers que l'on comptait sur la face Sud de cette montagne au début du XXe siècle, deux seulement subsistent aujourd'hui.

Il en est de même dans les Andes où de nombreux glaciers ont complètement disparu au cours des trois dernières décennies. Cela explique les graves inondations qu'ont connues plusieurs glaciers andins à la suite de séismes et (ou) d'éruptions volcaniques qui rompent les barrages morainiques des lacs glaciaires néoformés, envahissant les vallées d'un flot de boue[1].

1. Ce phénomène dénommé lahar dans les Andes, provoqua par exemple en 1985 la mort de 50 000 personnes à la suite de l'éruption du volcan Nevado del Ruiz.

Figure 5.22 *(voir cahier couleurs)* Clichés du massif de la Font Sancte dans le Parc naturel régional du Queyras pris au début août 1970 (A) et au début août 2000 (B).

Alors que la limite inférieure de la zone nivale était à 2 600 m en 1970, celle-ci se situait à plus de 3 000 m trois décennies plus tard. (Cliché F. Ramade.)

L'impact du réchauffement global est désormais perceptible au niveau des franges des calottes glaciaires des deux hémisphères. On estime que la banquise arctique aurait perdu 40 % de son épaisseur depuis le début des années 1960.

Dans l'Antarctique a été signalée, depuis une quinzaine d'années, la formation d'icebergs à une vitesse anormalement élevée au cours de l'été austral. À plusieurs reprises au cours des années 1990 se sont formés d'immenses icebergs d'une surface excédant 1 000 km^2, en particulier en Terre de Larsen où s'est détaché de la banquise en 1998 un iceberg monstrueux dépassant 6 000 km^2. Certes une controverse subsiste sur la vitesse à laquelle la banquise de l'Ouest antarctique, la plus fragile, pourrait se disloquer, certains affirmant que sa fonte serait si lente qu'elle n'élèverait le niveau de la mer que de 1 mètre en 500 ans. Toutefois, des recherches en interférométrie radar ont apporté la preuve directe d'un accroissement de la vitesse de formation des icebergs sur le front des glaciers qui bordent la mer d'Amundsen (10).

Par ailleurs de nombreuses données écologiques confirment ce réchauffement. En milieu terrestre s'est observée dans l'hémisphère Nord, depuis le milieu du XXe siècle, une remontée vers de hautes latitudes d'espèces végétales et animales originaires de climats tempérés chauds – en particulier méditerranéen – voire tropicaux. Des espèces d'oiseaux strictement méridionales ont sans cesse étendu en Europe leur aire de répartition géographique vers le nord. Nous citerons chez les oiseaux le serin cini (*Serinus canaria*) ou la tourterelle turque (*Streptopelia decaocto*) ou encore chez les insectes la mante religieuse, autrefois strictement méridionale et qui atteignait dès la fin des années 1950 les franges de la forêt de Fontainebleau.

À l'opposé, des populations d'oiseaux qui hivernaient en Afrique séjournent maintenant en Europe méditerranéenne voire atlantique. C'est par exemple le cas de cigognes et de grues, ces dernières demeurant chaque année sur les rives du lac du Der dans l'Est de la France en réserve naturelle tandis que les cigognes se rendent de moins en moins en Afrique et hivernent dans la péninsule ibérique.

En milieu marin, on assiste de même à une remontée vers le nord d'espèces tropicales, favorisée par le réchauffement des eaux de surface. Ainsi sur les côtes de Provence et du Languedoc, on note une augmentation très significative des prises de coryphène (*Coryphaena coryphaena*) et de balistes (*Balistes* sp.) espèces appartenant à des familles inféodées aux mers chaudes, autrefois très occasionnelles voire rares en Méditerranée.

À l'opposé, on constate depuis les années 1950 que les espèces de poissons boréales tendent à se retirer vers les plus hautes latitudes telles la morue polaire (*Boreogadus saida*) ou sur les côtes du Groenland la morue Ogac (*Gadus ogac*).

5.4.2 Accroissement des catastrophes météorologiques dû aux changements globaux

Bien au-delà des changements précités, l'augmentation de l'effet de serre résultant de la pollution atmosphérique induira de nombreux autres bouleversements climatiques aux conséquences désastreuses (figure 5.23).

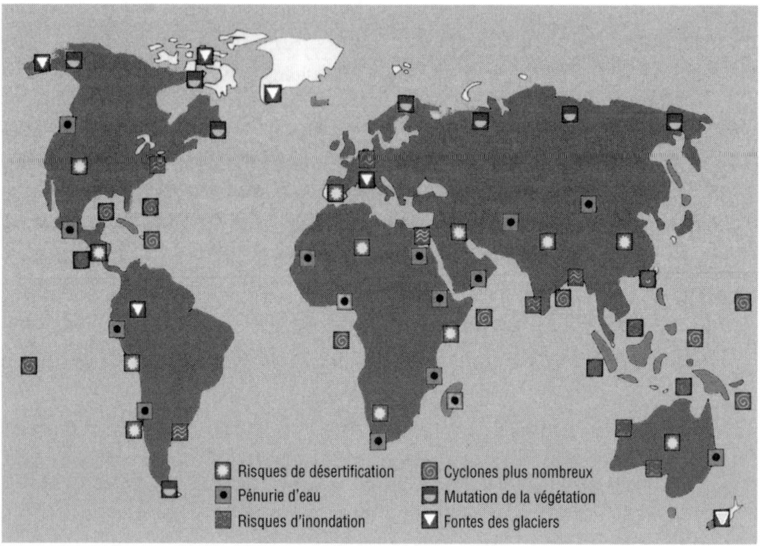

Figure 5.23 Importance et répartition, au cours des prochaines décennies, des conséquences des perturbations climatiques catastrophiques dues au réchauffement global provoqué par l'accroissement de l'effet de serre. (D'après IFEN, *in* Ramade *op. cit.,* 2002, p. 159).

On assistera à un accroissement spectaculaire de la fréquence des épisodes de vents violents, des tempêtes, et des inondations ainsi que de leur intensité aux latitudes tempérées.

Cette augmentation de la violence des tempêtes aux latitudes tempérées – dont les deux ouragans des 26 et 27 décembre 1999 nous ont déjà donné un aperçu – est prévue par tous les modèles climatiques (figure 5.24). Ces modèles indiquent en outre que leur fréquence d'occurrence dépasserait leur fréquence « naturelle », calculée sur la période à partir de la fin des années 1990.

Par ailleurs l'accroissement du volume moyen des précipitations se doublera d'une augmentation de la fréquence des orages et des périodes de pluies diluviennes donc de la récurrence d'inondations catastrophiques. Ces dernières seront plus fréquentes dans la moitié orientale des États-Unis et du Canada, en Europe occidentale (phénomène déjà observé depuis une quinzaine d'années), mais aussi en Méditerranée orientale, dans le sous-continent indien, en Australie et en Amérique du Sud tempérée.

On assistera par ailleurs à un accroissement de la fréquence et de l'intensité des cyclones dans toutes les régions tropicales et subtropicales

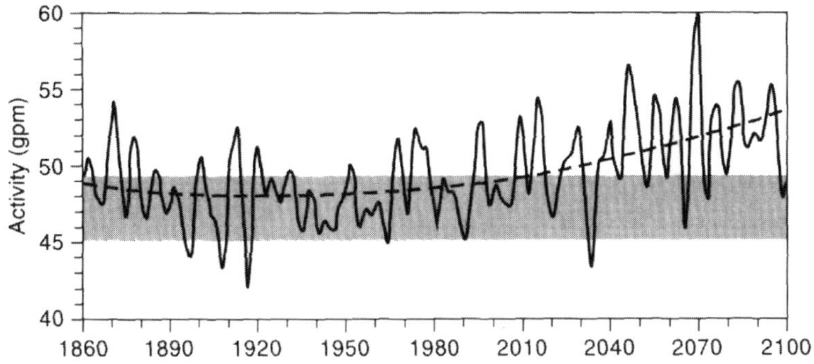

Figure 5.24 Variation de la fréquence d'occurrence des tempêtes en Europe tempérée.

On constate qu'à partir de la fin des années 1990, cette dernière dépasse significativement la variabilité naturelle définie par la bande tramée qui délimite l'intervalle de confiance statistique ($\pm$ 2 σ). (D'après Ulbrich et Christoph, *op. cit.*, p. 1999.)

du monde qui y sont exposées. Celles-ci seront donc plus souvent victimes à la fois des dommages causés par les vents lors du passage de ces ouragans et par les inondations dues à des pluies torrentielles et dans les zones côtières des raz-de-marée provoqués par la remontée de la mer consécutive au cyclone. Cette fréquence et cette violence plus élevées des cyclones ont été très marquées dans le Golfe du Mexique et la Mer des Caraïbes au cours des dernières décennies. On ne manquera pas de noter que trois des cinq ouragans de classe 5, Katrina, Rita et Wilma qui affectèrent en août, septembre et octobre 2005 le golfe du Mexique, dont le diamètre excédait 500 km, ont été les cyclones les plus puissants jamais observés dans cette région au cours des trois dernières décennies !

Remarque : toujours en automne 2005, un nouveau cyclone nommé bêta car jusqu'à présent, dans la région du golfe du Mexique et de la mer des Caraïbes, on n'avait jamais eu besoin de toutes les lettres de l'alphabet romain pour nommer les cyclones successifs au cours d'une même saison, a ravagé fin octobre l'Amérique centrale en particulier le Honduras par des pluies diluviennes qui firent des centaines de morts.

À l'opposé, on assistera dans les prochaines décennies à une incidence croissante des sécheresses épisodiques sur divers continents. Outre le cas de l'Europe méditerranéenne et de l'Afrique du Nord déjà évoqué, l'Amérique du Nord et centrale, l'Afrique australe et de l'Est, le Moyen-Orient, l'Asie du sud, l'Australie, la Chine septentrionale subiraient une redoutable aridification.

De nombreux pays tempérés chauds ou tropicaux très peuplés où existe déjà une saison sèche prolongée seront confrontés à de graves pénuries d'eau, déjà prévue au début des années 1990 par Falkenmark et Widstrand (64). Le risque de désertification sera en outre accru dans les régions à climat déjà subaride exposées à cette baisse des précipitations.

Enfin, la fonte de glaciers prendra des dimensions désastreuses dans l'Amérique septentrionale, dans les Andes, dans les Alpes, dans l'Himalaya, et de façon générale dans toutes les régions montagneuses du globe. En Afrique équatoriale, on estimait au début de la présente décennie que les glaciers du Kilimandjaro ne couvraient plus que 20 % de la surface qu'ils occupaient au début du XXe siècle !

5.4.3 Élévation du niveau de l'océan

Une des dernières conséquences prévisibles du réchauffement global tient en une hausse continue du niveau moyen des océans.

Dans un premier temps, cette hausse, déjà observable quoique faible, résultera de la simple dilatation thermique des couches supérieures de l'océan sous l'effet de l'accroissement de la température des eaux à laquelle s'ajoutera la fusion partielle des glaciers des montagnes tempérées et tropicales et de la banquise arctique, déjà en cours (figure 5.25).

L'élévation du niveau moyen des mers a atteint au cours du dernier siècle une quinzaine de centimètres. Sa vitesse moyenne actuelle serait comprise entre 1 et 2 $mm \cdot an^{-1}$ et aurait tendance à s'accélérer (40). Selon les scénarios du SRES, la hausse de ce niveau serait comprise entre 0,15 m et 1 m d'ici la fin du XXIe siècle (pour un accroissement de la température globale de 1,5 à 4,5 °C, l'élévation moyenne de niveau serait en 2100 de l'ordre de 40 cm).

Dans un second temps adviendrait une hausse beaucoup plus importante, consécutive à la fusion partielle des inlandsis du Groenland et de l'Antarctique, conséquence inéluctable du réchauffement climatique. Toutefois, ces phénomènes impliqueraient un temps de latence considérable se comptant en siècles (56). On notera que la seule fusion partielle des glaces du Groenland provoquerait dans les siècles à venir une élévation du niveau des mers de 6 mètres (39)[1].

1. En tenant compte d'une hausse de température moyenne au-dessus du Groenland de 8 °C selon le scénario le plus probable du SRES pour 2100.

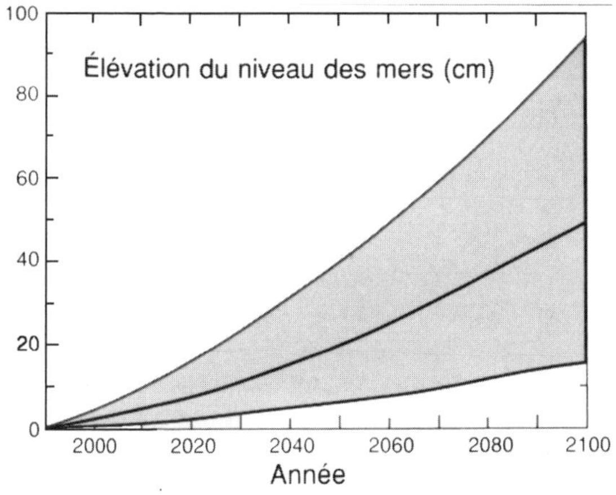

Figure 5.25 Prévision de l'élévation du niveau moyen de la mer d'ici 2100. (D'après OMM, *in* Joussaume, *op. cit.*, p. 123.).

Il convient ici de souligner que de vastes zones deltaïques ne sont qu'à une altitude moyenne d'un mètre par rapport au niveau de la mer : hormis les dunes, aucun point de Camargue dans le delta du Rhône, n'excède 2 m d'altitude et 1 m dans la Réserve naturelle nationale ! Pratiquement aucun point des deltas du Nil, du Gange et du Mékong, ou encore du Mississippi, n'est au-dessus de 3 m d'altitude! Il n'est donc pas aberrant d'imaginer que dans la 2e moitié du présent siècle, des terres habitées par plusieurs centaines de millions d'hommes à l'heure actuelle pourraient être envahies par les eaux marines.

5.4.4 Effets des changements climatiques sur la santé humaine

Des aspects très préoccupants et souvent méconnus des risques environnementaux propres aux changements climatiques sont l'accroissement des affections parasitaires et microbiennes affectant les populations humaines.

Ces derniers résultent de deux causes. La première tient en ce que le réchauffement provoque une remontée de l'aire de distribution géographique des agents vecteurs de diverses maladies parasitaires ou épidémiques ainsi qu'une remontée en altitude des biotopes où ces derniers peuvent se développer. La seconde résulte de l'accroissement attendu – et déjà observé – de la fréquence et de l'étendue des inondations qui favorise la prolifération des agents vecteurs se développant entièrement ou seulement à l'état larvaire en milieu aquatique (cas des moustiques par exemple).

En ce qui concerne les maladies parasitaires, il est fort à craindre une extension des zones où peuvent sévir le paludisme – dont l'agent vecteur est un moustique (*Anopheles maculipennis*) – ou encore les bilharzioses[1] intestinales et vésicales. En effet, les hôtes intermédiaires des parasites vecteurs (*Schistosoma* sp.) de ces affections strictement tropicales sont certaines espèces de Gastéropodes Pulmonés (escargots), propres aux eaux stagnantes tels *Biomphalaria glabatra* en Amérique tropicale.

Il a pu être estimé qu'un réchauffement de 1 °C de la température moyenne suffirait pour faire remonter les zones où peuvent se développer les *Anopheles* vecteurs du paludisme jusqu'à 60° N en Sibérie. Cette espèce exige au moins 15 °C en permanence pour se développer. À 25 °C, les larves donnent un adulte en 20 jours et à 28 °C en 13 jours seulement. En outre, une hausse de température étend non seulement l'aire géographique de la malaria mais en outre accroît au cours du cycle annuel la durée de l'année pendant laquelle on peut la contracter aux latitudes élevées. De même, *Aedes aegypti*, l'agent vecteur de la fièvre jaune et de la dengue[2], se développe à partir de 10 °C.

À la suite du réchauffement climatique, on assiste actuellement dans des montagnes tropicales à une remontée en altitude de telles affections qui atteignent des zones qui en étaient jusqu'alors indemnes. De même la malaria est apparue dans la dernière décennie dans les highlands de Nouvelle Guinée, dans le massif de l'Usambara en Tanzanie ainsi que dans les highlands d'Éthiopie et les montagnes d'Afrique centrale (Ruwenzori par exemple).

Le réchauffement favorise aussi l'extension d'arbovirus (affections virales transmises par des insectes et autres arthropodes piqueurs). Ainsi la fièvre jaune sévit maintenant dans l'Est des Andes en Colombie et la dengue aux Indes dans les zones de moyenne montagne de l'Himalaya.

Une préoccupation particulière est apparue avec un autre arbovirus, le *West Nile*, agent d'une encéphalite transmissible par les moustiques

1. Les bilharzioses sont des parasitoses très répandues sous les tropiques où elles affectent aujourd'hui encore plusieurs dizaines de millions de personnes. Elles se contractent lorsque l'on demeure les pieds dans l'eau pendant une durée prolongée (cas des paysans travaillant dans les rizières).

2. Cela explique pourquoi on peut contracter cette affection grippale pouvant se manifester sous forme de fièvre hémorragique même dans le Sud-Ouest du Canada vers 50° de latitude Nord.

et qui est disséminé par les oiseaux migrateurs contaminés par les piqûres de ces insectes. Dès à présent, cette affection peut se développer dans le Sud de l'Europe, des cas équins ayant été signalés en Camargue. La situation est beaucoup plus grave aux États-Unis où le virus de *West Nile* a atteint en 1999 la ville de New York. Il s'agit là encore d'une conséquence du réchauffement qui favorise la multiplication en milieu urbain des larves de *Culex pipiens*, le moustique qui héberge le virus dans son organisme. En outre, les températures plus élevées accélèrent la multiplication du virus dans l'organisme de l'insecte ce qui lui permet ainsi de se développer à de plus hautes latitudes (61).

Selon les prévisions de réchauffement des scénarios moyens de l'IPCC, l'aire géographique où sévit la malaria qui correspond actuellement à une zone où vit 45 % de la population mondiale s'étendra sur une aire peuplée par 60 % de celle-ci en 2100 !

Par ailleurs, l'accroissement de la fréquence et de la durée des périodes d'inondations favorise aussi la prolifération des larves de moustiques et autres agents vecteurs de ces affections. On a assisté parallèlement à ces inondations récurrentes depuis le début des années 1990, à un accroissement des cas de choléra, comme cela s'est observé au Bangladesh ou à Madagascar, tandis que dans l'Ouest des États-Unis et en Amérique du Sud tempérée, on assistait à une subite multiplication des pathologies respiratoires causées par un Hanta virus dont les rats sont les agents vecteurs[1].

5.4.5 Effets des changements climatiques sur les écosystèmes

Une autre conséquence des changements climatiques dus à l'action de l'homme se traduira par un impact considérable sur les écosystèmes et sur leur biodiversité.

a) Effets sur la phénologie des espèces

Un des effets les plus spectaculaires des changements climatiques des toutes dernières décennies, observable même par un profane en matière de biologie, concerne la phénologie des espèces végétales des pays tempérés. Elle tient en un avancement spectaculaire de la période de feuillaison et de floraison (80) et au prolongement de la période d'activité végétative des plantes, la chute du feuillage des arbres caducifoliés

1. Cette affection a présenté une spectaculaire gradation lors d'El Niño de 1997-1998, qui s'est accompagné de pluies diluviennes dans ces régions des continents américains.

s'effectuant 10 à 15 jours plus tard qu'en date encore récente – par rapport au début des années 1980 par exemple.

Ainsi, dans le Sud de l'Angleterre, on a observé sur quelque 385 espèces de plantes à fleurs que la période de floraison débutait en moyenne 4,5 jours plus tôt que celle de la moyenne des décennies précédentes (figure 5.26) (69). D'autres recherches ont montré que sur plus de 500 espèces d'oiseaux, d'amphibiens et de plantes, quelque 80 % d'entre elles ont modifié leur période de reproduction, de migration, la longueur de leur saison végétative, la taille et la répartition de leurs populations, tout cela en rapport incontestable avec le réchauffement des températures (*in* 101).

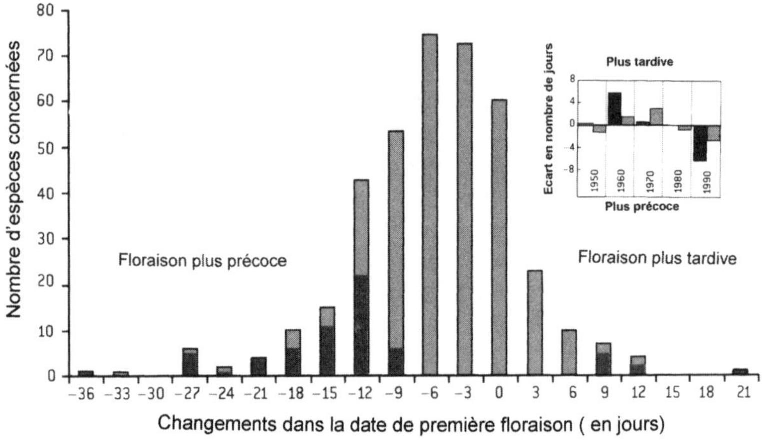

Figure 5.26 Histogramme décrivant l'avancée moyenne de la date de floraison (en jours) pour 385 espèces de plantes dans le Sud de l'Angleterre entre 1990 et 2000 par rapport à la moyenne de ces dates pour la période 1954-1990. (D'après Fitter et Fitter, *op. cit.*, p. 77 mais modifié.)

Toutefois, on ne peut *a priori* préjuger que les espèces animales s'adapteront suffisamment vite aux changements phénologiques des plantes dont elles dépendent ou des animaux qui leur servent de proie. Ainsi en Hollande et en Angleterre, l'avancement de près de 15 jours de la date où débourrent les bourgeons des chênes fait que les chenilles de bombyx du chêne et celles des autres espèces de Lépidoptères Hétérocères phyllophages dont les mésanges nourrissent leurs jeunes se développent plus tôt par rapport à la période d'éclosion des oisillons, ce défaut de nourriture diminuant le succès de reproduction.

Une autre cause de désordre dans le cycle vital d'espèces animales concerne les migrateurs.

Le même phénomène décrit ci-dessus pour les mésanges se produit aussi pour des oiseaux migrateurs tels les gobe-mouches, qui continuent à quitter leur aire d'hivernage en Afrique à la même date mais arrivent maintenant en Europe 15 jours après le moment où les insectes dont ils nourrissent leurs jeunes présentent leur pic d'abondance.

Dans d'autres cas, les migrateurs, en arrivant sur leur site de reproduction, peuvent trouver des conditions climatiques qui ne conviennent plus ou mal à cette dernière. Ainsi, ce type de décalage, a été observé pour les manchots Adélie de la péninsule antarctique dont les températures hivernales se sont élevées de 6 °C au cours des 50 dernières années. Cela s'est traduit par des chutes de neige anormalement abondantes qui se mettent à fondre au printemps, ce qui inonde les sites des colonies de ces manchots donc leurs nids et mouille leurs œufs. Il en est résulté une diminution de 70 % des effectifs de ces oiseaux au cours des 30 dernières années dans la région de cette péninsule, celle de la station de recherches de Palmer, où l'on a étudié les populations de cette espèce (72).

b) Effets sur la répartition géographique des espèces

Le réchauffement provoquera en effet de considérables perturbations phytocœnotiques dont résultera un impact majeur sur la structure et le fonctionnement des écosystèmes pris dans leur ensemble.

Aux moyennes et hautes latitudes, où les changements seront les plus accentués, on peut s'attendre dans l'hémisphère boréal à un retrait vers le Nord des taïgas et des toundras et une remontée des écosystèmes de forêts caducifoliées et autres écosystèmes plus méridionaux. Ainsi, dans l'hypothèse d'une hausse de la température moyenne superficielle de 3 °C jointe à une diminution des précipitations dans la période estivale, le sud de la péninsule scandinave présenterait à la fin du présent siècle des conditions climatiques propres à celles qui caractérisent les forêts sclérophylles du Nord de la Méditerranée.

De même des simulations de modèles superposant les prévisions de changements climatiques pour la fin du XXIe siècle avec celles décrivant la distribution spatiale des valeurs des facteurs écologiques limitants propres aux milieux dans lesquelles elles se rencontrent actuellement (exigences de températures, précipitation, etc.) ont permis de prévoir le déplacement de l'aire de répartition géographique des espèces végétales et animales. Ces modélisations ont mis en évidence d'importantes

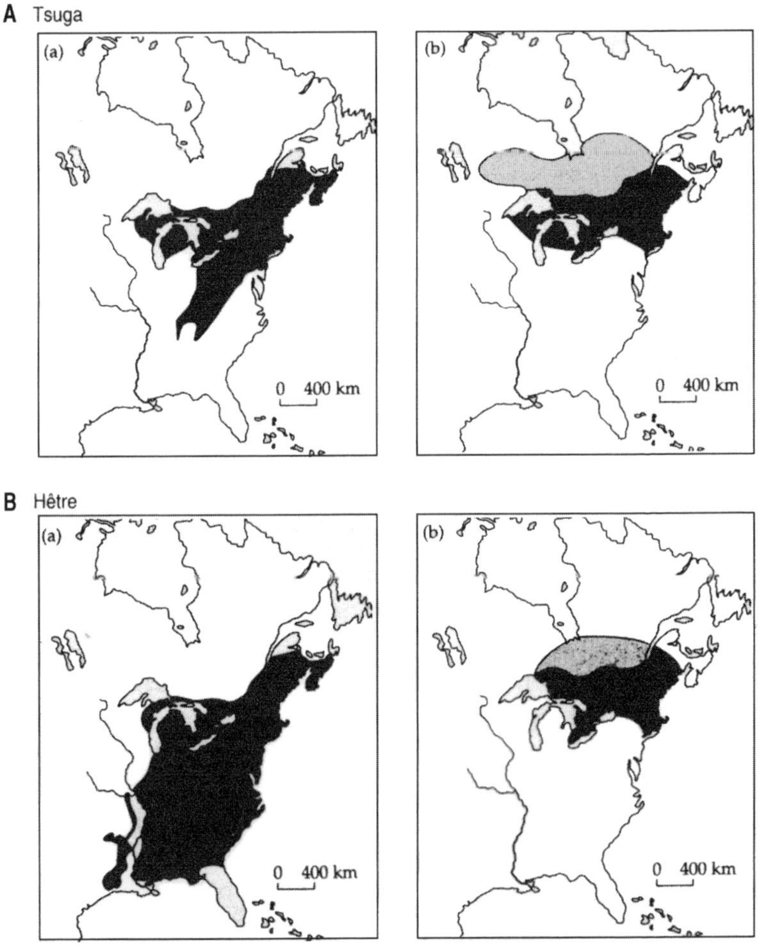

Figure 5.27 Effet du réchauffement climatique consécutif à l'accroissement des rejets atmosphériques de gaz de serre sur l'aire de distribution géographique de deux espèces d'arbres communes dans l'Est de l'Amérique du Nord.

En **A)** l'Hemlock (*Tsuga orientalis*), en **B)** le hêtre américain (*Fagus grandifolia*). Dans chaque cas s'effectuera une importante remontée vers le nord. (D'après Zabrinski et Davis *op. cit.*, p. 127.)

remontées vers le nord des arbres des forêts tempérées d'Amérique du Nord et d'Europe.

Tel est par exemple le cas du hêtre américain ou du *Tsuga orientalis* (figure 5.27) actuellement présents dans le Sud-Est des États-Unis, qui n'occuperont plus que la frange Nord-Est de ce pays, et étendront leur distribution au Canada jusqu'à la Baie James, la partie la plus au sud de la baie d'Hudson (*in* 230).

En Europe, des espèces comme le châtaignier (*Castanea sativa*) ou le noisetier (*Corylus avellana*) actuellement présentes dans la péninsule ibérique et dans toute la partie méridionale du continent disparaîtront de sa frange méditerranéenne (*in* 39). Dans le cas du noisetier, il ne subsisterait plus en Espagne que dans les chaînes montagneuses de l'extrême Nord et même en France disparaîtrait de la quasi-totalité de l'« hexagone » sauf dans quelques régions de montagne, dans une partie de la Bretagne et sur la frange Nord et Est de notre pays (figure 5.28, page VIII, cahier couleur).

A **B**

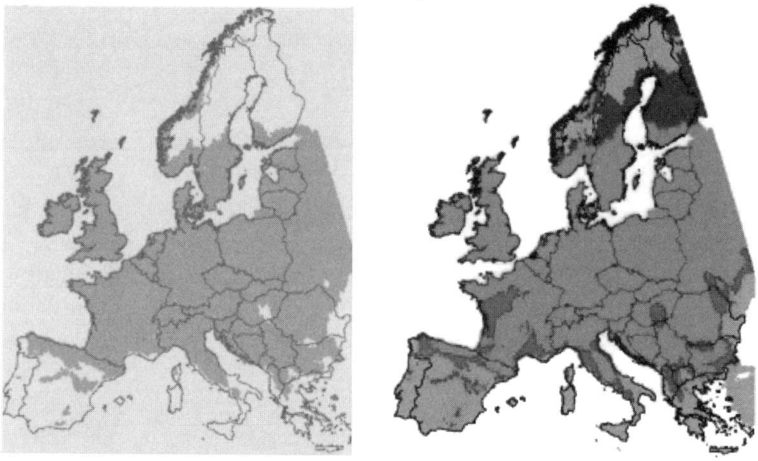

Figure 5.28 *(voir cahier couleurs)* Déplacement de l'aire de distribution géographique du noisetier en Europe d'ici 2080.

A, répartition actuelle ; **B**, en 2080. En rouge : disparition ; en vert clair : maintien ; en vert foncé : colonisation. (D'après le modèle biogéographique BIOMOD et les prévisions climatiques du scénario A1 de l'IPCC, *in* Chuine et Thuillier, *op. cit.*, 2005, p. 24).

De telles modifications sont dès à présent perceptibles aux hautes latitudes où l'on observe, en particulier en Sibérie, une remontée de la taïga et un recul vers le nord de la toundra dont la limite septentrionale a avancé parfois dans les zones arctiques de plus d'un kilomètre par an. L'avancée vers le nord de la forêt boréale de conifères est aussi perceptible au Canada et en Alaska, où les épicéas peuvent gagner certaines années plusieurs kilomètres !

c) Perte de biodiversité

Le réchauffement climatique prévu au cours du présent siècle va présenter un impact désastreux sur la biodiversité planétaire.

➤ Perte de biodiversité des écosystèmes terrestres

Des travaux encore récents ont mis en évidence une perte catastrophique de biodiversité dans les écosystèmes terrestres provoquée par le réchauffement global. Il a été estimé par une équipe de chercheurs britanniques (Thomas *et al.*, 2004) que si le réchauffement global se poursuivait d'ici le milieu du présent siècle au rythme qu'on lui a connu au cours des deux dernières décennies, il pourrait provoquer au total la disparition de plus de deux millions d'espèces propres aux habitats continentaux (198).

Cette équipe a fondé son estimation sur l'évolution potentielle des effectifs de 1 103 espèces végétales et animales propres à divers types d'écosystèmes continentaux tempérés et tropicaux répartis sur cinq continents : Europe, Mexique, Amérique du Sud, Afrique du Sud, Australie. La surface cumulée de biotopes dans laquelle se rencontrent ces diverses espèces est égale à 20 % de la totalité des terres émergées.

Les espèces choisies sont endémiques des régions biogéographiques concernées. L'impact sur le statut des espèces a été déterminé en mettant en rapport l'aire actuellement occupée avec leur aire future. Cette dernière a été estimée par référence aux facteurs climatiques qui conditionnent l'extension et la localisation de l'aire actuelle (enveloppe climatique) des espèces étudiées et en extrapolant ces données aux conditions climatiques futures prévues par trois scénarios de référence pour le réchauffement.

Ces scénarios sont fondés sur les concentrations suivantes de CO_2 en 2050 : 1) inférieure ou égale à 500 ppm(v), 2) comprise entre 500 et 550 ppm(v) et 3) supérieure à 500 ppm(v), qui induiraient une hausse de température globale de 0,8 à 1,7 °C dans le premier cas, de 1,8 à 2 °C dans le second et une hausse supérieure à 2 °C dans le 3e.

L'estimation des taux d'extinction s'est faite à partir de la relation aire-espèce issue de la théorie des peuplements insulaires.

Cette étude a conclu que l'on observerait une perte moyenne de biodiversité respectivement de 18 %, 24 % et 35 % selon le scénario adopté. Cela signifie que dans le cas du scénario de réchauffement climatique « moyen » et en extrapolant les données de cette étude à la totalité de la biosphère continentale, au minimum 2 millions d'espèces vivantes pourraient disparaître d'ici 2050 !

➤ Perte de la biodiversité marine

En milieu marin, de sérieuses préoccupations se manifestent au sujet de l'impact des diverses activités humaines et plus particulièrement de l'effet des changements globaux sur la pérennité des écosystèmes côtiers plus particulièrement des récifs coralliens (182, 183).

En effet, ces derniers qui constituent après les forêts pluvieuses tropicales les écosystèmes ayant la plus forte biodiversité – avec par exemple 65 % de la totalité des espèces de poissons peuplant l'hydrosphère – exigent des mers chaudes. Les madrépores et, de façon plus générale les coraux hermatypiques, sont des sténothermes et ils sont de ce fait relativement sensibles à toute variation de température des eaux, même à un réchauffement de faible amplitude. Les eaux chaudes provoquent en effet le blanchissement puis la mort des polypes qui constituent les colonies de madrépores bâtisseurs de récifs (figure 5.29). Lors de l'ENSO catastrophique de 1998, ce phénomène, d'une ampleur jusqu'alors inégalée, a sévi dans la totalité des 17 provinces récifales de l'océan mondial – provoquant parfois la mort de colonies de madrépores dont certaines étaient âgées de plus d'un millénaire, preuve qu'elles avaient supporté bien des El Niño antérieurs (*in* 221).

Figure 5.29 Colonie de *Seriatopora* atteinte par le blanchissement lors d'El Niño de 1998, en Polynésie française. (Cliché B. Salvat.)

Un exemple de l'ampleur de la menace est donné par un rapport sur l'avenir de la Grande Barrière australienne, complexe d'écosystèmes récifaux le plus vaste de toute la biosphère (94). Il a été envisagé dans ce rapport que la Grande Barrière pourrait disparaître d'ici 2050 par suite du réchauffement des eaux océaniques dû aux rejets de gaz de serre. Les auteurs de ce rapport ont estimé que la couverture de madrépores vivante se réduirait à 5 % de sa surface actuelle d'ici cette date !

La persistance de ce réchauffement pourrait conduire à la disparition de 90 % des récifs coralliens de l'océan mondial d'ici 2050 (92). Cela les place au plan du degré de la menace incontestablement devant les forêts pluvieuses tropicales (171) qui, elles, couvrent des surfaces bien supérieures (d'un facteur 50) et qui présenteraient un risque de régression analogue seulement – si l'on peut dire – d'ici la fin du présent siècle !

Par ailleurs, le réchauffement climatique se traduira par une hausse rapide du niveau de la mer (voir ci-dessus), constituant ainsi une autre menace pour les récifs coralliens. Il ne serait pas évident, selon certains experts, que la vitesse moyenne de croissance de nombreuses espèces de coraux adaptés aux eaux superficielles, certaines colonies affleurant même à la surface des récifs à marée basse, puissent compenser cette hausse rapide du niveau de la mer au cours des prochaines décennies.

Le problème se posera aussi dans les régions tropicales pour les mangroves littorales et d'autres types d'écosystèmes côtiers.

En conséquence, bien des zones d'estuaires ou de deltas pourraient être ennoyées, éliminant du même coup de vastes surfaces d'écosystèmes de mangroves et de lagunes littorales dans les cas où n'existe pas dans l'arrière-pays des étendues de basses terres sur lesquelles de tels biotopes pourraient s'étendre, afin de compenser les surfaces qui seraient englouties par la mer. On imagine sans peine les pertes de biodiversité consécutives à cet autre aspect de l'impact sur l'environnement côtier des changements climatiques globaux.

En conclusion, l'ordre de grandeur du réchauffement de la température globale qui serait le plus vraisemblablement de l'ordre 3 °C d'ici la fin du XXIe siècle, permet de prévoir qu'il présentera un effet profond et durable sur la biosphère. L'agriculture mondiale, la biodiversité globale, les ressources en eau et le niveau moyen des océans seraient profondément affectés. Les conséquences pour l'espèce humaine atteindraient incontestablement une telle dimension catastrophique qu'elles compromettraient toute perspective de développement durable.

Bibliographie

(1) Abagyan A.A. *et al.*, « L'accident survenu à la centrale nucléaire de Tchernobyl et ses conséquences » (en Russe). Vienne, document établi par le Comité d'État de l'URSS sur l'utilisation de l'énergie atomique présenté le 29 août 1986 à la réunion d'experts de l'AIEA, 1987.

(2) Adams J.A.S., Mantovani M.S.M., Lundell L.L., « Wood *versus* fossil fuels as a source of carbon dioxide in the atmosphere: a preliminary report ». In *Science*, 196, n° 4285, p. 54-56, 1977.

(3) Allard J.P., « Le volcanisme modifie-t-il le climat terrestre ? » In *La Recherche*, 120, p. 368-369, 1981.

(4) Anderson D.L., « The San Andreas fault ». In *Scient. Amer.*, 225, n° 5, p. 52-68, 1971.

(5) Anyamba A., Tucker C.J., « Analysis of the Sahelian vegetation dynamic using NOAA-AVHRR NDV1 data from 1981-2003 ». In *Journ. Arid. Envir.*, 63, n° 3, p. 596-614, 2005.

(6) AMAP *in* WRI, *Polar ecosystems*, p. 139, 2000.

(7) Ashford L.S., Haub C., Kent M.M., Yinger N.V., « Transitions in world population ». In *Popul. Bull.*, 59, n° 1, p. 1-40, 2004.

(8) Balling R., Cerveny R.S., « Analysis of the duration, timing and location of North Atlantic tropical cyclones ». In *Geophys. Res. Let.*, 30, n° 24, p. CLM3.1-CLM 3.4, 2003.

(9) Beniston M., Jungo P., « Shifts in the distribution of pressure, temperature and moisture changes in the typical weather pattern in the alpine region in response to the behavior of the North Atlantic Oscillation ». In *Theoret. Appl. Climatol.*, 71, n° 1-2, p. 29-42, 2002.

(10) Bindschler R., Bentley C.R., « Thin Ice: Antarctica's ice is Breaking Up, but Don't panic yet ». In *Scient. Amer.*, 287, n° 6, p. 66-73, décembre 2002.

(11) Blanchard G., Beysson J.P, Morin G.A., « Météo-France et les tempêtes de décembre 1999, Lothar et Martin. Après les tempêtes ». In *Rev. Forest. Fr.*, 54, N.S., p. 15-19, 2002.

(12) BOLIN B., « The carbon Cycle ». In *Scient. Amer.*, 223, n° 3, p. 124-132, 1970.

(13) BOLIN B., DEGENS E.T, KEMPE S. *et al.*, « The global carbon cycle », John Wiley & Sons, New York, 1979.

(14) BOLIN B., DOS B.R., JÄGER J., WARRICK R., *The greenhouse effect, climatic changes and the ecosystems*, John Wiley & Sons, New York, 1986.

(15) BOLIN B., DEGENS E.T., DUVIGNAUD P. *et al.*, « The global Biogeochemical carbon cycle ». *In* « The global carbon cycle », Bolin B., Dos B.R., Jager J. *et al.* Eds., *Scope* n° 29, John Wiley & Sons, New York, 1987.

(16) BORAIKO A.A., STANFIELD J.L., ALDANA G., « Earthquake in Mexico ». In *Nat. Geogr.,* 169, n° 5, p. 655-675, 1986.

(17) BOUCHER O., « Air trafic may increase cirrus cloudiness ». In *Nature*, 397, n° 6714, p. 30-31, 1999.

(18) BOUWER H., « Integrated water management for the 21th century ». In *Journ. Irrig. Drain. Engin.*, 28, p. 543-555, 2002.

(19) BROECKER W.S., « Climatic changes: are we on the brink of a global warming? ». In *Science*, Vol. 189, n° 4201, p. 460-463, 1975.

(20) BROEKER W.S., « Glacial and interglacial changes in ocean chemistry ». In *Progress in oceanography*, 11, p. 157, 1982.

(21) BROECKER W.S., « Unpleasant surprises in the greenhouse? ». In *Nature*, 328, p. 123-126, 9 juillet 1987.

(22) BROECKER W.S., « The biggest chill». In *Global climate changes linkages*, White J.C. Ed., Elsevier, New York, p. 13-22, 1989.

(23) BROMHEAD E., *The Vaiont Landslide in the Dolomites*. www.kingston .ac.uk/-ku00323/ landslid/vaiont.htm, 2004.

(24) BROWN J.A.H., « Hydrologic effects of a bushfire in south Eastern South Wales. » In *Journ. Hydrol.*, 15, p. 77-96, 1972.

(25) BROWN L.R, « Who will feed China ? » Norton & C°, New York, en coll. avec Worldwatch Institute, Washington, 1995.

(26) BROWN L.R., WOLFF E.C., « Soil erosion: a quiet crisis in the world economy ». *Worldwatch paper*, 60, Worldwatch Institute, Washington, 1984.

(27) BROWN L.R., WOLFF E.C., « Reversing Africa's decline ». In *Worldwatch paper*, 65 Worldwatch Institute, Washington, 1985.

(28) BROWN L.R., « The illusion of progress ». *In* Brown L.R. *et al.*, *State of the World 1990*, Worldwatch Institute, Norton & C° Pub., Washington, 1990.

(29) BRYANT J., BURKE L., MCMANUS J., SPALDING M., « Reefs at risk: a map based incators of threats to the world coral reeefs ». Washington, WRI-UNEP Pub., 1998.

(30) BRYDEN, H.L., LONGWORTH H.R, CUNNNINGHAM S.A. « Slowing of the Atlantic meridional overturning circulation at 25 ° N ». In *Nature*, 438, n° 7068, p. 655-657, 1er décembre 2005.

(31) BRYSON R.A., « Volcans et climats ». In *La Recherche*, 135, n° 7, p. 844-853, 1982.

(32) CADIOU B., CHENESSEAU D. JOSLAIN H. « Marée noire » de l'*Erika* – Contribution à l'étude de l'Impact sur l'avifaune : bilan national des échouages et de la mortalité des oiseaux (BNEMO). Rapport Final, Ministère de l'environnement Direction de la Recherche, Paris, Bretagne Vivante- SEPNB - LPO Loire Atlantique, DIREN Bretagne Eds, 2003.

(33) CAMUS G., VINCENT M., « Un siècle pour comprendre l'éruption du Krakatoa ». In *La Recherche*, 14, n° 149, p. 1452-1457, 1983.

(34) CANBY T.Y., « El Niño, global weather disaster». In *Nat. Geog.*, n° 2, p. 144-183, 165, 2 février 1984.

(35) CANBY T.Y., « Earthquake: prelude to the big one? ». In *Nat. Geog.*, 177, n°5, p. 74-105, 1990.

(36) CASSOU T., TERRAY L., PHILIPS A.S., « Tropical Atlantic Influence on European heat waves ». In *Journ. Clim.*, 18, n°15, p. 2805-2811, 2005.

(37) CHEDAKKI R.K., MAMAKOWA J., GUIOT J. *et al.*, «Was the Eemian climate stable? ». In *Paleog. Paleoclim. Paleoecol.*, 143, p. 73-85, 1998.

(38) CHUENKOV V.S., VLASSOV P., « Snow avalanches and forest interaction in the alpine region of the Caucasus ». In *Arch. Alp. Res.*, 10, n° 2, p. 241-242, 1978.

(39) CHUINE I., THUILLIER W., « Impact du changement climatique sur la biodiversité ». In *Cour. Nat.*, 223, p. 20-26, novembre-décembre 2005.

(40) CHURCH J.A., GREGORY J.M. (eds), « Changes in sea level ». *In* Houghton J.T. *et al.*, « Climate change 2001: the scientific basis », Cambridge University Press, Cambridge, p. 677, 2001.

(41) CINCOTTA R., ENGELMAN R., ANASTASIOU D., « The security demographic : population and civil conflicts after the cold war ». Population action International et PRB Ed.,Washington, p. 234-35, 2003.

(42) CIRAD, Après la famine au Niger, www.cirad.fr/upload/fr/communique/famine_niger. pdf, 2005 disasters in numbers.

(43) COLLINS T., Université des Nations unies *in* NASA, 2004 (Voir NASA).

(44) COURTIN R., MCKAY P., POLLACK J., « L'effet de serre dans le système solaire ». In *La Recherche*, 243, p. 545, mai 1992.

(45) COX C.B., MOORE P.D., *Biogeography: an ecological and evolutionary approach.* Oxford, Blackwell, 1993.

(46) COURTIN R., MCKAY P., POLLACK J., « L'effet de serre dans le système solaire». In *La Recherche*, 23, n° 243, p. 542-549, mai 1992.

(47) CRED, 2005 disasters in numbers. OFDA/CRED International Data base, WWW.EM-DAT.net, 2005.

(48) Danielsen F., Sorensen M.K., Olwig M.F. *et al.* « The asian tsunami: potential role for coastal vegetation ». In *Science*, 310, n° 5748, p. 643, 28 octobre 2005.

(49) Das D.C., « Soils conservation practices and erosion control in India: a case study ». In *FAO Soils Bulletin*, n° 33, 1977.

(50) Dassmann R.F., *Environmental Conservation.* John Wiley & Sons, New York, 1972.

(51) Decker R., Decker B., « The eruption of Mount Saint Helens ». In *Scient. Amer.*, 244, n° 3, p. 52-64, 1981.

(52) D'odorico P., Yoo J., Jeager S., « Changing seasons: An effect of the North Atlantic oscillation ? » In *Journ. Clim.*, 15, n° 4, p. 435-445, 2002.

(53) Doureojeanni M.J., *Recursos naturales y desarollo en America latina.* Universidad de Lima Pub., Lima, 1982.

(54) Downey W.S., Tarling D.H., « Archaeomagnetic dating of Santorini volcani eruptions and fire destruction levels of late minoan civilisation ». In *Nature*, 309, n° 5968, p. 519-523, 1984.

(55) Dumont R., « L'agronomie de la faim, une analyse non conventionnelle ». In *Forum du developpement*, Genève, Université des Nations unies, n° 103, p. 1-5, mai 1985.

(56) Duplessy J.C., Rudiman F., « La fonte des calottes glaciaires ». In *La Recherche*, 15, n° 156, p. 804-818, 1984.

(57) Eckholm E.P., Brown L.R., « Spreading deserts. The hand of man ». In *Worldwatch paper*, Worlwatch Institute,Washington, n° 13, 1977.

(58) Eddy J.A., « The case of missing sunspots ». In *Scient. Amer.*, 236, n°5, p. 80-92, 1977.

(59) Ehrlich P.R., Ehrlich A., *Population resources, environment.* San Francisco, Freeman, 1970

(60) Ehrlich P.R., Ehrlich A., Holdren J.P., « Ecoscience : population resources, environment ». San Francisco, Freeman, 1977.

(61) Epstein P.R., « Is global warming harmful to Health ? ». In *Scient. Amer.*, 283, n° 2, p. 36- 47, août 2000.

(62) Falkenmark M., « New ecological approach of the hydrological cycle ». In *Ambio*, 18, p. 179-183, 1984.

(63) Falkenmark M., Lundquist J., Widstrand C., « Water scarcity: an ultimate constraint in the third world dévéloppement ». University of Linköping, Dept of Environmental studies, Report n° 14, 1990.

(64) Falkenmark M., Widstrand C., « Population and water resources : a delicate balance ». In *Population Bull.*, Washington, 47, n° 3, 1992.

(65) FAO, Forest Resources Assessment 2000, Rome, 2001.

(66) Farvar T.M., Milton J.P., « The careless Technology: Ecology and international developpement ». Natural History Press,New York, 1972.

(67) FEARNSIDE P.M., « Amazonie : la déforestation repart de plus belle ». In *La Recherche*, *294*, p. 44-47, janvier 1997.

(68) FEARNSIDE P., BARBOSA R.I., « Accelerating deforestation in Amazonia: towards answering open question ». In *Envir. Cons.*, Vol. 31, n° 1, p. 7-10, 2004.

(69) FITTER A.H., FITTER R.S.R., « Rapid changes in flowering time in British Plants ». In *Science*, 296, p. 1689-1691, 31 mai 2002.

(70) FLAVIN C., TUNALLY O. « New strategies for stabilising the world atmosphere ». In *Worldwatch Paper,* n° 130, Washington, Worldwatch Institute, juin 1996.

(71) FLORET C. « The effects of protection on steppic vegetation in the Mediterranean arid zone of Southern Tunisia ». In *Vegetatio*, 46, p. 127-129, 1981.

(72) FRASER W., EMSLIE S.D., SMITH R.C., WALKER W., « Abandoned Penguin colonies and environmental change in the Palmer Station area, Anvers island, Antarctic peninsula ». In *Antarctic Science*, 10, n° 3, p. 557-568, 1998.

(73) FREEMAN P.H., RENNIE J.K., « Desertification in the sahel, diagosis and proposalfor the IUCN response ». Gland, Suisse, COC-UICN Pub., 1985.

(74) GITAY H., SUAREZ A., WATSON R.T., DOKKEN D.J., « Climate change and biodiversity ». *In* IPCC, Technical paper. www.ipcc.ch/pub/tecrep.htm, 2002.

(75) GONZALES F.I., « Tsunami ». In *Scient. Amer.,* 280, n° 5, p. 44-45, 1999.

(76) GOODLAND J.A., ERWIN S.A., *Amazon jungle : green hell toward desert ?*, Elsevier, New York, 1975.

(77) GORDON L.J., STEFFEN W., JÖHNSON B.F., FALKENMARK K.M. & JOHANNESEN A., « Human modification of global water vapor flows from the land surface ». In *Proc. Nat. Acad. Sci.*, 102, n° 21, p. 7612-7617, 24 mai 2005.

(78) GORE R., « Andrew aftermath ». In *Nat. Geograph.*, 183, n° 4, p. 2-37, 1993.

(79) GRITZNER J., *Environnemental degradation in Mauritania.* New York, National Academy of Sciences, Staff Report, 1979.

(80) GROSSMAN D., « Spring forward: as temperature rise sooner in spring, interdependent species in many ecosystems are shiftong dangerously out of sync ». In *Scient. Amer.,* 290, n° 1, p. 74-81, janvier 2004.

(81) GROVE N., « Volcanoes, crucibles of creation ». In *Nat. Geog.*, 1823, n° 6, p. 5-41, 1992.

(82) GUILING W., LIANGZHI Y., « Delayed impact of North Atlantic oscillation on biosphere productivity in Asia ». In *Geophys. Res. Let.*, 31, n° 12, p. L 12210-1 – L 12210 – 4, 2004.

(83) HAGG R., « L'empire maritime des Crétois ». In *La recherche*, 173, p. 10-18, janvier 1986.

(84) HANSEN J., RUSSEL G., LACIS A. *et al.*, « Climate response: its dependance on climate sensitivity and ocean mixing. In *Science*, 229,n° 4716, p. 857-859, 1985.

(85) HARTWIG R.P., Florida Case Study: Economic impact of business Closures in hurricane prone counties. Insurance Information Institute, http://server.iii.org/yy_obj_data/binary/627666/hurricane.doc, 2002.

(86) HAUB C., *World Population 2005 Data Sheet.* Washington, Population Reference Bureau Pub, 2005.

(87) HAUB C., CORNELIUS D., *World Population 2000 Data Sheet.* Washington, Population Reference Bureau Pub, 2000.

(88) HAYS J., IMBRIE J., SHACKELTON N.J., « Variations in the earth's orbit, pacemaker of ice ages ». In *Science*, 194, n° 4270, p. 1121-1132, 1976.

(89) HERRMAN S.M., HUTCHINSON C.F., « The changing context of the desertification debate ». In *Journ. Arid. Envir.*, 63, n° 3, p. 538-555, 2005.

(90) HIBBERT A.R., « Forest treatment effects on water yields ». In *International Symposium on forest Hydrology*, Sopper W., Lull H. Eds. Pergamon Press, New York, p. 527-543, 1967.

(91) HODGSON B., « Alaska's big spill ». In *Nat. Geog.*, 177, n° 1, p. 4-43, 1990.

(92) HODGSON G., LIEBELER J., *The global coral reefs crisis: trends and solutions.* University of California, Los Angeles, Institute of environment, Reefs check task Force, 2002.

(93) HOEGH-GULDBERG O., GOREAU T.J., HAYES R.L., *Climate change, Coral bleaching and the future of world's coral reefs.* University of Sydney, Coral reefs Institute, 1999.

(94) HOEGH-GULDBERG O., HOEGH-GULDBERG H., Time's almost up for the Great barrier reef. In *Australasian Sci.*, 25, n° 3, p. 23 – 25, 2004.

(95) HOFFER J.M., GOMEZ F, MUELA P., « Eruption of El Chichon Volcano, Chiapas ». *Science*, 218, p. 308, 24 décembre 1982.

(96) HOLDGATE M.W., KASSAS M., WHITE F., *The world environnement. A* report of the UNEP. Dublin, Tycooly Int. Pub,1982.

(97) HOLMES S., « FAO Desert alert: Mauritania, Niger, Sudan and others neighbooring countries at risk ». *In* www.fao.org/english/newsroom/ews/2003/4019-en.html, 2003.

(98) HOUGHTON J.T. *et al.*, a) *Climate Change 1995, special Environnemental Report.* Cambridge, IPCC et Cambridge University Press Pub., 1996. b) *Climate change 2001: the scientific basis. Idem*, 2001.

(99) HUGOT H.J., *Le Sahara avant le désert*. Paris, Éd. des Hespérides, coll. Archéologie, 1974.

(100) IMBRIE J., PALMER-IMBRIE K., *Ice ages: Solving the Mystery.* Harvard University Press, Cambridge, Mass., 1979.

(101) IPCC, « Climate Change and Biodiversity ». Genève, IPCC Technical paper, Gitay H., Suarez A., Watson R.T., Dokken D.J. Eds, www.ipcc.ch/pub/techrep/htm, 2002.

(102) ISLAM M., SADO K., « Developpement of flood hazards maps of Bangladesh using NOAA-AVHRR images with GIS ». In *Hydrol. Sci. Journ.*, 45, n° 3, p. 337-355, 2000.

(103) JACOBSEN A.H., ADAMS R.M., « Salt and silt in the ancien Mesopotamian agriculture ». In *Science*, 128, n° 3334, p. 1251-1258, 1958.

(104) JOHNSTON A.C., « A major earthquake zone on the Mississipi ». In *Scient. Amer.*, 246, n°4, p. 52, avril 1982.

(105) JOSHI N.J., « Forest based industries in the context of decreasing forests ». *In* C.R. National Seminar on Forest and the environnement. Bengalore, India, p. 17-20, 1981.

(106) JOUSSAUME S., *Climats d'hier et de demain.* Paris, Éditions du CNRS, 1999.

(107) JUDSON S., « Erosion of the land or what's happening to our continent ». In *Amer. Scientist*, 56, n° 4, p. 356-374, 1968.

(108) KANDEL R., COUREL M.F., « Le Sahel est-il responsable de sa sécheresse? » In *La Recherche*, 158, p. 1152-1154, septembre 1984.

(109) KARL B.T., TRENBERTH K.E., « The human impact on climate ». In *Scient. Amer.*, 281, n° 6, p. 62-67, 1999.

(110) KARRAR G., STILES D., « The global status of desertification ». In *J. Arid. Env.*, 7, n° 4, p. 309-312, 1984.

(111) KEELING C.D., WHORF T.P., *Atmospheric concentrations derived from in situ air samples collected at Mauna Loa Observatory, Hawaï.* La Jolla, Californie, Scripps Institution of Oceanography (SIO), University of California 92093-044, 16 février 2004.

(112) KENT M.M., *World population: fundamental of growth.* Washington, Population référence Bureau, Dec. 1984.

(113) KUKLA, G.J., KUKLA M.J., « Increased surface albedo in tne Northern hemisphere. Did the satelittes warn of the weather 1972 and 1973 troubles ? ». In *Science*, 183, n° 4126, p. 709-714, 22 février 1974.

(114) LASSOU T., TERRAY L., PHILIPPS A.S., « Tropical atlantic influence on European heat waves ». In *Journ. Climate*, 18, n° 15, p. 2805-2811, 2005.

(115) LABEYRIE J., *L'homme et le climat.* Paris, Denoel, coll. Sciences, 1986.

(116) LAMPREY H.F., « Report on the desert encroachment reconnaissance in Northern Sudan ». In *Desertification Control. Bull.*, UNESCO-PNUE Pub., 17, n° 1, 1988.

(117) LAMPTEY P., WIGLEY M., CARR D., COLLYMORE Y., « Facing the HIV/AIDS Pandemic ». In *Popul. Bull.*, Washington, PRB Publ., 57, n° 3, p. 1-37, 2002.

(118) LEBEL T., DIEDHIOU A., LAURENT M., « Seasonal cycles and variability in the sahelian rainfall at hydrological scales ». In *Journ. Geophys. Res.*, 108, n° 8, p. 14.1-14.11, 2003.

(119) LE HOUEROU H.N., « La désertification des zones arides ». In *La Recherche*, 10, n° 99, p. 336-344, avril 1979.

(120) LEWIS L.A., COFFEY W.J., « The continuing deforestation of Haïti ». In *Ambio*, 14, n° 3, p. 158-160, 1985.

(121) LONG G., « Analyse de quelques problèmes concrets relatifs aux zones arides et semi-arides en Afrique ». In *Fondements rationnels de l'aménagement d'un territoire*, Lamotte éd., Masson, Paris, p. 61-69, 1985.

(122) LOSSAINT D., RAPP M., « La forêt méditerranéenne de chênes verts ». *In* « Problèmes d'écologie. Écosystèmes terrestres », Lamotte M., Bourlière F. Eds., Masson, Paris, p. 129-186, 1978.

(123) LUONGO G., PEROTTA A., SCARPATI C., DE CAROLIS E., PARICELLI G., CIARALLO A., « Impact of the AD 79 explosive eruption on Pompei, II. Causes of death of the inhabitants inferred by stratigraphic analysis and areal distribution of human casualties ». In *Journ. Vulcanol., Geotherm. Res.*, 126, n° 3-4, p. 169-200, 2003.

(124) MABBUT J.A., « A new global assessment of status and trends of desertification ». In *Envir. Cons.*, 11, n°2, p. 103-113, 1984.

(125) MAIRSON A., « The great flood of 1993 ». In *Nat. Geog.*, 185, n°53, p. 42-81, 1995.

(126) MALONE T.F., ROEDERER J.G. (Eds). *Global change.* Cambridge, Cambridge University Press, Cambridge, 1984.

(127) MARTIN P.S., « Pleistocene overkill ». In *Nat. History*, 76, n°10, p. 32-38, 1967.

(128) MAYER H., SCHINDLER D., « Forest meteorological fundamentals of storm damages in forests in connexion with the extreme storm « Lothar ». In *Allgem. Forst. Jagdzeit.*, 173, n° 11-12, p. 200-208, 2002.

(129) MC CORMICK M.P., THOMASON L.P., TREPTE C.R., « Atmospheric effects of Mount Pinatubo eruption ». In *Nature*, 373, p. 399-404, 2 février 1995.

(130) MCFALLS J.A., « Population a lively introduction ». In *Popul. Bull.*, Washington, PRB Publ., 58, n° 4, 2003.

(131) MCGUIRE B., *Global catastrophes: A Very Short Introduction.* New York, Oxford University Press, 2002.

(132) MCCORMICK M.P., « Atmospheric effects of the Mount Pinatubo eruption ». In *Nature*, 373, p. 399-404, 2 février 1995.

(133) Meher-Homji V.M., « The link between rainfall and forest clearance: case studies from western Karnataka ». In *Trans. Indian Inst. Geograph.*, 2, n°1, p. 59-65, 1980.

(134) Meher-Homji V.M., « Udhagamandalam : a biogeographic perspective ». In *Indian Geographical* J., 59, n°2, p. 205-213, 1984.

(135) Milas S., « Population crisis and desertification in the Sudano-Sahelian region ». In *Environ. Cons.* 11, n° 2, p. 167-169, 1984.

(136) Miller K., Kominz M., Brownig J.V., *et al.,* « The phanerozoic record of sea-level change ». In *Science*, 310, n° 5752, p. 1293-1298, 25 nov. 2005.

(137) Mitchell J.F.B., JohnsT.C., Gregory J.M., Tett S.F.B. « Climate response to increasing levels of greenhouse gases and sulphate aerosols ». In *Nature*, 376, p. 501-504, 2 février 1995.

(138) Mitchell J.M., Mitchell J.M. « A preliminary evaluation of atmospheric pollution as a cause of the global temperature fluctuation of the past century ». In *Global effects of environmental pollution*, Singer S. F., Dordrecht, Reidel, Ed., p. 139-155, 1970.

(139) NASA,Two Billion Vulnerable to Floods in 2050. D'après Collins in *NASA News*, 13 juin 2004.

(140) NDMC (National Drought Mitigation Center), « Reported Drought related effects of El Niño for April 1998 and a six month general Update » . http://enso.unl.edu/ndmc/eigma/elnino.html. Lincoln, Université du Nebraska, 2005.

(141) NDMC, « Drought impact around the world ». *Idem*, 2005.

(142) Neftel A., Moor E., Oeschger H., Stauffer R., « Evidence from polar ice cores for the increase in atmospheric CO_2 in the past two centuries ». In *Nature*, Vol. 315, p. 45-47, 2 mai 1985.

(143) NOAA, « The Sumatra tsunami », http://www.pmel.noaa/tsunami,, 2004.

(144) NOAA, « NOAA Reviews Record-Setting 2005 Atlantic Hurricane season. Active hurricane era to continue ». *In* NOAA Magazine, Fact sheet, p. 1-2, 29 novembre 2005.

(145) Odum E. P., *Fundamental of Ecology*. Sunderland, Sinauer Pub., p. 17 et 95, 1971.

(146) Oeschger H., Stauffer B. « Review of the history of atmospheric CO_2 recorded in ice cores ». In *The changing carbon cycle: a global analysis*, Trabalka J.R., Reichle D.E., New York, Springer (ed.), 1986.

(147) O-Los S.,Collatz G.J., Bounaoua L., Selelrs P., Tucker C.J., « Global interannual variations in sea surface temperature and land surface vegetation, air temperature and precipitations ». In *Journ. Climate*, 14, n° 7, p. 1535-1549, 2001.

(148) OMM (Organisation météorologique Mondiale) *in* Joussaume *op. cit.*, p. 123, 2000.

(149) OMS (Organisation mondiale de la santé), « Gender and health in disasters ». Genève, *Gender and Health*, juillet 2002.

(150) PAGANO A., CONACHY J., « Floods ravage China, worse feared to come ». WWS :News & Analysis, 16 juillet 2002 (www : wsws.org/activities/2002/jul 2002/f100-j16.shtml.).

(151) PARKER S.P., *Meteorology Source Book.* New York, McGrawHill, 1988.

(152) PENCK A., BRÜCKNER E., *Die Alpen im EisZeitalter.* Leipzig, Tauschnitz, 1909.

(153) PIMENTEL D., BERGER B., FILIBERTO D., *et al.,* « Water resources: agricultural and environmental issues ». In *Bioscience*, Vol. 54, n° 10, p. 909-918, 2004.

(154) PIMENTEL D., TERHUNE E.C., DYSAR-HUDSON R. *et al.*, « Land degradation: effects on food and energy resources ». In *Science*, 184, p. 149-155, 8 octobre 1976.

(155) PLASS G.N., « Carbon dioxide and climate ». In *Scient. Amer*, 201, n° 1, p. 173-179, juillet 1959.

(156) POUPON H., BILLE J.C., « Recherches écologiques sur la savane préforestière de Fete-Olé, Sénégal : influence de la sécheresse de 1970-1972 ». In *Rev. Écol. Terre et Vie*, 28, p. 49-75, 1974.

(157) POWER H.C., MILLS D.M., « Solar radiation climate change over southern africa and assessment of the radiative impact of volcanic eruptions ». In *Int. Journ. Climatol.,* 25, n° 3, p. 295-318, 2005.

(158) PRB, « Famine in Aethiopia ». In *Population today*, Population Reference Bureau Pub., Washington, 12, 1884

(159) PRESS F., SIEVER R., *Earth.* San Francisco, Freeman and C°, 2e ed., 1978.

(160) PRIFAS, « Les invasions acridiennes en Afrique de l'Ouest ». *In* Lettre d'Information Prifas, CIRAD Pub., Montpellier, n° 9 et 10, 1990.

(161) PNUE, *Global Environment 2000.* Londres, Earthscan-UNEP Pub., (1999) 2000.

(162) PRIFAS, « Invasion de l'Afrique de l'Ouest par le criquet pèlerin en 1986-1988. In *Lettre d'Information*, n° 9 et 10, CIRAD-PRIFAS, Montpellier, 1990.

(163) PRYOR L.E., « Ecological mismanagement in natural disasters ». In *The Environmentalist*, 2, suppl. n° 2, 1982.

(164) RAMADE F., *Éléments d'Écologie appliquée.* Paris, Ediscience, 1973.

(165) RAMADE F., *Les catastrophes écologiques.* Paris, McGraw Hill, 1987.

(166) RAMADE F., *Précis d'Écotoxicologie.* Paris, Dunod, 1992.

(167) RAMADE F., « Quelques réflexions sur la fatalité des catastrophes et leurs conséquences pour la nature et l'environnement de l'homme ». In *Cour. Nat.,* 184, p. 7-9, mars-avril 2000.

(168) RAMADE F., *Dictionnaire encyclopédique de l'Écologie et des Sciences de l'environnement*, Dunod, 2002, p. 887.

(169) RAMADE F., *Éléments d'Écologie. Écologie fondamentale*. Paris, Dunod Sciences, 3e ed., 2003.

(170) RAMADE F. « Asie du Sud-est : un cataclysme prémonitoire ». In *Cour. Nat.*, 218, p. 18-26, mars-avril 2005.

(171) RAMADE F. *Éléments d'écologie. Écologie appliquée*. Paris, Dunod Sciences, 6e ed., 2005.

(172) RATCLIFFE R.A.S., « Meteorological aspects of the 1975-1976 drought ». In *Proc. Ry. Soc.*, London, 363 A, p. 3-20, 1978.

(173) RATCLIFFE R.A.S., MURRAY R., « New lag assocaitions between North-Atlantic sea temperature and European pressure applied to long Range weather forecasting ». In *Quart. Journ. Roy. Meteorol. Soc.*, 96, p. 226, 1970.

(174) RENNER M., CHAFE Z., « Turning disasters into Peacemaking Opportunities ». In *State of the world 2006*, Worldwatch Institute, Washington, p. 115-133, 2006.

(175) RICOU G., « La prairie permanente au Nord-Ouest français ». In *Problèmes d'écologie - Écosystèmes terrestres*, Lamotte M., Bourlière F. Eds, Masson, Paris, p. 17-74, 1978.

(176) ROBERT M., SAUGIER B., « Contribution des écosystèmes continentaux à la séquestration du carbone ». In *C. R. Ac. Sci.* Paris, *Géosciences*, 335, p. 577-595, 2003.

(177) ROCKSTRÖM J., GORDON L., FOLKE C., FALKENMARK M., ENGWALL M., « Linkages among water flows, food production and terrestrial ecosystems ». In *Ecology and Society*, Vol. 3, n° 2, 1999.

(178) ROGNON P., « Les crises climatiques ». In *La Recherche*, 12, n° 128, p. 1354-1364, 1981.

(179) SALATI E., DALL'OLIO., MATSUI E., GAT J.R., « Recycling of water in the Amazon basin : an isotopic study ». In *Water Resources Research*, 15, n° 5, p. 1250-1258, 1984.

(180) SALATI E., LOVEJOY T.E., VOSE P.B., « Precipitations and water recycling in tropical rainforest, with special reference to the Amazon basin ». In *The Environmentalist*, 3, suppl. n° 1, p. 67-72, 1983.

(181) SALATI E., VOSE P.B., « Amazon basin, a system in equilibrium ». In *Science*, 225, n° 4058, p. 129-138, 1984.

(182) SALVAT B., *Human impacts on coral reefs : facts and recommandations*. Tahiti, Moorea, Museum et EPHE pub. en coll. avec UICN UNESCO, IUBS et PNUE, 1987.

(183) SALVAT B., « État des récifs coralliens dans le monde». *In* Wilkinson C. (Ed.), *Status of Coral reefs of the World 2004*. Townsville, Australian Institute of Marine Science, Tome I, p. 51-60, 2004.

(184) SCHEARER W., « Bioprecipitation: interaction dans la forêt tropicale ». In *Forum du developpement*, Genève, Université des Nations unies, n° 115, p. 1-5, janvier-février 1986.

(185) SCHIERMEIER Q., « A sea change». In *Nature*, 439, n° 7074, p. 256-260, 19 janvier 2006.

(186) SCHIERMEIER Q., « The cost of global warming». In *Nature*, 439, n° 7075, p. 374-375, 26 janvier 2006.

(187) SELLWOOD B.W., PRICE G.D., VALDES P.J., « Cooler estimates of cretaceous temperatures ». In *Nature*, 370, n° 6489, p. 453-455, 1994.

(188) SHEARER, « Bioprecipitation : interaction dans la forêt tropicale ». In *Le forum du développement*, Université des Nations unies, Genève Pub., 115, p. 1 , 1986.

(189) SIEGENTHALER U., STOCKER T., MONNIN E.,LÜTHI D., SCWANDER J., STAUFFER B., RAYNAUD D., BARNOLA J.M., FISCHER H., MASSON-DELMOTTE V., JOUZEL J., « Stable isotope cycle-climate relationship during the late Pleistocene. In *Science*, 310, p. 1313-1317 , 25 novembre 2005.

(190) SINCLAIR A.R.E, FRYXELL J.M. « The Sahel of Africa : ecology of a disaster ». In *Canad. Journ. Zool.*, 63, n° 5, p. 987-994, 1985.

(191) STOMMEL M., STOMMEL E., « The year without summer ». In *Scient. Amer.*, 240, n° 6, p. 134-140, 1979.

(192) STOTHERS R.B., « Mystery cloud of AD 536 ». *Nature*, 307, n° 5949, p. 344-345, 1984.

(193) STOTHERS R.B., « The great Tambora eruption in 1815, and its aftermath ». In *Science*, 124, n° 654, p. 1191-1198, 1984.

(194) SUBRAMANIAN B.R., TANABE S., MIDAKA M. *et al.*, « DDT's and PCB isomers and congeners in antarctic fish ». In *Arch. Contam. Toxicol.*, 12, n° 6, p. 621-626, 1983.

(195) SUNDQUIST B., Topsoil loss: causes effects and implications. *In* www.home.alltel.net /bsundquist1/se0.html, Dec. 2003.

(196) TANABE S., MORI T., TATSUKAWA R. « Bioaccumulation of DDT and PCB in the southern Minke whale (Baleinoptera acutorostrata) ». In *Mem. Nat. Inst. Polar Res.*, Tokyo, 32, p. 140-150, 1984.

(197) TANGUY J.C., RIBIÈRE C., SCARTH A., TJETJEP W.S., « Victims from volcanic eruptions : a revised database ». In *Bull. Vulcanol.*, 60, n° 2, p. 137-144, 1998.

(198) THOMAS C.D., CAMERON A., GREEN R.E. *et al.*, « Extinction risk from climate changes ». In *Nature*, 427, p. 145-148, 8 janvier 2004.

(199) TOKSÖZ M.N., « The subduction of the lithosphere ». In *Scient. Amer.*, 233, n° 5, p. 88-98, 1975.

(200) TOULMIN C., « Combating desertification : encouraging loal action within a global framework ». In *Yearbook of international cooperation on environment and developpement*, Heldge O., Parman G., Pub., Oxford, p. 79-88, 1994.

(201) Trabalka J.R. (Ed.), *Atmospheric carbon dioxide and the global carbon cycle.* United States Department of Energy. Carbon dioxide Division. Rap. DOE/ER –0239, 1985.

(202) Tucker C.J., Degne H.E., Newcomb W.W., « Expansion and contraction of the Sahara desert from 1980 to 1990 ». In *Science*, 253, p. 299-301, 1991.

(203) Tucker C.J., Townshend J.R.G., « Strategies for monitoring tropical deforestation using satellite data ». In *Int. Journ. Remote Sens.*, 21, n°6, p. 1461-1472, 2000.

(204) Tupper A., Oswalt J.S., Rosenfeld D. « Satellite and radar analysis of the volcanic- cumulonimbi at Mount Pinatubo, Philippines, 1991 ». In *Journ. Geophys. Res.*, 110, D9, p. D09204.1 - D09204.15, 2005.

(205) Turner B.L., Clark M.C., Kates R.W., Richards J.F., Matthews J.T., Meyer W. B., *The earth as transformed by human action.* Cambridge University Press Ed., Cambridge, 1990.

(206) UICN, *World Conservation Strategy: nature conservancy for a sustainable development.* Gland, Suisse, mars 1980.

(207) Ulbrich V., Christoph M., « A shift of the NAO and increasing storm track activity over Europe due to anthropogenic greenhouse gaz forcing ». In *Clim. Dyn.*, 15, p. 551-559, 1999.

(208) UNDIESA (United Nations Department of International Economic and Social Affairs), « World Population in Transition ». In *Population Studies*, 78, p. 12, 1981.

(209) UNU (United Nations University), Landslides. Tokyo, C.R. *Int. Conf. on Landslides Université de Tokyo*, ONU et UNESCO, 18-20 janvier 2006.

(210) USAID, *Desert encroachment on arable lands : significance, causes and control.* Washington, US Agency for International développement, Office of Science and Technology, 1972.

(211) USAID, « Niger droughts and locusts ». *In* www.usaid.gov./our_work/humanitarian_ assisstance/disaster_assistance/, 2005

(212) Varfolomeeva N. « Il était une fois la mer d'Aral… ». In *Cour. Nat.*, 212, p. 26-33, mai-juin 2004.

(213) Varney R., McCormack B.M., « Atmospheric pollutants ». In *Introduction to the scientific study of atmospheric pollution*, Singer Ed., Dordrecht, 1971.

(214) Ward M.N., « Diagnosis and short-lead time prediction of summer rainfall in tropical North Africa at interannual and multidecadal timescales ». In *Journ. Climate.*, 11, n° 12, p. 3167-3191,1998.

(215) Warren A., Maizels J.K., « Ecological changes and desertification ». *In* UNCOP, *Desertification: its causes and consequences*, Oxford, Pergamon Press, 1977.

(216) Warrick R.A, Gifford R.M., « CO_2, Climatic Change and Agriculture ». *In* Bolin B., Dos B.R., Jäger J., Warrick R., T*he greenhouse effect, climatic*

changes and the ecosystems. New York, John Wiley & Sons, p. 393- 473, 1986.

(217) WESTING A.H., *Herbicides in war, the long term ecological consequences.* Stockholm, SIPRI, Londres, Taylor & Francis, 1984.

(218) WIGLEY H T.M.L., RICHELS R., EDMONDS J.A. « Economic and Environmental choices » . In *Nature*, 379, p. 240-243, 18 janvier 1996.

(219) WIJKMAN A., TIMBERLAKE, L. *Natural disasters: acts of god or acts of Man?*, Londres, International Institute of Environment and Development (IIED), 1984.

(220) WIJKMAN A., TIMBERLAKE L., « Tempting the fury of nature « natural disasters » are taking a huge tall all because human ineptitude ». In *International wildlife*, 15, n° 5, p. 16-19, 1985.

(221) WILKINSON C. (Ed.), *Status of Coral reefs of the World 2004.* Townsville, Australian Institute of Marine Science, 2004.

(222) WILSON C.L., MATTHEWS W.H. (Eds.), *Man's impact on the global environment. Boston, Report on the Special Commitee for the Study of Critical Environnemental problems*, MIT Press, 1970.

(223) WILSON E.O., « The bottleneck ». In *Scient. Amer.*, n° 2, p. 70-79, Feb. 2002.

(224) WISNER B., « Disasters: what United Nations and its world can do ? ». In *UN Chronicle*, XXXVII, n° 4, p. 1-2, 2000.

(225) WOODWELL G.M, WHITTAKER R.H., REINERS W. *et al.*, « The biota and the world carbon budget ». In *Science*, 199, p. 141-146, 1978.

(226) WOODWELL G.M. (Ed.), The role of terrestrial vegetation in the global carbon cycle : measurement by remote sensing. New York, John Wiley & Sons, *Scope* n° 23, 1984.

(227) WRI, World *Resources 2000-2001.* Oxford et Washington, Elsevier, Science Pub., World Resources Institute Eds., 2000.

(228) WRI, « World soil loss by Erosion ». *In* www.wri.org/trends/ soils/soilman/oilman_eros.html, Washington, World Resources Institute, 22 juillet 2004.

(229) XUE Y., « Biosphere feedback on the regional climate in tropical north Africa ». In *Quart. Journ. Meteor. Sci.*, 123, n° 542, p. 1483-1515, 1997.

(230) ZABRINSKI C., DAVIS M.B. *In* Graves J., Reavey D., *Global environnemental changes: plants, animal & communities.* Longman Pub, Harlow, G.B., p. 127, 1996.

(231) ZICH A., « China's Three Gorges: Before the flood ». In *Nat. Geog.*, 192, n° 3, p. 2-33, 1997.

Note : la bibliographie sur laquelle s'est fondée la rédaction de cet ouvrage a été arrêtée en date du 11 février 2006.

Index

D

U

V

W

Y

Z

Index taxonomique

049473 - (I) - (2) - OSB 100° - TYP - API

Achevé d'imprimer sur les presses de
SNEL Grafics sa
Z.I. des Hauts-Sarts – Zone 3
Rue Fond des Fourches 21 – B-4041 Vottem (Herstal)
Tél +32 (0)4 344 65 60 – Fax +32 (0)4 286 99 61
août 2006 – 37939

Dépôt légal : août 2006

Imprimé en Belgique